"十三五"高等职业教育计算机类专业规划教材

办公软件高级应用实用教程

吴林华　主编

谭支军　周　苏　王春燕　杨　志　王　文　参编

U0317172

中国铁道出版社

CHINA RAILWAY PUBLISHING HOUSE

内 容 简 介

本书是为高等院校传统的"计算机基础"课程编写的旨在提高与深化的后续教材,也是高起点的"计算机基础"课程的新教材。全书教学内容和能力训练包含了计算机基础知识和办公软件应用的各个方面,涉及计算机基础提高、文字处理软件 Word 高级应用、电子表格处理软件 Excel 高级应用、演示文稿制作软件 PowerPoint 高级应用,以及绘图工具 Visio、数据库管理软件 Access 和办公软件综合应用,全书设置了 15 个能力训练,以帮助读者熟练掌握办公软件的应用与技巧。

本书适合作为高等应用型院校各专业"计算机基础"或"计算机文化"课程的高起点新教材,也可作为相关院校计算机及其相关专业的"计算机基础"课程教材,还可作为企事业单位办公自动化岗位高级培训的教材。

本教材得到了 2011 年浙江省高等教育重点教材建设项目的支持。

图书在版编目(CIP)数据

办公软件高级应用实用教程 / 吴林华主编. — 北京:
中国铁道出版社,2016.1
"十三五"高等职业教育计算机类专业规划教材
ISBN 978-7-113-21217-9

Ⅰ. ①办… Ⅱ. ①吴… Ⅲ. ①办公自动化－应用软件
－高等职业教育－教材 Ⅳ. ①TP317.1

中国版本图书馆 CIP 数据核字(2015)第 296946 号

书　　名:办公软件高级应用实用教程
作　　者:吴林华　主编

策　　划:王春霞　　　　　　　　　　读者热线:(010)63550836
责任编辑:王春霞　王　惠
封面设计:付　巍
封面制作:白　雪
责任校对:汤淑梅
责任印制:李　佳

出版发行:中国铁道出版社(100054,北京市西城区右安门西街 8 号)
网　　址:http://www.51eds.com
印　　刷:三河市航远印刷有限公司
版　　次:2016 年 1 月第 1 版　　　2016 年 1 月第 1 次印刷
开　　本:787 mm×1092 mm　1/16　印张:14.5　字数:356 千
印　　数:1~2 000 册
书　　号:ISBN 978-7-113-21217-9
定　　价:32.00 元

FOREWORD

前言

　　高等教育的大众化、普及化对强调应用型、教学型课程的教学工作提出了更高的要求，新的高等教育形势需要我们积极进行教学改革，研究和探索新的教学方法。在长期的教学实践中，我们体会到"因材施教"是教育教学的重要原则之一，把实验实践环节与理论教学相融合，抓实验实践教学促进学科理论知识的学习，是有效提高教学效果和教学水平的重要方法之一。随着教改研究的不断深入，我们在教学实践中已经开发了数十本以实验实践方法为主体开展教学活动的具有鲜明教学特色的课程主教材，相关的数十篇教改研究论文也赢得了普遍的好评，并多次获得教学优秀成果奖。

　　全社会计算机普及水平的提高，对大学计算机基础教育（包括计算机文化）课程提出了发展和提高的要求。本书是为传统的"计算机基础"课程编写的旨在提高与深化的后续教材，也是高起点的"计算机基础"课程的新教材。全书以基于案例实验为主线开展教学，通过一系列在网络环境下学习和实践的能力训练环节，把计算机基础和办公软件应用的更深入的概念、理论知识与技术融入到实践中，从而加深对该课程的认识和理解，切实提高学生的计算机基础应用水平。

　　全书教学内容和能力训练包含了计算机基础知识和办公软件应用的各个方面，涉及计算机基础提高、文字处理软件 Word 高级应用、电子表格处理软件 Excel 高级应用、演示文稿制作软件PowerPoint 高级应用、绘图工具 Visio、数据库管理软件 Access 和办公软件综合应用。全书共设置了15 个能力训练，以帮助读者熟练掌握办公软件的应用与技巧，每个能力训练均设有"训练总结"和"教师评价"部分。全书最后的课程能力训练总结部分还设计了"课程学习能力测评"等内容，希望以此方便师生交流对学科知识、训练内容的理解与体会，以及学生对自己学习情况进行必要的评估。

　　本书由吴林华主编，谭文军、王春燕、杨忢、王文、周苏、张丽娜、朱卓越等参加了本书的部分编写工作。本书的编写得到了浙江商业职业技术学院、浙江大学城市学院、温州安防职业技术学院等多所院校师生的支持，在此一并表示感谢！欢迎教师索取本书配套的相关教学资料或与编者交流。E—mail：zhousu@qq.com；QQ：81505050；个人博客：Http://blog.sina.com.cn/zhousu58。

编　者

2015 年 11 月

目录

第1章

办公软件应用所涉及的计算机基础知识十分重要，但往往会被人们所忽视。在这一章中，我们通过软件基础、万维网与搜索引擎、计算机病毒防范，以及使用压缩软件几部分内容的学习，力求概括出在办公软件高级应用的背景下，读者所应该掌握和得到加强的计算机基础的知识范围。

1.1 软 件 基 础

软件是由计算机程序发展演化而来的，是程序设计发展到规模化和商品化后逐渐形成的概念，软件也是程序及其实现和维护时所必需的文档的总称。

1.1.1 软件概述

计算机软件的类型决定了计算机能帮助用户完成哪些类型的任务。有的软件能帮助用户创建文档，而有的软件则是保护计算机不受病毒侵害，或提高计算机的性能。软件一般被分为系统软件和应用软件。对于许多计算机用户而言，其间的区别并不明显。

系统软件负责执行使计算机硬件有效工作的关键任务，协助计算机完成基本操作，像在屏幕上显示信息、在磁盘中存入数据、向打印机发送数据、解释用户命令以及和外围设备通信等。系统软件的4个子类是：操作系统、实用工具、设备驱动程序和编程语言。

应用软件可以协助人们完成某一项任务。即使用户没有计算机也能做某件事情，但为了让这件事情由计算机完成而使用某个软件时，就可以认为该软件是应用软件。例如，用户使用计算机写信或写报告，用来制作信件或报告文档的软件就属于应用软件。

1.1.2 操作系统基础

操作系统（OS）是控制计算机中所有活动的核心系统软件，如果没有操作系统，计算机就不能正常工作。因此，操作系统是计算机的关键软件。同时，从用户观点来看，操作系统为计算机所运行的所有应用软件提供了平台。目前主流的操作系统包括：Microsoft Windows、Mac OS、UNIX 和 Linux 等，曾经主流的操作系统还有 DOS 等。这些操作系统具有不同的用户界面，并且只允许计算机运行与之兼容的软件。例如，使用 Windows 操作系统的计算机只能运行 Windows 软件，使用 UNIX 操作系统的计算机通常也只能运行 UNIX 软件。

如果把计算机硬件设想成计算机系统的核心，那么操作系统协助计算机完成基本硬件操作，并且和更外层的应用软件进行交互，完成诸如打印和存储数据等应用任务。

操作系统执行许多不同的任务，这个过程通常称为"服务"，这些服务可以分为"外部服务"和"内部服务"两种。

操作系统提供外部服务以协助用户启动程序，管理和维护被存储的数据。计算机用户负责控制这些外部功能。操作系统提供选择程序的方法，也能帮助查找、重命名与删除文档和其他在存储介质中的数据。在有些计算机上，操作系统在允许用户访问程序和数据之前，通过检查用户 ID 和口令来维护程序和数据的安全。

此外，操作系统提供内部服务来保证计算机系统有效运行，这些内部服务一般不受用户的控制，而是受到操作系统本身的控制。操作系统控制输入/输出、分配系统资源、管理程序和数据的存储空间以及检测设备是否失效。系统资源是计算机系统中能够被程序利用的部分，如磁盘空间、内存量或者处理器时间等，操作系统负责分配系统资源以便程序可以有效地运行。

1.1.3　桌面和服务器操作系统

尽管市面上的操作系统数量繁多，但一般分成两大类：服务器操作系统和桌面操作系统。因特网 Web 站点的计算机通常称为"服务器"，它通过分散的计算机向人们提供信息，人们在家中或办公室使用的计算机通常称为"桌面"或者"客户端"计算机。

服务器操作系统（也称"网络操作系统"）是专门为那些在网络和 Web 站点提供集中化存储机制和通信功能的计算机而设计的；桌面操作系统（也称"客户端操作系统""个人操作系统"）是专门为单用户微型机设计的。一般用户通常与桌面操作系统进行交互，而不直接使用服务器操作系统。但是，了解主流的服务器操作系统也是很有必要的。

1. Windows

微软公司的 Windows 操作系统为大多数的计算机用户所直接使用。如同任何其他事物一样，Windows 操作系统也有其诞生、成长和发展的过程。Windows 操作系统的最初版本 Windows 1.0 和 Windows 2.0 并没有在计算机用户中产生很大的反响。那时，微型计算机的主流操作系统是微软公司的 DOS 操作系统。

1990 年 5 月 22 日，微软发布 Windows 3.0；1992 年发布的 Windows 3.1 真正使 Windows 操作系统成为微型机操作系统的重要选择。

1995 年 8 月 24 日，微软发布 Windows 95；1998 年 6 月 25 日，微软发布 Windows 98。这两个 Windows 版本逐渐巩固了 Windows 操作系统的"霸主"地位。

2000 年 9 月 14 日，微软发布了 Windows 98 的第三版，即 Windows ME（千禧版），这是最后一个 16 位/32 位混合模式的 Windows 9x 系列产品。

上述各个版本的 Windows 主要用在个人计算机上。与此同时，Windows 的服务器操作系统版本也在不断成长，称为 Windows NT。

从 MS-DOS 到 Windows 9x，操作系统的发展宣告 MS-DOS 命令行界面的终结，迎来了 32 位程序设计和图形界面的崭新时代。

2000 年 2 月 17 日，微软发布 Windows 2000 Server。

2001 年 10 月 25 日，微软发布 Windows XP。XP 系列包含了 Windows XP Home Edition（家用版）和 Windows XP Professional（专业版）。2003 年 5 月 22 日，微软发布了 XP 时代的服务器版本 Windows Server 2003。

随着 PC 实现向 64 位的升级，2007 年 1 月 30 日微软发布 Windows Vista 和 Office 2007。作为新一代操作系统，Windows Vista 传递出 3C 的特性，努力帮助用户实现工作效益的最大化，即：

① 信心（Confident）：使用户在使用时更放心，更有信心。

② 简明（Clear）：更简单、方便，让用户不用过多学习，就可以做想做的事情。

③ 互联（Connect）：实现信息同步，与各种设备都能实现更好的互联互通。

2008 年 2 月 27 日，Windows Server 2008、Visual Studio 2008（开发工具）和 SQL Server 2008（数据库）在洛杉矶共同发布。Windows Server 2008 包含了功能强大的 Internet Information Server（IIS）7.0。

2009 年 10 月 22 日，微软正式发布 Windows 7（见图 1-1），其核心版本号为 Windows NT 6.1。Windows 7 可供家庭及商业工作环境、笔记本电脑、平板电脑、多媒体中心等使用，还延续了 Windows Vista 的风格。同时，还发布了服务器版本 Windows Server 2008 R2。2011 年 2 月 23 日，微软发布 Windows 7 升级补丁 SP1 和 Windows Server 2008 R2 升级补丁 SP1。

2012 年 10 月 26 日，微软公司正式发布 Windows 8（见图 1-2）。Windows 8 支持来自 Intel、AMD 的芯片架构，被应用于个人计算机和平板电脑上。该系统具有更好的续航能力，且启动速度更快、占用内存更少，并兼容 Windows 7 所支持的软件和硬件。Windows 8 独特的开始界面和触控式交互系统，旨在让人们的日常电脑操作更加简单和快捷，为人们提供高效易行的工作环境。

图 1-1　Windows 7 的典型界面

图 1-2　Windows 8 的典型界面

与 Windows 7 的版本定义不同（旗舰版、家庭版等），Windows 8 提供了 4 个不同的版本，分别是 Windows RT、Windows 8 标准版、Windows 8 Pro（专业版）以及 Windows 8 Enterprise（企业版）。其中 Windows RT 是专门用于平板电脑的，其余 3 款均是 PC 版。Windows 8 企业版拥有 Windows 8 Pro 的所有功能，IT 组织/企业能够实现对 PC 的管理和部署、先进的安全性、虚拟化、新移动场景等功能。

新版 Windows 和 Office 的创新设计旨在改进人们利用技术沟通、互联、创造和分享内容以及娱乐的方式。面对数字时代的挑战，其卓越的性能提升将消除人员、信息和社区之间沟通的羁绊，为消费者带来更便捷、更安全的 PC 体验，更好的互联性能，以及更好的娱乐体验。

2015 年 7 月 29 日，微软公司正式发布 Windows 10（见本书 1.1.4 节）。

像其他图形化用户界面一样，Windows 提供了图标、按钮和其他屏幕控制方式，用户可以使用鼠标或者类似设备来进行操作。之所以称为"windows"，是因为其图形化界面最基本的容器是矩形的工作区域，像窗口一样。每个窗口可以显示不同的文档或者程序，用户可以同时操作多个项目，这种服务被称为多任务。Windows 也提供了一些基本的网络功能。

2. Mac OS

1984 年，Apple 计算机公司迈出开创性一步，发布了 Apple Lisa 计算机。该计算机提供图形化用户界面，包含可以通过鼠标进行操作的菜单、图标等。Lisa 计算机在商业上并不成功，但 Apple 的下一个产品，即 Macintosh 计算机取得了很大的成绩，图形化用户界面的操作系统 Mac OS 是其成功的决定性因素。1998 年 Apple 公司发布的 iMac 计算机也包含 Mac OS。像 Windows 一样，Mac OS 经历了多个版本的改进，能提供多任务功能并支持小型网络。

Mac OS 基于 UNIX 内核，一般情况下在普通 PC 上无法安装。目前，苹果计算机的操作系统版本已经到了 OS 10，代号为 Mac OS X（X 为 10 的罗马数字写法），这是苹果计算机诞生 15 年来最大的变化（见图 1-3）。新系统非常可靠，它的许多特点和服务都体现了苹果公司的理念。

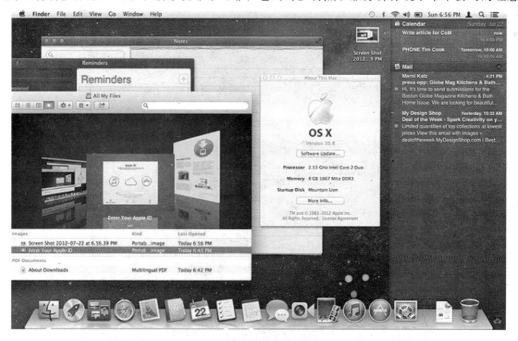

图 1-3　OS X 10 典型界面

另外，疯狂肆虐的计算机病毒几乎都是针对 Windows 的，由于 Mac OS 的架构与 Windows 不同，所以很少受到病毒的袭击。Mac OS X 操作系统界面非常独特，突出了形象的图标和人机对话。2011 年 7 月 20 日，Mac OS X 正式改名为 OS X。最新版本为 10.10.3（2015 年 4 月 17 日）。

与 Mac OS 兼容的软件被称为 Macintosh 软件，或简称 Mac 软件。尽管 Macintosh 和 iMac 用户可以选择许多 Macintosh 软件，但是其应用软件的数量远小于 Windows 操作系统下可以运行的软件数量。借助于特殊的仿真硬件和软件插件，Macintosh 计算机可以运行某些 Windows 软件，但是运行性能不是最佳的，所以大多数 Mac OS 用户坚持只使用 Macintosh 软件。

3. DOS

在微型计算机发展的早期，人们只能通过 DOS（Disk Operating System，磁盘操作系统）与计算机进行对话。DOS 是微型机上最早使用的操作系统之一，其复杂的命令行用户界面也给人们留下了深刻印象。DOS 最初是在 IBM PC 个人计算机上使用，命名为 PC-DOS，微软公司也把这个操作系统销售给其他 PC 兼容机制造商，命名为 MS-DOS。

如今，曾经辉煌的 DOS 并没有彻底消失，实际上它被集成在 Windows 中，通常在幕后发挥作用，所以，一般的 Windows 用户没有必要记住和输入这些复杂的命令。

4. UNIX 和 Linux

如今流行的服务器操作系统有 Microsoft Windows Server、UNIX 和 Linux 等，这些操作系统提供管理大型网络和 Web 站点上数据流特性的功能。

UNIX 是一个在专业领域中较为流行的功能强大的操作系统，它有 3 个显著的特点：

① UNIX 是可移植的操作系统，它只需经过较小的改动就能方便地从一个平台移植到另一个平台。这是因为它的主要部分是用 C 语言编写的（而不是机器语言）。

② UINX 拥有一套功能强大的工具（命令），能够组合起来（在可执行文件中被称为脚本）解决许多问题，而这一工作在其他操作系统中则需要通过编程来完成。

③ UNIX 具有设备无关性，因为操作系统本身就包含了驱动程序，这意味着它可以方便地配置以驱动任何设备。

概括来说，UNIX 具有一个强大的操作系统所拥有的一切特点，包括多道程序、虚拟内存和设计得非常优秀的文件和目录系统。唯一经常听到的有关 UINX 的批评，是说它的命令短，而且对一般用户来说很深奥。事实上，这一点却非常适合程序设计员，因为他们喜欢短的命令。

Linux 最初是芬兰的 Linus Torvalds 开发的基于 UNIX 的操作系统。事实上，Linux 和 UNIX 非常接近，以至于被人称为 UNIX 的复制品。整个设计是为了让 UNIX 在 Intel 微处理器上更有效地运行。如今，Linux 可以运用到各种平台上，而且在程序员和商业用户中变得越来越流行。

1.1.4　Windows 10 操作系统

Windows 10 是微软公司研发的新一代跨平台及设备应用的操作系统，其典型界面如图 1-4 所示。据微软公司声称，在 Windows 10 正式发布后的一年内，所有符合条件的 Windows 7、Windows 8.1 等版本的用户都可以免费升级到 Windows 10，Windows Phone 8.1 则可以免费升级到 Windows 10 Mobile 版。所有升级到 Windows 10 的设备，微软都将提供永久生命周期的支持。据称，Windows 10 是微软独立发布的最后一个 Windows 版本。Windows 10 一共有 7 个发行版本，分别面向不同用户和设备，如表 1-1 所示。

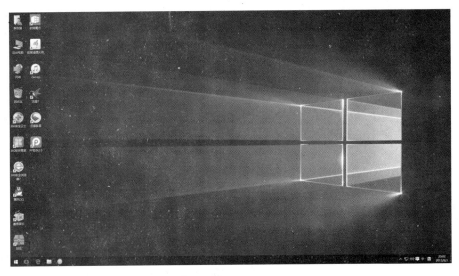

图 1-4　Windows 10 的典型界面

表 1-1　Windows 10 版本划分

版　　　本	介　　　绍
Windows 10 Home（家庭版）	面向使用 PC、平板电脑和二合一设备的消费者。拥有 Windows 10 的主要功能：Cortana 语音助手（选定市场）、Edge 浏览器、面向触控屏设备的 Continuum 平板电脑模式、Windows Hello（脸部识别、虹膜、指纹登录）、串流 Xbox One 游戏的能力、微软开发的通用 Windows 应用（Photos、Maps、Mail、Calendar、Music 和 Video）
Windows 10 Professional（专业版）	面向使用 PC、平板电脑和二合一设备的企业用户。除具有 Windows 10 家庭版的功能外，它还使用户能管理设备和应用，保护敏感的企业数据，支持远程和移动办公，使用云计算技术。另外，它还带有 Windows Update for Business，微软承诺该功能可以降低管理成本、控制更新部署，让用户更快地获得安全补丁软件
Windows 10 Enterprise（企业版）	以专业版为基础，增添了大中型企业用来防范针对设备、身份、应用和敏感企业信息的现代安全威胁的先进功能，供微软的批量许可（Volume Licensing）客户使用，用户能选择部署新技术的节奏，其中包括使用 Windows Update for Business 的选项。作为部署选项，Windows 10 企业版将提供长期服务分支（Long Term Servicing Branch）
Windows 10 Education（教育版）	以 Windows 10 企业版为基础，面向学校职员、管理人员、教师和学生。它将通过面向教育机构的批量许可计划提供给客户，学校将能够升级 Windows 10 家庭版和 Windows 10 专业版设备
Windows 10 Mobile（移动版）	面向尺寸较小、配置触控屏的移动设备，例如智能手机和小尺寸平板电脑，集成有与 Windows 10 家庭版相同的通用 Windows 应用和针对触控操作优化的 Office。部分新设备可以使用 Continuum 功能，因此连接外置大尺寸显示屏时，用户可以将智能手机用作 PC
Windows 10 Mobile Enterprise（企业移动版）	以 Windows 10 移动版为基础，面向企业用户。它将提供给批量许可客户使用，增添了企业管理更新，以及及时获得更新和安全补丁软件的方式
Windows 10 IoT Core（物联版）	面向小型低价设备，主要针对物联网设备。微软预计功能更强大的设备，如 ATM、零售终端、手持终端和工业机器人，将运行 Windows 10 企业版和 Windows 10 移动企业版

对于"为何跳过逻辑上的 Windows 9 命名"这一问题，微软高管认为 Windows 10 这个名字很合适整个产品线，也暗指 Windows 8.1 相当于 Windows 9，同时表明 Windows 10 在 Windows 系统中是质的提升。微软还宣布以 Windows 10 Mobile 作为下一代 Windows 10 手机版的正式名称，此 SKU 也会作为其他小型 Windows 设备的软件版本名称，如迷你平板设备。

1.1.5 Windows 系统管理

在 Windows "控制面板"（见图 1-5）的"管理工具"选项中集成了许多系统管理工具（见图 1-6），利用这些工具，用户可以很容易地对它们进行操作和使用，方便地实现各种系统维护和管理功能。默认情况下，只有一些常用工具，如服务、计算机管理、事件查看器、数据源（ODBC）、性能监视器和组件服务等，随 Windows 的安装而安装。

图 1-5　Windows 7 控制面板

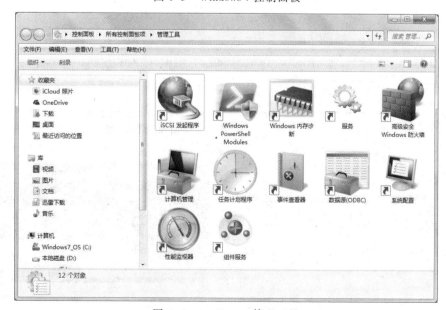

图 1-6　Windows 7 管理工具

① 服务：启动和停止由 Windows 系统提供的各项服务。

② 计算机管理器：管理磁盘以及使用其他系统工具来管理本地或远程计算机。

③ 事件查看器：显示来自于 Windows 和其他程序的监视与排错信息。例如，"系统日志"中包含各种系统组件记录的事件，如使用驱动器失败或加载其他系统组件；"安全日志"中包含有效与无效的登录尝试及与资源使用有关的事件，如删除文件或修改设置等，本地计算机上的安全日志只有本机用户才能查看；"应用程序日志"中包括由应用程序记录的事件；等等。

④ 数据源（ODBC）：添加、删除以及配置 ODBC 数据源和驱动程序。

⑤ 性能监视器：显示系统性能图表，配置数据日志和警报。

⑥ 组件服务：配置并管理 COM+应用程序。

1.1.6　办公套件

像 Microsoft Office、Google Docs 和 WPS Office 这样的办公套件，不管对一般计算机用户还是企业而言都是很常用的，这些办公软件能提供一些真正有助于用户完成工作和提高生产力的功能。

所谓"办公套件"是一套程序，通常包含文字处理、电子表格、演示文稿和数据库模块等。套件中还可能包含电子邮件和联系人管理器、日历、项目管理和画图模块。

在提到办公套件时，"模块"是指组成该套件的某一组件，比如文字处理模块。模块可以作为单独的程序运行，但办公套件中的所有模块都具有一套标准控件，方便擅长使用某一模块的用户也能熟练使用其他模块。

最热门的办公套件有 Google Docs、iWork、LibreOffice、Microsoft Office、Microsoft Office 365、Zoho Office Suite 和 WPS Office（见表 1-2）。

表 1-2　热门办公套件通常包含的类似模块组

名　　称	模　　块	平　　台
Google Docs	文字处理、电子表格、演示文稿	在线（免费）
iWork	文字处理、电子表格、演示文稿	Mac
LibreOffice	文字处理、电子表格、演示文稿、数据库、画图	Windows、Mac、Linux （免费）
Microsoft Office	文字处理、电子表格、演示文稿、数据库、邮件/日历	Windows、Mac、Linux
Zoho Office Suite	文字处理、电子表格、演示文稿、日历等	在线（免费）
WPS Office	文字处理、电子表格、演示文稿	在线（免费）

Microsoft Office（见图 1-7）是由微软公司为 Microsoft Windows 和 Apple Mac OS X 而开发的办公套装软件，它包括联合的服务器和基于互联网的服务。

图 1-7　Microsoft Office 2013

　　MS Office 软件最初出现于 20 世纪 90 年代早期，最初是一个推广名称，指一些以前曾单独发售的软件，如 Word、Excel 和 PowerPoint 以及后来的 Access 的合集。当时主要的推广重点是购买合集比单独购买要省很多钱。随着时间的流逝，Office 应用程序逐渐整合，共享一些特性，例如拼写和语法检查、OLE 数据整合和 Microsoft VBA（Visual Basic for Applications）脚本语言等。

　　该套装软件被认为是一个开发文档的事实标准，而且有一些特性在其他产品中并不存在；但是其他产品也有 Office 缺少的特性。

　　Microsoft 使用早期的 Apple 雏形开发了 Word 1.0，于 1984 年发布在最初的 Mac 中。Multiplan 和 Chart 也在 512K Mac 下开发，最后它们于 1985 年合在一起作为 Microsoft Excel 1.0 发布，成为第一个在 Mac 上使用的轰动一时的零售程序。

　　因此，早期的 Microsoft Office 程序源于 Mac，当然，这也反映在用户界面上。作为 Mac 的第一个和最大的软件提供者，在最初的 Macintosh 上做的一些 UI（用户界面）决定受 Microsoft 开发团队的要求影响。当然，Office 图形化用户界面（特别是顶级菜单栏）的最基本轮廓有它在第一个 Macintosh 版本中的身影。

　　Office 2013 于 2012 年底面向企业用户发布，2013 年 2 月底面向个人用户推出。Office 365 订阅用户不仅有权在 5 台 Windows/Mac 计算机上安装 Office，还能够在 Windows Phone 或是 Surface 平板电脑上安装 Office，而 iOS 和 Android 版 Office 不计算在内。也就是说，用户订阅一份 Office 365，可以在 10 台机器上安装。

思 考 题 1.1

1. 什么是 CPU？它在计算机中起什么作用？

2. 内存容量对计算机有什么影响？

3. 在什么地方能查看 CPU 使用率？

4. 为什么调整程序窗口的大小很有用？

5. Windows 包含一个强大的帮助和支持中心，联机和脱机帮助之间的区别是什么？

6. 固定程序是指什么？

7. 如果有很多程序和文件图标在桌面上，你可以用什么样的方法来组织它们，从而能够尽快地找想要的程序或文件？

8. 当你不能确定一个文档存在何处时，如何搜索它？

9. 打印机文件夹的作用是什么？

10. 在什么情况下需要安装打印机？

11. 说明本地打印机和网络打印机之间的区别。

12. 设置默认打印机的作用是什么？

13. 当一个文档送去打印时，后台打印程序在做什么？

14. 在什么情况下把打印机状态更改为脱机状态很有用？

15. 在一个打印作业被暂停之后，它可以继续或重启，继续和重启一个作业之间的主要区别是什么？

16. 如果你意外地发送了 200 页文档去打印，怎样做才能使打印机停止打印？

能力训练 1.1

本节"能力训练"的目的是：

① 提高对操作系统基础知识的认识。

② 通过学习 Windows 系统管理工具的使用，熟悉 Windows 系统工具的内容，并由此进一步熟悉 Windows 操作系统的应用环境。

1. 工具/准备工作

① 在开始本训练之前，请回顾本节的相关内容。

② 需要准备一台运行 Windows 7 操作系统的计算机。

2. 训练内容与步骤

（1）Windows 管理工具

为了帮助用户管理和监视系统，Windows 提供了多种系统管理工具，其中最主要的有计算机管理、事件查看器和性能监视器等。

步骤 1：登录 Windows 7。

步骤 2：在 Windows 的"开始"菜单中单击"控制面板"命令，单击"管理工具"图标，打开窗口。

在"管理工具"组中，有哪些系统管理工具，其基本功能是什么（提示：可在工具栏中单击"帮助"按钮）：

① _____

② _____

③ _____

④ _____

⑤ _____

⑥ _____

⑦ _____

⑧ _____

⑨ _____

⑩ _____

⑪ _____

⑫ _____

（2）计算机管理

使用"计算机管理"可通过一个合并的桌面工具来管理本地或远程计算机，它将几个 Windows 管理实用程序合并到一个控制台目录树中，使管理员可以轻松地访问特定计算机的管理属性和工具。

在"管理工具"窗口中，双击"计算机管理"图标。

"计算机管理"窗口与"Windows 资源管理器"相似。用于导航和工具选择的控制台目录树中有"系统工具""存储"及"服务和应用程序"等节点，窗口右侧的"名称"窗格中显示了工具的名称、类型或可用的子工具等。它们是：

① 系统工具，填入表 1-3 中。

② 存储，填入表 1-4 中。

表 1-3　训练记录一

名　　称	类　型	描　　述

表 1-4　训练记录二

名　　称	类　型	描　　述

③ 服务和应用程序，填入表 1-5 中。

表 1-5　训练记录三

名　　称	类　型	描　　述

（3）事件查看器

事件查看器不但可以记录各种应用程序错误、损坏的文件、丢失的数据及其他问题，还可以把系统和网络的问题作为事件记录下来。管理员通过查看在事件查看器中显示的系统信息，可以迅速诊断和纠正可能发生的错误和问题。

步骤 1：在"管理工具"窗口中，双击"事件查看器"图标。

在 Windows 事件查看器中，管理员可以查看到 5 种类型的本地事件日志，请填入表 1-6 中。

表 1-6　训练记录四

名　　称	类　型	描　　述	当前大小

步骤 2：在事件查看器中观察"应用程序和服务日志"：

本地计算机中，共有＿＿＿＿＿＿＿＿＿＿个"应用程序和服务日志"事件。

（4）性能监视器

"性能监视器"工具通过图表、日志和报告，使管理员可以看到特定的组件和应用进程的资源使用情况。利用性能监视器，可以测量计算机的性能，识别及诊断计算机可能发生的错误，并且可以为某应用程序或者附加硬件制订计划。另外，当资源使用达到某一限定值时，也可以使用警报来通知管理员。

在"管理工具"窗口中，双击"性能监视器"图标。

"性能监视器"窗口的"性能"目录树中包括的主要节点有：

① _____

② _____

③ _____

单击"监视工具"中的"性能监视器"节点，观察本地计算机的实际性能曲线。

（5）服务

在"管理工具"窗口中，双击"服务"图标。

在本地计算机中，管理着_____个系统服务项目。

通过观察，重点描述你所感兴趣的 5 个系统服务项目：

① _____

_____

② _____

_____

③ _____

_____

④ _____

_____

⑤ _____

_____

（6）数据源（ODBC）

ODBC 全称是 Open Database Connectivity，即开放数据库互连。通过 ODBC 可以访问来自多种数据库管理系统的数据。例如，ODBC 数据源会允许一个访问 SQL 数据库中数据的程序同时访问 Access 数据库中的数据。为此，必须为系统添加称为"驱动程序"软件组件。

步骤 1：在"管理工具"窗口中，双击"数据源（ODBC）"图标，打开"ODBC 数据源管理器"对话框，请描述其中各选项卡的功能，填入表 1-7 中。

表 1-7　训 练 记 录

选　项　卡	功　能　描　述
用户 DSN	
系统 DSN	
文件 DSN	
驱动程序	
跟踪	
连接池	

步骤 2：选择"驱动程序"选项卡，试分析，系统默认为_____个数据源安装了 ODBC 驱动程序，请通过观察，重点描述你所感兴趣的 5 个数据源默认项：

① _____

② _____

③ _____

④ _____

⑤ _____

3．训练总结

_____

_____

_____

4．教师评价

_____

_____

阅读与思考：人工智能之父——图灵

阿兰·麦席森·图灵（Alan Mathison Turing，1912.6.23—1954.6.7，见图 1-8），生于英国伦敦，英国数学家、逻辑学家，被称为人工智能之父。1931 年，图灵进入剑桥大学国王学院，毕业后到美国普林斯顿大学攻读博士学位，第二次世界大战爆发后回到剑桥大学，后曾协助军方破解德国的著名密码系统 Enigma，帮助盟军取得了第二次世界大战的胜利。

图 1-8　图灵

图灵是计算机逻辑的奠基者，许多人工智能的重要方法也源自于这位伟大的科学家。他对计算机的重要贡献在于他提出的有限状态自动机，也就是图灵机的概念。对于人工智能，他提出了重要的衡量标准"图灵测试"，如果有机器能够通过图灵测试，那它就是一个完全意义上的智能机。杰出的贡献使他成为计算机界的第一人。现在，人们为了纪念这位伟大的科学家，将计算机界的最高奖定名为"图灵奖"。

上中学时，图灵在科学方面的才能就已经显示出来。少年图灵感兴趣的是数学等学科。在加拿大他开始了职业数学生涯，在大学期间他对前人现成的理论并不感兴趣，什么都要试验得出。大学毕业后，他前往美国普林斯顿大学，也正是在那里，他制造出了后来被称为图灵机的机器。图灵机被公认为现代计算机的原型，这台机器可以读入一系列的 0 和 1，这些数字代表了解决某一问题所需要的步骤，按这个步骤走执行，就可以解决某一特定的问题。这种观念在当时是具有革命性意义的，因为在 20 世纪 50 年代，大部分的计算机只能解决某一特定问题，不是通用的，而图灵机从理论上却是通用机。在图灵看来，这台机器只用保留一些最简单的指令，一个复杂的工作只用把它分解为这几个最简单的操作就可以实现了，在当时能够具有这样的思想确实是很了不起的。他相信有一个算法可以解决大部分问题，而困难的部分则是如何确定最简单的指令集，怎样的指令集才是最少的，而且又有效，还有一个难点是如何将复杂问题分解为这些指令。

1936 年，图灵向伦敦权威的数学杂志投了一篇论文，题为《论数字计算在决断难题中的应用》。在这篇开创性的论文中，图灵给"可计算性"下了一个严格的数学定义，并提出著名的"图灵机"（Turing Machine）的设想。"图灵机"不是一种具体的机器，而是一种思想模型，可制造一种十分简单但运算能力极强的计算装置，用来计算所有能想象得到的可计算函数。"图灵机"与"冯·诺依曼机"齐名，被永远载入计算机的发展史中。1950 年 10 月，图灵又发表了另一篇题为《机器能思考吗》的论文，成为划时代之作。也正是这篇文章，为图灵赢得了"人工智能之父"的桂冠。1951 年，图灵以杰出的贡献当选为英国皇家学会会员。

就在图灵事业步入辉煌之际，灾难降临了。1952 年，由于同性恋倾向，图灵离开了当时属于高度保密的英国国家物理实验室（NPL）。1954 年 6 月 8 日，英国曼彻斯特，42 岁的图灵，正逢他生命中最辉煌的创造顶峰。这天早晨，女管家走进他的卧室，发现台灯还亮着，床头上有一个苹果，只咬了一小半，图灵沉睡在床上，一切都和往常一样。但这一次，图灵永远地睡着了，不会再醒来……经过解剖，法医断定图灵是剧毒氰化物致死，那个苹果是在氰化物溶液中浸泡过的。图灵的母亲则说他是在做化学实验时，不小心沾上了氰化物，她的"艾伦"从小就有咬指甲的习惯。一代天才就这样走完了人生。

今天，苹果（Apple）电脑公司以咬了一口的苹果作为其商标图案（见图 1-9），就是为了纪念这位伟大的人工智能领域的先驱者——图灵。

资料来源：百度百科（http://baike.baidu.com/）。

图 1-9　苹果公司 Logo

1.2　万维网与搜索引擎

网络中包含数以亿计的页面，它们存储在遍布世界各地的服务器上。要使用这些信息，就必须找到它们。Web 浏览器软件主要为因特网用户提供客户服务软件的功能，可以访问很多类型的服务器。通过使用 Web 浏览器和 Web 搜索引擎，可以完成显示网页、在计算机间传输文件、访问商业信息服务、发送电子邮件，以及与其他因特网用户进行交互等操作。

1.2.1　因特网与万维网

因特网（Internet），是由一些使用公用语言互相通信的计算机连接而成的网络，即广域网、局域网及单机按照一定的通信协议组成的国际计算机网络，始于 1969 年的美国，是一种比以往任何一种通信媒体都要快的公用信息的载体。

万维网（亦作 Web、WWW、W3，全称为"World Wide Web"）是一个由许多互相链接的超文本组成的系统，通过因特网访问。在万维网系统中，每个有用的事物，都称为"资源"；并且由一个全局"统一资源标识符"（URI）标识；这些资源通过超文本传输协议（Hypertext Transfer Protocol）传送给用户，而后者通过单击链接来获得资源。万维网联盟（World Wide Web Consortium，W3C），又称 W3C 理事会。万维网联盟的创建者是蒂姆·伯纳斯·李。1994 年 10 月在麻省理工学院计算机科学实验室成立。

20 世纪 60 年代中期，"HTTP 之父"Ted Nelson 尝试设计一种可以存储文学档案的计算机系统，依照逻辑关系对它们进行连接，并且允许读者对他们所读文章进行评论和注释。他构思建立文档集合（即"超文本"），相互间使用一组"超文本链接"进行连接，读者可以通过这些"超文本链接"导航以查看某个主题的相关材料。但是，当时的商业机构对它并不欣赏：由谁来创建这些文档？有哪台计算机具有足够的能力来处理它？谁会有兴趣沿着超链接来寻找信息呢？除了学者和科学家，谁又会对在线通信感兴趣呢？因此，Nelson 的方案没有成为现实。然而，二十多年之后，他的想法以万维网的形式重新出现了。

万维网于 1990 年出现在欧洲粒子物理研究所（CERN），一开始也没有引起一般人的关注。然而，数年后，新闻媒体对万维网开始感兴趣，大众也开始对它好奇。因特网是组成通信网络的大量电缆和网络互连设备，而万维网却是存储和提供信息的因特网服务。

对万维网的正式描述是："一个可以提供全球接入的巨大的超媒体独立信息检索空间。"组成万维网的文档被称为网页，网页包含与特定主题相关的信息。一个网页可能还包含了指向其他网页的一个或多个链接。链接可以使你很容易就找到一系列相关的信息，即使它们存储在不同国家的计算机里。

万维网的出现加速了因特网的扩展。由于它简单、易用，而且信息来源是图形化的，所以人们都喜欢采用浏览网页的方式来寻找和交流信息。可以使用 Web 浏览器来请求某个 Web 服务器的网页，为此，输入一个 URL 地址或单击网页链接，服务器将网页的数据从因特网上传送到用户的计算机上。这些数据包括两部分：想浏览的网页信息和告诉浏览器怎样显示这些信息的说明。这些说明包括背景色、文本字体大小及图像的位置等。

万维网的内容始终在变化着，如新网站上线或旧网站被关闭等。所以，链接并不总是有效的。有时单击某个链接后可能没有任何反应，或者得到了错误的信息，这可能是因为 Web 服务器断线或网络异常繁忙等。一般来说，如果某个网页在 15～20 s 后还没有出现，就可以停止其显示，过一段时间再尝试访问该网页。

所谓"主页"指的是 Web 站点的主要页面。大多数浏览器都允许用户选择某个网页作为自己的主页（例如自己最喜欢的搜索引擎等）。当沿着链接查询信息时，菜单和工具栏可以帮助用户导航万维网，并返回到前面的链接。在每次会话过程中，浏览器都会保存所访问网页的历史记录。

1.2.2　Web 门户网站

Web 门户网站是提供一组流行 Web 服务的站点，如搜索引擎、电子邮件、聊天室，以及有关商店、新闻、天气和体育消息的链接等。

门户网站中的"门户"，是指在因特网上，把各种应用系统、数据资源和因特网资源统一集成到通用门户之下，根据每个用户使用特点和角色的不同，形成个性化的应用界面，并通过对事件和消息的处理，把用户有机地联系在一起，用户通过它开始自己的搜索、漫游和进行其他 WWW 活动。当用户启动浏览器时，所选择的门户网站就会自动载入，使熟悉的内容每次都出现在页面的同一位置上。言下之意，门户网站是用户通向因特网世界的大门，迈向网络社会获取信息资源及服务的第一步。门户网站通过集合众多内容，以及提供多样服务，成为网络用户的首选网站。同时，门户网站引导因特网用户前往其他目标网站，及时跟踪用户的使用兴趣爱好和行为，满足用户的需求。

政府门户网站是电子化公共服务的一个重要窗口，它通过高速接入因特网实现资源共享，为公众、企业或下属单位提供信息和服务，并使他们以最简便的操作方式，快速地找到自己所需要的服务和信息。在各种政府网站中，最重要也最具代表性的就是政府门户网站（例如杭州市政府门户网站 http://www.hangzhou.gov.cn/）。

1.2.3　搜索引擎基础

Web 搜索引擎（简称"搜索引擎"，search engines）是指一种通过简单的关键字查询来帮助人们定位 Web 上的信息的程序。作为对查询的响应，搜索引擎会把结果以相关网站列表的形式显示出来，还含有指向源页面的链接以及包含关键字的简短摘录（见图 1-10）。

换句话说，搜索引擎是对互联网上的信息资源进行搜集整理，然后供用户查询的系统，它包括信息搜集、信息整理和用户查询 3 部分。

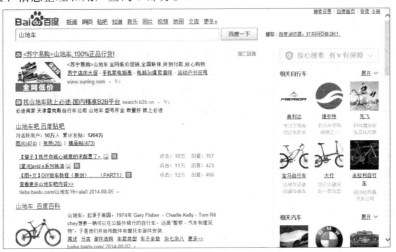

图 1-10　对"山地车"的查询会返回相关网站链接的列表

搜索引擎也可以是一个网站，这种网站专门为用户提供信息检索服务，它使用特有的程序把因特网上的所有信息归类，以帮助人们在浩如烟海的信息海洋中搜寻到自己所需要的信息。常用的搜索引擎是存放在网站上的，如 www.baidu.com、www.google.com、www.bing.com 和 www.ask.com 等。这些站点上的搜索引擎和图书索引起着相同的作用。图书索引能帮助读者找到含有特定词语或概念的书页，而搜索引擎能帮助 Web 冲浪者链接到包含他们所找信息的网页。但与书本不同的是，Web 上的信息量实在大得惊人，根本不能靠手工对其分类，而搜索引擎软件会自主完成这项工作。

搜索引擎按工作方式分为两类：一类是分类目录型的检索，把因特网中的资源收集起来，按资源的类型不同而分成不同的目录，再一层层地进行分类，人们要找自己想要的信息可按此分类一层层进入，就能找到自己想要的信息；另一类是基于关键字（Keyword）的检索，用户可以用逻辑组合方式输入各种关键字，搜索引擎服务器根据这些关键字寻找用户所需资源的地址，然后根据一定的规则将包含此关键字信息的所有网址和指向这些网址的链接反馈给用户。

一些诸如 www.mahalo.com、answers.yahoo.com 和 www.chacha.com 之类的搜索网站有时会被称为"人工搜索引擎"，因为搜索结果都是由相关专家（通常被称为"向导"）收集和筛选的。不过这些网站更适合分类为问答网站，因为它们会提供针对具体问题的回答，而不提供与关键词相关的网页的链接。

可以简单地认为 www.google.com 就是搜索引擎，但更确切地说，它是一个提供搜索引擎服务的网站。搜索引擎是在后台从 Web 上收集信息、编制索引、查找和排列信息的程序。

包括谷歌（Google）在内的一些网站使用的是自有版权的搜索引擎，而其他网站则会付费使用第三方搜索技术。例如微软的必应（Bing）搜索引擎就是使用了雅虎（Yahoo!）搜索的底层技术。

搜索引擎技术还可以与电子商务网站、信息网站和公司网站结合在一起，最常见的形式就是用来搜索网站内信息的查询工具栏。

搜索引擎包含以下 4 个组件：

① 爬网程序（Web crawler）：遍寻 Web 以收集表示网页内容的数据。

② 索引器：处理爬网程序收集来的信息，将其转换成存储在数据库中的关键字和 URL。

③ 数据库：存储数以十亿计网页的索引引用。

④ 查询处理器：允许用户通过输入关键字访问数据库，然后会产生一个网页列表，列表中包含与查询相关的内容。

下面研究各个组件，弄清楚它们对用户从 Web 挖掘信息的能力有何影响。

（1）爬网程序

爬网程序也叫蜘蛛程序（Web spider），它是一种能有条不紊地自动访问网站的计算机程序。爬网程序可以在它们访问网站时进行各种活动，不过对搜索引擎来说，爬网程序只会下载网页，并将其提交给索引程序处理。

爬网程序会从一个可访问 URL 的列表开始，在复制完指定 URL 的材料后，会查找超文本链接并将其添加到这个可访问 URL 的列表。为了尽可能高效地覆盖 Web，爬网程序可以并行地进行多个处理。尖端的算法可以保证处理不重叠、不陷入死循环，并且不会试图抓取由服务器端脚本动态生成的网页。高性能的爬网程序每天能访问数以亿计的网页，但那些页面却只是整个 Web 的冰山一角。据研究人员估计，即使是覆盖面最广的搜索引擎也只能覆盖 Web 不到 20% 的部分。每一种搜索引擎所关注的网站集都有细微差别。在不同搜索引擎中输入相同的搜索会产生不同的结果，所以有时尝试多种搜索引擎是很值得的。

爬网程序通常不会从不可见的网站上收集材料，所谓不可见是指需要利用受保护密码登录的页面，或是由服务器端脚本动态生成的页面。

动态生成的网页潜在的数量（如 Amazon.com 根据它的库存数据库可能生成的所有页面）巨大，要编索引根本不可行。如果要访问与电子商务商品或图书目录相关的信息，就可能需要直接访问商家或图书馆的网站，并使用它们提供的本站搜索工具。

在用户查询搜索引擎时，会希望结果是最新的，这样就不会把时间浪费在那些指向已更改或已被删除的网页链接上。搜索引擎会使用多种算法来刷新它们的索引。

搜索引擎的爬网程序访问网页的次数各有不同，这取决于多种因素，如页面的更新频度和网站的受欢迎程度等。不重要的页面可能一个月仅被访问一次，而新闻网站的页面则每天都会被访问。

（2）索引器

搜索引擎索引器是指从网页中取出关键字并将其存入索引数据库的软件。索引器的作用就是让根据内容查找网页的过程变得更为简单。例如，山地自行车网站的网页可能包含与自行车、装备、骑行和小径路线图有关的信息。可以协助为这些网页分类以便以后访问的关键词包括"山地""自行车""小径""方向""装备""建议""骑车出游"等。

（3）查询处理器

搜索引擎的查询处理器会在搜索引擎索引化的数据库中查找搜索项，并返回相关网站列表。在响应搜索所生成的网站列表中，网站的顺序取决于相关度标准，如关键字匹配和链接流行度。为搜索所输入的单词可以叫做查询、搜索条件、搜索项或关键字。

如果搜索是基于多个关键字进行的，那么包含最多匹配词的页面会先被显示。链接流行度是度量从一个网页到其他网页的链接数量和质量的标准。带有流行网站链接的页面往往会获得更高的相关度评分。

（4）页面排序

将网站添加到搜索引擎索引中的方法有多种。搜索引擎的爬网程序可以自动找到网站，而管理着许多网站的网站管理员可以向搜索引擎提交网站，也可以通过竞价排名的形式提交网站，或者以标题广告或弹窗广告的形式提交。

大多数搜索引擎都具有简单的网站 URL 提交过程，所以网站管理员不必等着爬网程序来找到他们的网站。手工提交的网站会被添加到爬网程序的可访问网站列表中，并最终被添加进索引。

一些不良网站的运营者会不时尝试谋划一些阴谋，如操纵网页的描述关键字，使得他们的网站移动到搜索引擎查询结果列表的上部。描述关键字（meta keyword）是指在制作网页时输入到网页头部中用于描述页面内容的文本。

关键字堆砌是一种通过操纵描述关键字以获得高的相关度排名的不道德行为。例如，网页中可能包括某个描述关键字，但实际上这个网页中几乎没有关于这个词语的信息。

对社会负责的搜索引擎网站要采取措施阻止操纵排名的行为，并且应该向用户制定付费广告的策略。在使用搜索引擎时，最好查看它的"关于"（About）页面以了解它的广告排名策略，并判断是否可以相信搜索结果是公正的。

一些搜索引擎接受付费广告，会将付费过的广告放在结果列表的上部。还有一些接受付费广告的搜索引擎，会将广告放在一个特别划定的区域中。

1.2.4 形成搜索

多数搜索引擎处理的是关键字查询，在这些关键字查询中会含有与用户需要查找的信息相关的一个或多个称为"搜索项"的单词。例如，如果用户对蝙蝠侠（Batman）漫画很感兴趣，就可以直接输入"蝙蝠侠"进行搜索（见图 1-11）。

图 1-11　简单的查询有时可以产生无数个结果

在形成查询时，要记住以下简单指南：

① 多数搜索引擎是不区分大小写的，所以在输入专有名称时不必使用【Shift】键。

② 搜索引擎通常会忽略一些常用词，如英语查询时的 and、a 和 the，所以在查询中不用输入这些单词。

③ 顶级的搜索引擎使用关联搜索技术，会查找所输入的关键字的复数形式或其他派生词，例如，如果输入 diet，搜索引擎也会查找含有 diets、dietary 和 dietician 等词语的页面。

④ 关键字顺序会影响搜索结果。搜索 time machine 与搜索 machine time 会产生不同的结果。

⑤ 用户所在地理位置会影响搜索结果。如果搜索引擎能确定用户的地理位置，得到的结果可能会受到影响。多数搜索引擎会让用户自行选择改变所在位置或是隐藏该位置。

⑥ 搜索引擎会根据用户之前的搜索处理搜索结果。如果用户多次进行与蝙蝠侠（Batman）有关的搜索，然后又搜索 dark knight，搜索引擎就可能会假设用户是在搜索与蝙蝠侠电影《黑暗骑士》（Dark Knight）有关的信息，而不是天文学方面的信息。谷歌就会使用这种预测技术，除非用户清除了自己的浏览历史记录。

缩小搜索范围可以减少结果的数量，并产生更有针对性结果列表。搜索引擎查询很少出现产生结果不超过千条的情况。

搜索运算符是描述关键字之间关系的单词或符号（如 AND、OR、NOT、*等），因此它可以帮助用户创建更具针对性的查询。

一些搜索引擎为用户提供了使搜索更精确并能获得更有用结果的方法。用户可以使用高级搜索选项来将搜索限制为以特定语言写成的或是以特定文件格式存储的材料，还可以指定日期，排除来自某类网站的结果，以及规定在网页的标题、URL 还是主体中查找搜索项。

一些搜索引擎网站为学术作品、图像、视频、新闻、电子商务商品以及博客提供了独立的搜索。用户可以在自己喜爱的搜索引擎网站上查找对这些专门的搜索的链接。

除了使用搜索引擎外，还可以使用元搜索引擎来找到基于 Web 的信息，它们会搜索一系列其他搜索引擎并将结果汇总在一起。常用的元搜索引擎网站如 www.polymeta.com、www.dogpile.com 及 www.webcrawler.com。

虽然大型的搜索引擎每天能收到超过 1 亿条查询，但令人吃惊的是，它们会将所有的用户查询都记录下来。如百度（Baidu）、谷歌（Google）、AOL、MSN、必应（Bing）等大型网站的搜索引擎会保存大量由网站浏览者留下的搜索记录。

行业分析员认为一些网站会至少将这些信息保存 30 天，甚至有搜索引擎网站会保存在这个网站上进行过的所有搜索。

隐私拥护者会质疑搜索引擎保存查询的功能。他们觉得很难为这种数据找到有益的用途，并且担心这些信息会给营销公司带来潜在的利益。使用搜索引擎的人要注意，他们搜索的内容可能被公开。

虽然用户的查询中并不会包括用户的姓名，但搜索引擎会给用户指定唯一的 ID，这个 ID 是存储在用户计算机上的 cookie 中的。除了存储 ID 之外，搜索引擎还会存储启动查询的计算机的 IP 地址、查询的日期和时间、搜索项以及结果列表中链接到网站的 URL。

由搜索引擎指定的 ID 是存储在 cookie 中的，且只要 cookie 存在就会一直留存在计算机上。如果用户经常删除 cookie，那么搜索引擎的查询数据库就不可能搜集到足够的信息来链接回用户。

用户也可以阻止特定搜索引擎网站的 cookie，这样的设置可以强制搜索引擎在用户每次搜索时为用户指定不同的 ID。当然用户还可以下载使用 cookie 匿名器，它会将用户的 ID 设成 0。一些以中继站形式存在的匿名器网站会将用户的搜索转发到谷歌或其他搜索引擎，而不会留下 cookie 或 IP 地址的痕迹。

1.2.5　引用基于 Web 的素材

多数浏览器会提供"复制"命令，使用户可以从网页上复制一段文本，然后将其粘贴到自己的文档中。如果要记下每个文本段的来源，就需要从浏览器地址栏中复制该网页的 URL，然后将该 URL 粘贴到自己的文档中。

把他人的成果当成自己的成果是剽窃行为。如果需要从网页中复制文本、图片或其他作品，就一定要注明原作者。标示引用语或作品摘录来源的信息叫做引文。手写文档（如报告和计划书）中通常都包括遵循标准样式的格式化的脚注、尾注或文中引文等。

在编制网上来源的引文时，要确保能提供足够的信息以帮助读者找到来源。同时还需要包括访问这个来源的日期以及完整的 URL。通常，基于 Web 来源的引文需要提供文档标题或描述，作者名（如果有）、发布、更新或检索的日期，以及 URL。

合理使用原则允许人们出于学术研究和评论目的对有版权的材料进行不经许可的有限使用。例如，可以在学术报告和计划书中不经许可而使用一句或一段文字，前提是需要有包含原始来源的引文。

来源于音乐和视频的照片和摘录也可以用在评论文章中，但如果纯粹将其用作文档的装饰素材，则大多不会被当作合理使用。

一些网站会明确规定允许以何种方式使用该站素材。在网站上可找到使用条款。例如，YouTube 网站上会包括各种由业余爱好者和半专业人员提交的视频，而这些人对他们上传的素材拥有版权。网站的使用条款规定允许公众访问、使用、再创作、发布、派生、显示以及演示用户提交的作品。但即便是如此宽泛的使用条款，在自己的作品中使用这些素材时还是有必要注明素材的原始来源。

要获得从 Web 上找到的文本、相片、音乐、视频和其他素材的使用许可，就需要通过电子邮件与版权所有人联系，解释想要使用什么素材以及怎样使用这些素材。通常都可以在网站上找到一些联系信息，即使没有版权所有者的联系信息，也至少有网站管理员的联系信息，他们能引导用户找到版权所有者。

思 考 题 1.2

1. 列举一些计算机设备。
2. 什么是设备驱动程序，为什么需要它们？
3. 举例说明何时打开设备管理器。
4. 设备管理器中是否详细描述了安装在计算机中的软件？
5. 安装了一个新设备，但不能正常工作，解决该问题的步骤是什么？
6. 整理硬盘驱动器碎片的含义是什么？
7. 为改善整个硬盘的性能应该整理硬盘驱动器的碎片，检查磁盘错误并删除无用的文件和文件夹。说明完成这些任务的顺序。
8. 远程计算机和远程资源之间有什么不同？
9. 公司使用计算机网络后，能获得的主要好处是什么？
10. 网络有两种主要类型，即对等网和客户端/服务器网，在大型组织中哪种网络使用得更广泛？
11. 什么是无线局域网？
12. 什么是共享资源？

能力训练 1.2

本节"能力训练"的目的是：通过在因特网上对一些主题和网站进行的搜索、浏览与分析，进一步熟悉网络搜索引擎，尝试分析和评价网站。

1．工具/准备工作

在开始本训练之前，请回顾本节的相关内容。

需要准备一台带有浏览器、能够访问因特网的计算机。

2．训练内容与步骤

在本训练中，主要通过对一些主流搜索引擎和成功网站进行分析，来熟悉搜索引擎的应用，学习评价网站。

步骤 1：完成任务的分析。为了成功地提供企业整体形象，为访问者和潜在的消费者提供所需的信息，企业在建设网站时要完成的 6 个任务是：

① 表达企业的整体形象。

② 提供对企业信息的方便访问。

③ 允许访问者以不同方式和不同层次访问网站。

④ 为消费者提供有意义的双向沟通方式。

⑤ 维系消费者的注意力并鼓励重复访问。

⑥ 提供对产品和服务及使用方式的方便访问。

请在网上找到两个你认为能满足其中 3 个以上任务的网站，并解释这个网站是如何实现这些目标的。

请记录：你找到的这两个网站是：

① 网站名称：_____

网址：_____

入选理由：_____

_____

_____

请简述该网站是如何实现这些目标的：

_____

_____

_____

_____

② 网站名称：_____

网址：_____

入选理由：_____

_____

_____

请简述该网站是如何实现这些目标的：

_____

_____

_____

_____

步骤 2：比较搜索引擎。搜索产品及比较价格可利用多种搜索引擎，请尝试利用不同搜索引擎来搜索同一商品信息，比较这几种搜索引擎（建议选择 3 种）哪个对你而言更有效。

你选用的搜索引擎是：

① _____

② _____

③ _____

你搜索比较的商品（关键字）是：

① _____

3 个搜索引擎的搜索比较：

_____

_____

_____

_____

② _____

3 个搜索引擎的搜索比较：

_____

_____

_____

步骤 3：比较网站运营质量。进入网上书城（如当当、网易、新浪和互动出版网等），订购一本《网络营销学》，比较其商品数量、价格（折扣）、配送和支付手段等环节的优劣。

请简述你的分析结论：

_____

_____

_____

步骤 4：专业网站对比。请对中国钢铁联合网（custeel.com）和上海宝山钢材交易市场（sinometal.com）进行比较，试分析两者服务的共同点和不同点以及成功之处，如投资者必须在两者之间选择一个，你将选择哪一个？请说明理由。

_____

_____

_____

_____

步骤 5：免费开店。请利用搜索引擎了解关于免费开店信息，从中选择两家有此项功能的网站，它们是：

① 网站名称：_____

网址：_____

网站特色：_____

_____

② 网站名称：_____

网址：_____

网站特色：_____

请分析： 在有免费开店功能的网站上开设网上商店及管理商店的过程。

_____

_____

请记录： 上述操作能够顺利完成吗？如果不能，请分析原因。

3．训练总结

_____

_____

_____

4．教师评价

_____

_____

阅读与思考：现代计算机之父——冯·诺依曼

约翰·冯·诺依曼（John von Neumann，1903—1957，见图 1-12），美籍匈牙利人，1903 年 12 月 28 日生于匈牙利的布达佩斯。其父亲是一个银行家，家境富裕，十分注意对孩子的教育。冯·诺依曼从小聪颖过人，兴趣广泛，读书过目不忘，一生掌握了 7 种语言，最擅长德语。1911~1921 年，冯·诺依曼在布达佩斯的卢瑟伦中学读书期间，就崭露头角而深受老师的器重。在费克特老师的个别指导下合作发表了第一篇数学论文，此时冯·诺依曼还不到 18 岁。1921—1923 年在苏黎世大学学习。很快又在 1926 年以优异成绩获得了布达佩斯大学数学博士学位，此时冯·诺依曼年仅 22 岁。

图 1-12　冯·诺依曼

1927—1929 年，冯·诺依曼相继在柏林大学和汉堡大学担任数学讲师。1930 年接受了普林斯顿大学客座教授的职位，西渡美国。1931 年他成为美国普林斯顿大学的第一批终身教授，那时，他还不到 30 岁。1933 年转到该校的高级研究所，成为最初 6 位教授之一，并在那里工作了一生。冯·诺依曼是普林斯顿大学、宾夕法尼亚大学、哈佛大学、伊斯坦堡大学、马里兰大学、哥伦比亚大学和慕尼黑高等技术学院等院校的荣誉博士。他是美国国家科学院、秘鲁国立自然科学院和意大利国立林且学院等院的院士。1954 年他任美国原子能委员会委员；1951—1953 年任美国数学会主席。

1954 年夏冯·诺依曼被发现患有癌症，1957 年 2 月 8 日在华盛顿去世，终年 54 岁。

冯·诺依曼在数学的诸多领域都进行了开创性工作，作出了重大贡献。在第二次世界大战之前，他主要从事算子理论、集合论等方面的研究。1923 年关于集合论中超限序数的论文，显示了冯·诺依曼处理集合论问题所特有的方式和风格。他把集合论加以公理化，奠定了公理集合论的基础。他从公理出发，用代数方法导出了集合论中许多重要概念、基本运算、重要定理等。

1933 年，冯·诺依曼解决了希尔伯特第五问题，即证明了局部欧几里得紧群是李群。1934 年他又把紧群理论与波尔的殆周期函数理论统一起来。他还对一般拓扑群的结构有深刻的认识，弄清了它的代数结构和拓扑结构与实数是一致的。他对算子代数进行了开创性工作，并奠定了它的理论基础，从而建立了算子代数这门新的数学分支。这个分支在当代的有关数学文献中均称为冯·诺依曼代数。冯·诺依曼于1944年发表了奠基性的重要论文《博弈论与经济行为》，文中包含博弈论的纯粹数学形式的阐述以及对于实际博弈应用的详细说明，文中还包含了诸如统计理论等教学思想，在经济学和决策科学领域竖起了一块丰碑，被经济学家公认为"博弈论之父"。冯·诺依曼在格论、连续几何、理论物理、动力学、连续介质力学、气象计算、原子能和经济学等领域都作过重要的工作。

在物理领域，冯·诺依曼在20世纪30年代撰写的《量子力学的数学基础》已经被证明对原子物理学的发展有极其重要的价值。他在化学方面也有相当的造诣，曾获苏黎世高等技术学院化学系大学学位。

冯·诺依曼对人类的最大贡献是对计算机科学、计算机技术和数值分析的开拓性工作。

现在一般认为ENIAC是世界上第一台电子计算机，它是由美国科学家研制的，于1946年2月14日在费城开始运行。其实由汤米、费劳尔斯等英国科学家研制的"科洛萨斯"计算机比ENIAC问世早两年多，于1944年1月10日在布莱奇利园区开始运行。ENIAC证明电子真空技术可以大大提高计算技术，不过，ENIAC本身存在两大缺点：①没有存储器；②用布线接板进行控制，甚至要搭接几天，计算速度也就被这一工作抵消了。ENIAC研制组的莫克利和埃克特显然是感到了这一点，他们也想尽快着手研制另一台计算机，以求改进。

1944年，冯·诺依曼参加原子弹的研制工作，该工作涉及极为困难的计算。在对原子核反应过程的研究中，要对一个反应的传播做出"是"或"否"的回答。解决这一问题通常需要通过几十亿次的数学运算和逻辑指令，尽管最终的数据并不要求十分精确，但所有的中间运算过程均不可缺少，而且要尽可能地保持准确。冯·诺依曼所在的洛·斯阿拉莫斯实验室为此聘用了一百多名女计算员，利用台式计算机从早到晚计算，还是远远不能满足需要。无穷无尽的数字和逻辑指令如同沙漠一样把人的智慧和精力吸尽。

被计算机所困扰的冯·诺依曼在一次极为偶然的机会中知道了ENIAC计算机的研制计划，从此他投身到计算机研制这一宏伟的事业中，建立了一生中最大的丰功伟绩。

1944年夏的一天，正在火车站候车的冯·诺依曼巧遇戈尔斯坦，并同他进行了短暂的交谈。当时，戈尔斯坦是美国弹道实验室的军方负责人，他正参与ENIAC计算机的研制工作。在交谈中，戈尔斯坦告诉了冯·诺依曼有关ENIAC的研制情况。具有远见卓识的冯·诺依曼为这一研制计划所吸引，他意识到了这项工作的深远意义。

冯·诺依曼由ENIAC研制组的戈尔德斯廷中尉介绍参加ENIAC研制小组后，便带领这批富有创新精神的年轻科技人员，向着更高的目标进军。1945年，他们在共同讨论的基础上，发表了一个全新的"存储程序通用电子计算机方案"（EDVAC）。在这过程中，冯·诺依曼显示出雄厚的数理基础知识，充分发挥了他的顾问作用及探索问题和综合分析的能力。冯·诺依曼以"关于EDVAC的报告草案"为题，起草了长达101页的总结报告。报告广泛而具体地介绍了制造电子计算机和程序设计的新思想。这份报告是计算机发展史上一个划时代的文献，它向世界宣告：电子计算机的时代开始了。

EDVAC方案明确奠定了新机器由5个部分组成，包括运算器、逻辑控制装置、存储器、输入和输出设备，并描述了这5部分的职能和相互关系。报告中，冯·诺依曼对EDVAC中的两大设计思想作了进一步的论证，为计算机的设计树立了一座里程碑。

设计思想之一是二进制。他根据电子元件双稳工作的特点，建议在电子计算机中采用二进制。报告提到了二进制的优点，并预言，二进制的采用将大简化机器的逻辑线路。实践证明了冯·诺依曼预言的正确性。如今，逻辑代数的应用已成为设计电子计算机的重要手段，在 EDVAC 中采用的主要逻辑线路也一直沿用着，只是对实现逻辑线路的工程方法和逻辑电路的分析方法作了改进。

程序内存是冯·诺依曼的另一杰作。通过对 ENIAC 的考察，冯·诺依曼敏锐地抓住了它的最大弱点——没有真正的存储器。ENIAC 只有 20 个暂存器，它的程序是外插型的，指令存储在计算机的其他电路中。这样，解题之前，必须先准备好所需的全部指令，通过手工把相应的电路连通。这种准备工作要花几小时甚至几天时间，而计算本身只需几分钟。计算的高速与程序的手工存储存在着很大的矛盾。

针对这个问题，冯·诺依曼提出了程序内存的思想：把运算程序存在机器的存储器中，程序设计员只需要在存储器中寻找运算指令，机器就会自行计算，这样，就不必每个问题都重新编程，从而大大加快了运算进程。这一思想标志着自动运算的实现，标志着电子计算机的成熟，已成为电子计算机设计的基本原则。

1946 年 7、8 月间，冯·诺依曼和戈尔德斯廷、勃克斯在 EDVAC 方案的基础上，为普林斯顿大学高级研究所研制 IAS 计算机时，又提出了一个更加完善的设计报告《电子计算机逻辑设计初探》。以上两份既有理论又有具体设计的文件，首次在全世界掀起了一股"计算机热"，它们的综合设计思想，便是著名的"冯·诺依曼机"，其中心就是有存储程序原则——指令和数据一起存储。这个概念被誉为"计算机发展史上的一个里程碑"，它标志着电子计算机时代的真正开始，指导着以后的计算机设计。自然一切事物总是在发展着的，随着科学技术的进步，今天人们又认识到"冯·诺依曼机"的不足，它妨碍着计算机速度的进一步提高，而提出了"非冯·诺依曼机"的设想。

冯·诺依曼还积极参与了推广应用计算机的工作，对编制程序及数值计算都作出了杰出的贡献。冯·诺依曼于 1937 年获美国数学会的波策奖；1947 年获美国总统的功勋奖章、美国海军优秀公民服务奖；1956 年获美国总统的自由奖章和爱因斯坦纪念奖以及费米奖。

冯·诺依曼逝世后，未完成的手稿于 1958 年以《计算机与人脑》为名出版。他的主要著作收集在六卷《冯·诺依曼全集》中，1961 年出版。

鉴于冯·诺依曼在发明电子计算机中所起到的关键性作用，他被誉为"现代计算机之父"。

资料来源：百度百科（http://baike.baidu.com）。

1.3　计算机病毒防范

计算机病毒（Computer Virus）是指无用、有害的计算机程序，它干扰和妨碍甚至破坏正常的程序运行。计算机病毒都是一些小程序，通过把它们自己的一个副本附加到另一个程序上进行复制。一旦加到了一个主程序上，病毒程序就开始寻找要进行"感染"的其他程序。这样，病毒就会很快地散布到整个硬盘或整个组织内。

病毒程序在某个点上（由病毒程序设计确定）发起攻击，攻击的时间可以与多种情况联系起来，如某个时间和日期，特定的用户识别符出现，特定文件的使用或出现，用户的安全保密等级以及一个文件使用的次数等。同样，攻击的方式也是多种多样的。

所谓"良性"病毒可能只是简单地显示一个消息，而"恶性"病毒则会破坏数据甚至系统。常见的攻击是消除数据、删除文件或者对硬盘进行格式化。在网络环境下，计算机病毒可以按指数增长的模式进行再生。病毒侵入计算机网络时，可以导致计算机效率急剧下降，系统资源遭到严重破坏，短时间内造成网络系统的瘫痪。

从反病毒产品对计算机病毒的作用来讲，防毒技术可以直观地分为病毒预防、病毒检测及病毒清除技术。

1.3.1 病毒预防

建立和完善计算机病毒防范制度是预防病毒侵害的重要方法。计算机病毒的预防技术是指通过一定的技术手段防止计算机病毒对系统的传染和破坏。

计算机病毒的预防应该包括两部分：对已知病毒的预防和对未知病毒的预防。对已知病毒的预防可以采用特征判定技术或静态判定技术，而对未知病毒的预防则是一种行为规则的判定技术，即动态判定技术。

动态判定的病毒预防技术对病毒的行为规则进行分类处理，而后在程序运行中凡有类似的规则出现则可认定是计算机病毒。具体地说，就是预防、阻止计算机病毒进入系统内存，或者阻止计算机病毒对磁盘的操作，尤其是写操作。预防技术包括：磁盘引导区保护，加密可执行程序，读写控制技术和系统监控技术等。例如，防病毒卡，其主要功能是对磁盘提供写保护，监视在计算机和驱动器之间产生的信号，以及可能造成危害的写命令；并且可以判断磁盘当前所处的状态：哪一个磁盘将要进行写操作，是否正在进行写操作，磁盘是否处于写保护等，来确定病毒是否将要发作。

在网络环境下，防范病毒显得尤其重要，这是因为：其一，网络感染病毒会有更大的破坏力；其二，遭到病毒破坏的网络要进行恢复非常麻烦，而且有时恢复几乎不大可能。

1.3.2 病毒检测与消除

计算机病毒的检测是指通过一定的技术手段判断出特定计算机病毒的一种技术，它是针对特定病毒的。检测技术有两种：一种是根据计算机病毒的关键字、特征程序段内容、病毒特征及传染方式、文件长度的变化，在特征分类的基础上建立的病毒检测技术。另一种是不针对具体病毒程序的自身检验技术，即对某个文件或数据段进行检测和计算并保存其结果，以后定期或不定期地以保存的结果对该文件或数据段进行检测，若出现差异，则表示该文件或数据段的动态性已遭到破坏，说明已染上了病毒，从而检测到病毒的存在。

计算机病毒的消除技术是计算机病毒检测技术发展的必然结果，是计算机病毒传染程序的一种逆过程。消除病毒大都是在某种病毒出现后对其进行分析研究，而后研制出来的具有相应解毒功能的软件。这类软件技术发展往往是被动的，带有滞后性，而且由于计算机软件所要求的精确性，解毒软件有其局限性，对有些变种病毒的消除无能为力。

1.3.3 防止黑客入侵

黑客（Hacker）一词来自英语 Hack，原意为"劈，砍"，引申出的进一步意思是"干了一件非常漂亮的工作"。在 20 世纪早期的麻省理工学院校园中，黑客则有"恶作剧"之意，尤指手法巧妙、技术高明的恶作剧。到了 20 世纪 60～70 年代，它又专门用来形容独立思考却奉公守法的计算机迷。

如今所指的黑客可分为两类：一类是骇客，他们只想引人注目，证明自己的能力，在进入系统后，不破坏系统，或只做一些无伤大雅的恶作剧。他们追求的是从入侵行为本身获得巨大成功的满足；另一类是窃客，他们的行为带有强烈的目的性。早期的黑客主要是窃取国家情报和科研情报，而现今的黑客目标大都瞄准了银行的资金账户和电子商务的整个交易过程。

因此，一般意义上所说的黑客是指那些凭借其所掌握的计算机技术，专门破坏和攻击计算机信息系统和计算机网络系统，窥视他人个人隐私，不露声色地捉弄他人，伺机在计算机网上侵害他人、秘密地进行计算机犯罪的人。

（1）黑客攻击的目的主要有：

① 获取目标系统的非法访问，获得不该获得的访问权限。

② 获取所需资料，包括科技情报、个人资料、金融账户、技术成果和系统信息等。

③ 篡改有关数据和资料等，达到非法目的。

④ 利用有关资源，如利用这台机器的资源对其他目标进行攻击，发布虚假信息，占用存储空间。

黑客攻击信息系统主要从 3 个层次入手：一是通信与服务层；二是操作系统层；三是应用程序层。

黑客之所以能得手，是利用了系统的各种安全弱点，如管理漏洞、软件漏洞、网络结构漏洞和信任漏洞等。因此，防范应该从这些方面入手。

电子商务的 Web 站点是黑客攻击的目标，其行为正在不断地走向系统化和组织化。

（2）黑客常用的入侵手段如下：

① 捕获：有许多程序能使黑客捕获到个人信息，尤其是密码。

② 查卡：这种程序是捕获程序的一部分，其主要捕获信用卡密码。

③ 即时消息轰炸：利用即时消息功能，黑客可以采用多种程序，以极快的速度用无数的消息"轰炸"某个特定用户。

④ 电子邮件轰炸：用数百条信息堵塞某用户的 E-mail 信箱也是一种在线袭扰的方法。受到"电子邮件炸弹"的袭击后，用户在很短时间内收到大量的电子邮件，使用户系统不能开展正常业务，丧失系统功能，严重时会使系统关机，甚至使整个网络瘫痪。

⑤ 违反业务条款：这种诡计相当于在网上陷害某用户，也就是违反作为 AOL 成员法规的业务条款。有些程序可使这种欺骗活动看起来就好像是某个用户向黑客发送了一条攻击的 E-mail 信息。这条信息被传送给 AOL 的在线警察，在线警察进而把发送那条 E-mail 的用户轰出系统。

⑥ IP 欺骗：这是适用于 TCP/IP 环境的一种复杂的技术攻击，它由若干部分组成。当安全防范程度不高的主机正和一个可以信赖的主机通信时，黑客利用 IP 欺骗技术使真正被信任的主机处于停顿状态，而黑客则大量模仿它的数据包，将之发向目标主机。同时向目标主机发出 TCP 序列号，猜测出它的数据序列号。然后，伪装成被信任的主机，建立起与目标主机基于地址验证的应用连接。如果成功，黑客可以使用一种简单的命令放置一个系统后门，以进行非授权操作。

为防范黑客，可采取的具体措施之一是安装网络安全检测设备。预防为主是防范黑客的基本指导思想，应当加强对黑客行为的网络监控。

1.3.4　杀毒软件

杀毒软件是指一种实用程序软件，它能够查找病毒、特洛伊木马、蠕虫和机器人程序并将它们根除。虽然一些安全软件发行商会将间谍软件侦测作为一个单独的模块，但多数杀毒软件也能扫描间谍软件。杀毒软件可以包括在安全套件中，也可以作为独立的模块出现。杀毒软件在包括手持设备、个人计算机、U 盘和服务器在内的各种计算机和数据存储设备上都能使用。事实上，有许多免费提供的杀毒软件，所以计算机用户没理由让他们的计算机不受保护。

杀毒软件利用病毒特征代码在计算机文件和内存中查找恶意软件。病毒特征代码是程序代码的一部分（如独有的一组指令），可以用它来识别已知的恶意程序，就像用指纹来确定人的身份一样。

杀毒软件会对程序、数据文件、电子邮件及其附件以及传入的即时消息附件进行病毒特征代码扫描。杀毒软件还可以监视异常活动，例如由大规模邮件蠕虫或机器人程序从用户计算机上向外发送大量电子邮件的行为。

多数杀毒程序还可以扫描压缩文件中的病毒特征代码。这在用户下载压缩过的软件和接收压缩过的电子邮件附件时是很重要的。

每一种病毒防护产品都有不同的安装和激活过程。不过，一旦安装杀毒软件后，最好而且最安全的办法就是让它一直在后台运行，这样它就能在收到电子邮件时检查所有邮件，也可以在任何文件被访问时对其进行扫描。扫描处理需要一小段时间，会导致下载电子邮件和打开文件时出现稍许的延迟。

在安装一些应用软件或实用程序软件时，用户可能被要求停用杀毒软件。通常用户可以右击计算机任务栏中对应杀毒软件的图标，然后选择退出或禁用选项。但在安装完成后，千万不要忘记立即重新启动杀毒软件。

为了能对恶意软件进行最大限度的防护，用户应该在自己使用的杀毒软件中找到并启用如下功能：

① 在计算机启动时开始扫描。

② 在运行程序和打开文档文件时对程序和文档文件进行扫描。

③ 如果参与了一些危险的计算行为，而且不介意在扫描时打开文件所需要多花的时间，还要扫描其他类型的文件（如图形文件）。

④ 扫描收到的邮件和附件。

⑤ 扫描收到的即时消息附件。

⑥ 扫描送出的邮件，以确定这不是大规模邮件蠕虫的行为。

⑦ 扫描压缩文件。

⑧ 扫描间谍软件（有时也称为潜在不受欢迎程序）。

⑨ 至少每周对计算机硬盘上的所有文件进行一次扫描。

通常杀毒软件有两部分需要定期更新。一是杀毒程序本身也许需要补丁修复漏洞，或需要更新以改善功能；二是病毒特征代码列表要保持更新，以应对最新的恶意软件。

杀毒软件用来识别和根除恶意软件的病毒特征代码和其他信息存储在一个或多个通常称为病毒定义（或病毒数据库）的文件中。杀毒程序的更新和调整过的病毒定义会打包在一个文件中，可以通过手动或自动方式下载该文件。如果杀毒软件是安全套件的一部分，那么更新中也可能包括针对其他安全软件模块（如间谍软件模块或防火墙）的补丁。

多数杀毒产品都被预设为无须用户干预，自动定期检查、下载并安装更新。如果用户希望自行控制下载和安装过程，可以将杀毒软件配置成在有更新可用时提示用户。不管怎样，有时自动更新功能可能被禁用，为防万一，用户还是应该自己定期手动检查更新。

多数专家建议用户将杀毒软件配置成定期扫描计算机上的所有文件。由于恶意软件攻击在不断增加，最好是每周进行一次系统扫描。因为全面系统扫描可能会使计算机运行速度显著变慢，所以应该尽量选择空闲时间对计算机进行全面系统扫描。

用户也可以手动扫描计算机上的所有文件或特定文件。例如，假设用户下载了一个程序，而且想在安装和运行该软件前确定其是否带有病毒，就可以在 Windows 资源管理器中选定下载的文件并右击，在弹出的快捷菜单中选择（例如）"使用新毒霸进行扫描"命令。

在扫描过程中，如果病毒防护软件发现在文件或附件中存在病毒、蠕虫、特洛伊木马或机器人程序，它可能会尝试清除病毒感染、将文件隔离或直接删除文件。被隔离文件通常含有可疑代码（如病毒特征代码）。出于防护的目的，多数杀毒软件会将这些文件内容加密并放入隔离文件夹，这样黑客就无法打开或访问这些文件了。如果受感染的文件最终被放进隔离列表中，那么杀毒软件还可能向用户提供尝试对其杀毒或直接删除该文件的选项。

杀毒软件也并非绝对可靠。快速传播的蠕虫可能在病毒定义更新前就感染计算机了，而一些间谍软件也可能是漏网之鱼，而且隐藏软件可以隐藏一些病毒的痕迹。

尽管偶尔会有失误，但杀毒软件和其他安全软件模块始终能清除可能感染计算机的恶意软件。使用安全软件是很有必要的，而且采取额外的预防措施（如定期备份数据）也是很重要的。

1.3.5　安全套件

安全套件集成了若干安全模块，以保证计算机不受最常见的恶意软件、未经授权访问和垃圾邮件的侵害。安全套件也可能包括一些附加的特性，例如，能警告用户无线网络可能受到入侵的"Wi-Fi 侦测"，以及帮助家长监控孩子对因特网的使用的"家长控制"。安全套件通常包括杀毒模块、防火墙模块和反间谍软件模块。并且，安全套件的所有功能都能通过一个界面使用，这比要去了解如何配置和运行几种不同产品简单不少。

在安装安全套件时，通常需要卸载或禁用计算机上已经安装的其他杀毒软件、反间谍软件及防火墙软件。多数安全套件都不能与单独的安全产品并行使用，而且两种相似产品共有的安全功能还可能会导致故障。因此，安全套件的缺点之一就是用户不得不完全依赖于安全包提供商，因为他们是使计算机免受恶意代码侵扰的唯一的保护者。

流行的安全套件有赛门铁克诺顿网络安全特警（Symantec Norton Internet Security）、迈克菲网络安全套装（McAfee Internet Security Suite）、avast!和趋势科技钛金互联网安全套件（Trend Micro Titanium Maximum Internet Security）等。

新计算机上通常也会预装安全套件，但这通常都是试用软件，所以在试用期（通常是 30 天）结束时用户需要自行决定是否购买。

思 考 题 1.3

1. 锁定计算机的好处是什么？
2. 什么是受保护的操作系统文件？
3. 如何使用屏幕保护程序增强计算机的安全性？
4. 当你已经使用完一个插在计算机 USB 端口上的外置磁盘时，进行安全删除的目的是什么？
5. 连接在计算机 USB 端口上的数码照相机是否有必要进行安全删除？
6. 如果你有无法解决的计算机问题，为什么不推荐长期将 Windows 运行在安全模式下？
7. 只要在 Windows 安全中心启用防火墙和恶意软件设置，就无须购买第三方杀毒软件，这种说法对吗？

能力训练 1.3

本节"能力训练"的目的是：

① 熟悉计算机病毒防范技术的基本概念。

② 通过因特网搜索与浏览，了解网络环境中主流的病毒防范技术网站，掌握通过专业网站不断丰富病毒防范技术最新知识的学习方法，尝试通过专业网站的辅助与支持来开展计算机病毒防范技术的应用实践。

1. 工具/准备工作

在开始本训练之前，请回顾本节相关内容。

需要准备一台带有浏览器，能够访问因特网的计算机。

2. 训练内容与步骤

（1）概念理解

① 请通过查阅有关资料，简述"计算机病毒"的简单定义。

_____

_____

_____

_____

② 恶意程序的基本存在形式有_____、_____、_____、_____、_____。

③ 计算机病毒的 4 个特征指的是：_____、_____、_____、_____。

④ 目前主流的三大反病毒技术是指_____、_____、_____。

⑤ 系统对于计算机病毒的实际防治能力和效果主要要从_____、_____和_____三个方面来评判。

⑥ 请简述：什么是网络蠕虫？它的传播途径是什么？

_____

_____

_____

_____

（2）对著名杀毒软件公司网站的浏览

伴随着计算机和网络的普及应用，计算机病毒也是不断翻新花样，反病毒软件经受了一次又一次的考验，各种反病毒产品不断地推陈出新、更新换代。这些产品的特点表现为技术领先、误报率低、杀毒效果明显、界面友好、良好的升级和售后服务技术支持、与各种软硬件平台兼容性好等方面。

表 1-8 列出了一些著名的杀毒软件公司的网址。请浏览这些主流杀毒软件厂商的网站，详细了解他们在病毒防范技术方面所做的技术支持工作。

表 1-8　一些著名杀毒软件公司的网址

公 司 名 称	网　　址
北京金山网络科技有限公司	http://www.ijinshan.com　（金山网络安全套装）
北京江民新技术有限公司	http://www.jiangmin.com　（江民科技）
瑞星	http://www.rising.com.cn　（瑞星网）

① 金山毒霸。请登录"金山网络安全套装"网站（http://www.ijinshan.com），浏览网站的信息安全新闻（如"资讯"），并将有关资料记录如下：

● 在进行实验当日的信息安全新闻中，对你产生最大印象的是：

_____

_____

_____

● 请了解和简单描述当前的金山安全套件产品线：

_____

_____

_____

② 江民。请登录江民科技网站（http://www.jiangmin.com），浏览江民网的新闻栏目，并将有关资料记录如下：

● 在进行实验当日"江民新闻"栏目和"业界重大安全资讯"栏目的诸多新闻中，你印象最深的是：

_____

_____

_____

● 请了解和简单描述当前的江民产品线：

_____

_____

_____

● 请浏览并在表 1-9 中记录当日的江民最新版本号。

表 1-9　最新版本号

最新病毒库日期	
最新引擎版本号	
江民杀毒软件网络版	

● 在"病毒信息"栏目中，报告的近期高危病毒是：

_____

③ 瑞星。请登录瑞星网（http://www.rising.com.cn）进行浏览，并将有关资料记录如下：

● 在进行实验当日诸多新闻中，你印象最深的是：

_____

_____

_____

● 请了解和简单描述当前的瑞星产品线：

_____

_____

_____

● "瑞星疫情监测"报告的近期高危病毒/木马是：

_____

3．训练总结

_____

_____

_____

4．教师评价

_____

_____

阅读与思考：摩尔定律

被称为计算机第一定律的摩尔定律（Moore）是指 IC 上可容纳的晶体管数目，约每隔 18 个月增加一倍，性能也将提升一倍。摩尔定律是由英特尔（Intel）名誉董事长戈登·摩尔（Gordon Moore，见图 1-13）经过长期观察发现的。

1965 年，戈登·摩尔准备一个关于计算机存储器发展趋势的报告。他整理了一份观察资料。在他开始绘制数据时，发现了一个惊人的趋势。每个新的芯片大体上包含其前任两倍的容量，每个芯片产生的时间都是在前一个芯片产生后的 18～24 个月内。如果这个趋势继续，计算能力相对于时间周期将呈指数式的上升。Moore 的观察资料，就是现在所谓的 Moore 定律，所阐述的趋势一直延

图 1-13　摩尔

续至今，且仍不同寻常地准确。人们还发现这不光适用于对存储器芯片的描述，也精确地说明了处理器能力和磁盘驱动器存储容量的发展。该定律成为许多工业对于性能预测的基础。

由于高纯硅的独特性，集成度越高，晶体管的价格越便宜，这样也就引出了摩尔定律的经济学效益。在 20 世纪 60 年代初，一个晶体管要 10 美元左右，但随着晶体管越来越小，小到一根头发丝的宽度上可以放 1 000 个晶体管时，每个晶体管的价格只有千分之一美分。据有关统计，按运算 10 万次乘法的价格算，IBM 704 计算机为 1 美元，IBM 709 降到 20 美分，20 世纪 60 年代中期 IBM 耗资 50 亿研制的 IBM 360 系统计算机已变为 3.5 美分。

归纳起来，"摩尔定律"主要有以下 3 种"版本"：

① 集成电路芯片上所集成的电路数目，每隔 18 个月就翻一番。

② 微处理器的性能每隔 18 个月提高一倍，而价格下降二分之一。

③ 用 1 美元所能买到的计算机性能，每隔 18 个月翻两番。

以上几种说法中，以第一种说法最为普遍，第二、三两种说法涉及价格因素，其实质是一

样的。3 种说法虽然各有千秋，但在一点上是共同的，即"翻番"的周期都是 18 个月，至于"翻一番"（或两番）的是"集成电路芯片上所集成的电路数目"，是整个"计算机的性能"，还是"1 美元所能买到的性能"就见仁见智了。

需要指出的是，摩尔定律并非数学、物理定律，而是对发展趋势的一种分析预测，因此，无论是它的文字表述还是定量计算，都应当容许一定的宽裕度。从这个意义上看，摩尔的预言实在是相当准确而又难能可贵的了，所以才会得到业界人士的公认，并产生巨大的反响。

摩尔定律问世 50 年了。人们不无惊奇地看到半导体芯片制造工艺水平以一种令人目眩的速度提高。Intel 的微处理器芯片 Pentium 4 的主频高达 2 GHz，2011 年推出含有 10 亿个晶体管、每秒可执行 1 千亿条指令的芯片。人们不禁要问：这种令人难以置信的发展速度会无止境地持续下去吗？

事实上，总有一天，芯片单位面积上可集成的元件数量会达到极限。问题只是这一极限是多少，以及何时达到这一极限。目前，芯片性能的增长速度已趋缓。在不远的将来，摩尔定律将失效。其制约的因素一是技术，二是经济。

从技术的角度看，随着硅片上线路密度的增加，其复杂性和差错率也将呈指数增长，同时也使全面而彻底的芯片测试几乎成为不可能。一旦芯片上线条的宽度达到纳米（10^{-9}米）数量级时，相当于只有几个分子的大小，这种情况下材料的物理、化学性能将发生质的变化，致使采用现行工艺的半导体器件不能正常工作，摩尔定律也就要走到它的尽头了。

然而，也有人从不同的角度来看问题。美国一家名为 CyberCash 公司的总裁兼 CEO 丹·林启说："摩尔定律是关于人类创造力的定律，而不是物理学定律。"持类似观点的人也认为，摩尔定律实际上是关于人类信念的定律，当人们相信某件事情一定能做到时，就会努力去实现它。摩尔当初提出他的观察报告时，他实际上是给了人们一种信念，使大家相信他预言的发展趋势一定会持续。

资料来源：百度百科（http://baike.baidu.com）。

1.4　使用压缩软件

压缩软件（compression software）是利用算法将文件有损或无损地处理，以达到保留最多文件信息，而令文件体积变小的应用软件。压缩软件一般同时具有解压缩的功能。

1.4.1　数据压缩技术

在信息论思想的指导下，以压缩码率作为主要目标，相继出现了一些离散信源的最佳编码。20 世纪 90 年代以来，由于移动通信等无线接入和多媒体技术的大量引入，同时又受到频带的限制，迫使人们采用压缩编码。这为信源编码技术注入了新的动力，使新的编码思想和编码标准不断涌现，并且，数据压缩技术的应用已经有了一些封装性很好的软件工具和方法。

1. 基本原理

压缩软件的基本原理是查找文件内的重复字节，并建立一个相同字节的"词典"文件，用一个代码表示，比如文件里有几处有一个相同的词"中华人民共和国"用一个代码表示并写入"词典"文件，这样就可以达到缩小文件的目的。

由于计算机处理的信息是以二进制数"1"和"0"的形式表示的，因此压缩软件就是把二进制信息中相同的字符串以特殊字符标记来达到压缩的目的。为了有助于理解文件压缩，可以在脑海里想象一幅蓝天白云的图片。对于成千上万单调重复的蓝色像素点而言，与其一个一个地定义"蓝、蓝、蓝……"长长的一串颜色，不如告诉计算机："从这个位置开始存储 1117 个蓝色像素点"来得简洁，而且能大大节约存储空间。这是一个非常简单的图像压缩的例子。和蓝色像素点一样，只要通过合理的数学计算公式，文件的体积都能够被大大压缩以达到"数据无损稠密"的效果。

常用的压缩编码可以分为两大类，即无损压缩法和有损压缩法。

无损压缩法去掉或减少了数据中的冗余，但这些冗余值可以重新插入到数据中，因此，无损压缩是可逆的过程。无损压缩法由于不会产生失真，在多媒体技术中一般用于文本数据的压缩，它能保证完全地恢复原始数据，但这种方法压缩率比较低，如常见的 ZIP、RAR 等。

有损压缩法会减少信息量，但损失了的信息不能再恢复，因此，这种压缩法是不可逆的。由于有损压缩法允许一定程度的失真，适用于重构信号不一定非要和原始信号完全相同的场合，可用于对图像、声音、动态视频等数据的压缩。有损压缩广泛应用于动画、声音和图像文件中，典型的代表就是影碟文件格式 MPEG、音乐文件格式 MP3 和图像文件格式 JPG。

压缩软件就是利用压缩原理压缩数据的工具，压缩后所生成的文件称为压缩包（Archive），体积一般只有原来的几分之一甚至更小。当然，压缩包已经是另一种文件格式了。如果想使用其中的数据，首先得用压缩软件把数据还原，这个过程称作解压缩。

2. 常见压缩软件

文件压缩软件的压缩率一般在 10%以上，大大方便了文件的传输与保存。常见的压缩软件主要有 WinRAR、WinZip、7-Zip、好压（Haozip）、WinMount、Peazip 等。

另外，在程序开发过程中需要实现压缩功能时，可以使用 ComponentOne 发布的 Zip 控件，它可以快速地进行数据压缩，从而节省磁盘空间和网络带宽，而且可以很容易地对压缩数据进行操作和处理。它允许用户在自己的应用程序中对文件进行压缩，包括系统文件和隐藏文件，并且可以添加和删除压缩文件和文件夹；甚至可以读取或写入存储在数据流中的 ZIP 文件。

3. 常见压缩格式

常见的文件压缩格式主要有 RAR、ZIP、7z、CAB、ARJ、LZH、TAR、GZ、ACE、UUE、BZ2、JAR、ISO 等。实际上，平时常见的 JPG、RMVB 等格式的音视频文件也属于压缩文件。

1.4.2　WinZip 压缩软件

数十年前，数据压缩算法都掌握在少数厂商手中，而一位名为 Philip Katz 的黑客（典型的早年黑客，技术天才，后来因酗酒过度，英年早逝）为了让广大用户用上压缩技术，他自己开发出一套压缩算法，也就是 ZIP 的早期算法，用来对抗巨头的垄断。事实证明：ZIP 优于其他算法。于是，ZIP 就成为计算机用户的主流压缩软件。到了 Windows 时代，WinZip Computing Inc 第一个开发出图形界面的 ZIP 工具——WinZip，虽然那时的 WinZip 还只是给命令行的 ZIP 增加了一个图形界面的外壳，但用户却真正体验到了图形界面的方便，于是 WinZip 就这样成长起来。

ZIP 文件格式（PKZIP）在 1989 年由 Philip Katz 和他的 PKWare 公司在 MS-DOS 上发布。因为 PKWare 没有为 ZIP 注册商标和申请算法专利，并且没有意识到 Windows 将会统治操作系统市场，Nico Mak（当时效力于 Mansfield Software Group Inc）抓住了这个时机并为 Windows 平台开发了 WinZip。

在 Windows 环境下，WinZip 以其优秀的压缩率、稳定的运行和快速升级获得了广泛的认同，成为文件压缩软件的标准。在因特网上，通过搜索引擎可以很方便地找到并下载最新版本的 WinZip 软件（如 WinZip 18.0，需 Windows 7 支持）。

WinZip 8.0 是最后一个官方支持 Windows 95 的版本，而 WinZip 10 是最后一个官方支持 Windows

98/ME 的版本。此后，其发展演变是：

WinZip 11：加入了创建/解压 WavPack 压缩的 ZIP 压缩文件的功能。安装程序仍然可以在 Windows 98、ME 上安装，但不被官方支持。WinZip 专业版加入了被动 FTP 支持、FTP 传输、E-mail 通知、自定义工作选择、完整大小的图片浏览器等新功能。

WinZip 11.1：获得 Windows Vista 认证，并加入 Vista 主题支持与 64 位 Windows 支持。

WinZip 11.2：可以独立创建 LHA 压缩文件，加入 Unicode 文件名支持。

WinZip 12.0：针对照片和图形文件的压缩进行了改进，可以直接将相机内的照片自动打包出来，可以在 ZIP 中直接查看照片的缩略图，增加了对 ISO、IMZ 等新格式的支持，改进了加密算法和用户界面。

1.4.3　WinRAR 压缩软件

与 WinZip 相比，WinRAR 是后起之秀，但很快便受到了广大用户的喜爱。在因特网上，通过搜索引擎也可以很方便地找到并下载最新版本的 WinRAR 软件。

安装后，双击 WinRAR 图标，启动 WinRAR 软件（以 WinRAR 5.10 简体中文版为例），其主界面如图 1-14 所示。

图 1-14　WinRAR 操作主界面

WinRAR 中文版实用、方便，中文化工作更为完善，包括工作界面、快捷菜单，甚至在线帮助、使用手册、Readme 等文件都完全是中文内容。该版本不但保持了其以往的诸多优点，且新增解压由 UNIX compress 工具创建的压缩文件，由 7-Zip 创建的压缩文件（.7z 文件）；新增"安全"对话框，增加多项安全选项；新的命令行开关-ep3 允许保存和恢复包括盘符的完全文件路径；新的命令行开关-oc 允许在解压时恢复 NTFS 压缩属性。

WinRAR 的特点包括：

① 支持鼠标拖放及外壳扩展。

② 支持 ZIP 文件。

③ 内置程序可以解开 CAB、ARJ、LZH、TAR、GZ、ACE、UUE、BZ2、JAR 等多种类型的档案文件和 TAR 组合型文件。

④ 具有历史记录和收藏夹功能。

⑤ 压缩率高，且占用资源相对较少。

⑥ 其固定压缩和多卷自释放压缩，以及针对文本类、多媒体类和 PE 类文件的优化算法是

大多数压缩工具所不具备的。

　　WinRAR 使用简单方便，配置选项也不多，仅在资源管理器中就可以完成想做的工作。对于 ZIP 和 RAR 格式的自释放档案文件（DOS 和 Windows 格式均可），在快捷菜单中选择"属性"命令就可以知道此文件的压缩属性；如果有注释，还能在属性中查看其内容。可针对不同需要保存不同的压缩配置；增设了恢复卷功能，使数据安全得到更充分的保障。

　　WinRAR 引入了原创的压缩运算法则，具有较高的压缩率，特别适合于压缩可执行文件、对象库、大型文本文件等。除了 RAR 和 ZIP 格式的压缩文件外，WinRAR 还支持多种操作系统和压缩格式，并可以创建自解压可执行文件。

思 考 题 1.4

1. 文档、图片和音乐系统文件夹的作用是什么？
2. 如何改变文件夹图标以便使用超大方式显示？
3. 如果使用详细信息文件夹视图，什么样的文件信息被显示出来？
4. 在文件夹中对项目进行排序和分组的区别是什么？
5. 什么样的文件夹组织方式在定位一个特定文件类型时最有利？
6. 在一个文件夹中创建子文件夹的好处是什么？
7. 文件可以以不同的文件类型保存。请给出需要保存为纯文本文件的例子。
8. 如何查看一个文件的属性？
9. 如何卸载一个软件？
10. 从"程序"文件夹中删除程序和从控制面板中卸载程序的区别是什么？

能力训练 1.4

本节"能力训练"的目的是：
① 理解数据压缩的基本概念，了解数据压缩标准和相关技术。
② 熟练使用压缩软件 WinRAR，进一步体会数据压缩技术的实现和应用方法。

1．工具/准备工作

在开始本训练之前，请回顾本节的相关内容。

需要一台已经或者准备安装 WinRAR 压缩软件的多媒体计算机。

2．训练内容与步骤

请查阅有关资料，给出以下定义：

① 数据压缩：＿＿

② 无损压缩：＿＿

③ 有损压缩：＿＿

　　利用百度等网络搜索工具，找到并下载 WinRAR 软件的最新版本，解压缩并安装 WinRAR 软件。安装过程中应注意屏幕提示，一般对安装提问选择默认选项即可。

（1）压缩

WinRAR 的使用方法和 WinZip 基本相同，可以右击要压缩的文件，在弹出的快捷菜单中选择命令进行压缩操作。

① 添加到压缩文件：指通过 WinRAR 的操作界面进行压缩操作，如图 1-15 所示。

② 添加到*.rar：指不需要进入 WinRAR 的主界面，采用默认的压缩文件名进行压缩操作。

（2）多卷压缩

在"添加到压缩文件"操作方式下，在"常规"选项卡的"压缩文件名"文本框内输入压缩到备份存储介质（如 U 盘）的路径和文件名，在左下角"切分为分卷，大小"下拉列表框内选择"自动检测"选项，再单击"确定"按钮，就可以根据备份介质的容量进行多卷压缩。

如果要压缩的文件比较大，一个备份介质的容量不够保存，WinRAR 会自动提醒用户加入第 2 个备份介质，在换入后，单击"是"按钮继续压缩。

如果选择"创建所有"选项，则软件会自动根据要压缩文件的大小依次提示放入新备份介质。WinRAR 多卷压缩的第一个压缩文件后缀名为 .rar，第二个是 .r00，第三个是 .r01，以此类推。

（3）解压缩

要对一个压缩文件进行解压缩，只要双击该压缩文件的图标，即可以进入 WinRAR 的主界面。单击工具栏中的"解压到"按钮，弹出"解压路径和选项"对话框，由用户选择解压缩文件保存的位置（见图 1-16），对话框的左侧还有一些相关的解压缩设置可供选择。

图 1-15　压缩文件名和参数设置

图 1-16　WinRAR 解压缩设置

要对多卷压缩的文件进行解压缩，首先确定存放多卷压缩的第一个压缩文件的备份介质（也可先将在备份介质上的所有多卷压缩文件复制到硬盘上），在文件扩展名为.rar 的文件图标上双击即可。WinRAR 会自动根据压缩文件的信息显示被压缩文件，单击"解压缩到"按钮，在选择解压文件保存的文件夹后，WinRAR 即开始解压缩。

（4）创建自解压文件

如果要在另外一台没有安装压缩软件的计算机上解压缩该文件，就需要在压缩时采用自解压方式。为此，在WinRAR 主界面中，选择已经压缩的文件（注意：先压缩，再创建自解压），再在"工具"菜单中选择"压缩文件转换为自解压格式"命令，弹出图 1-17 所示的对话框。

图 1-17　WinRAR 创建自解压

WinRAR 有许多自解压制作模块，会在原压缩文件的文件夹中创建自解压文件。

（5）设置 WinRAR

WinRAR 的设置很简单，一般使用默认设置就可以完成大部分的工作要求，而且其中大部分内容与 WinZip 相同。

步骤 1：对未压缩文件的估计。打开 WinRAR 主界面，选择一个或多个未压缩文件，单击工具栏的"信息"按钮，在弹出的文件信息对话框（见图 1-18）中可看到对当前文件压缩的评估值，即文件通过各种压缩格式压缩后的大小、耗时、压缩率等信息，并给出一定的建议。WinRAR 对压缩文件和非压缩文件有两种不同的显示方式。

步骤 2：设置。在 WinRAR 的"选项"菜单中选择"设置"命令，会打开"设置"对话框，如图 1-19 所示。在对话框中选择"文件列表"选项卡，可对显示的字体等进行设置，如图 1-20 所示；单击"综合"选项卡，可对关联文件和界面等进行设置，如图 1-21 所示。

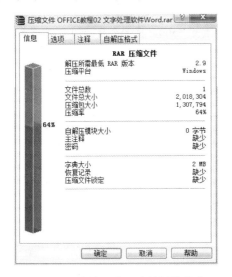

图 1-18　对当前文件压缩的评估信息

图 1-19　设置 WinRAR

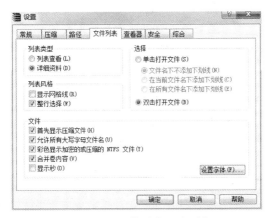

图 1-20　"文件列表"选项卡

图 1-21　综合设置

步骤 3：外壳集成设置。如果在资源管理器中右击指定文件，而弹出的快捷菜单没有 WinRAR 的命令，就需要在"综合"选项卡的"WinRAR 关联文件"区域设置关联文件格式。建议选择全部格式。

请记录：操作能够顺利完成吗？如果不能，请分析原因。

_____

3．训练总结

_____

_____

_____

4．教师评价

_____

_____

阅读与思考：Windows 之父阿尔钦功成还乡

微软三号人物、平台和服务部总裁吉姆·阿尔钦（Jim Allchin，见图 1-22）于 Windows Vista 发布之日（2007 年 1 月 30 日）正式退休。微软网站公布了上述消息，阿尔钦为公司效力 17 年，参与了微软众多旗舰产品的策划，在员工中深孚众望。在他的带领下，Windows NT 取代了 Novell 的地位，从网络操作系统的跟随者变成领跑者，并让 Windows 成为主流桌面平台。

图 1-22　Windows 之父——吉姆·阿尔钦

当年也是阿尔钦力促 IE 浏览器与 Windows 整合，并强烈反对在其他操作系统上开发 IE。虽然此举为微软引来反垄断诉讼，但最终成就了微软在浏览器市场的绝对垄断地位。

1951 年，阿尔钦出生于密歇根的一个贫穷家庭，父母在他幼年时迁往佛罗里达，在一家农场干活，他和哥哥都在农场帮父母干活改善家计。在修补设备时，他培养了在工程技术方面的兴趣。在佛罗里达大学短暂学习电子工程后，他曾中途辍学，后又重返学校，1973 年获得学士学位。1980 年他又从斯坦福大学获得硕士学位，后来在乔治亚工学院完成博士深造。阿尔钦包括 TI、Banyan 等多家公司，是 Vines 网络操作系统的首席设计师。

1990 年，比尔·盖茨多次邀请阿尔钦加盟微软，但他最初都置之不理。在后来的面试中，阿尔钦对盖茨直言，微软的软件是世界上最烂的，实在不懂请他来做些什么。但盖茨则笑称，正是因为微软的软件存在各种缺陷，才需要这样的人才。今日，阿尔钦的名号已经成为 Windows 操作系统的同义词。

Windows XP 上市 5 年之后，下一版本 Windows Vista 才推出，这是微软前所未有的产品更新间隔。Windows Vista 延后上市的成本，相当于损失 16.4 亿美元的销售额与每股 11 美分的盈余。虽然微软 CEO 鲍尔默对 Windows Vista 的开发周期很不满意，但是阿尔钦却认为"时间很紧，但质量更为重要。"

阿尔钦在 2005 年 9 月宣布了 2006 年底退休的决定。他谈及面临的一系列挑战，指出微软重组的结果将更加利于创新，更加快速响应消费者。微软再次调整组织结构，以期提高决策效率，从而更好应对来自竞争对手的威胁。反对行列中，除了喋喋不休的批评家，还有微软庞大的公司博客族。阿尔钦劝告微软雇员："如果你希望看到不一样的微软，就应当发掘出能够得到改善的地方，然后停止争论，改进微软。"

Vista 历经多次跳票，在完成最终收尾工作后，阿尔钦履行了承诺，没有出席 2007 年 1 月 30 日 Vista 纽约发布会，因为他"将去温暖的地方，会呆在一艘船上。"退休之后，阿尔钦将与家人共度晚年并重新练习音乐。

资料来源：根据网络资料整理。

第2章

文字处理软件 Word 高级应用

文字处理是计算机应用，尤其是办公软件应用最广泛的内容。在初级的应用中，我们把注意力集中在汉字输入方法和简单文字排版上。作为提高，我们期望通过文字效果与小报排版、文字的艺术设计与书籍排版、论文的格式与排版，以及 Word 应用技巧等部分内容的学习，把对 Word 文字处理软件的应用引向深入，引向提高。期望读者能在 Word 排版图、文、表并茂，以及排版的专业水平、艺术效果上得到发展，得到提高。

2.1　文字效果与小报排版

不管是写一篇 10 页长的书面作业、编写软件文档、为新成立的公司设计宣传册，还是撰写论文，用户都可能要用到办公套件中的文字处理模块。

2.1.1　文字处理的主要功能

文字处理软件（Word Processing Software）在制作报告、信件、备忘录、论文和手稿等多种文档的过程中替代了打字机。文字处理工具包（如 Microsoft Word、WPS 文字[①]、iWork Pages 和 LibreOffice Writer）能够让用户在将一篇文档印到纸上之前，先在屏幕上进行创建文档、检查拼写、编辑和排版等操作。

常见的文字处理程序窗口会显示一块代表一张白纸的工作区。此外，该窗口中还包含了用于查看和格式化文档的控件（见图 2-1）。不管使用何种文字处理程序，它所包含的要素都类似于这里展示的 Microsoft Word 示例所示的要素。

文字处理软件能够自动完成很多工作，从而使用户能保持思路流畅，而不至于让这些事情浪费用户很多精力。例如，用户不必为将文字放在边界以内而费心。软件的"自动换行"功能决定了文本的行与行之间是怎样衔接的，当文字到达右边界时会自动转到下一行。

想象一下，文档中的句子是一个长句子（长条文本），而自动换行弯折了这个长条。改变边界宽度相当于在不同的地方弯折这一长条文本。即使输入一整篇文档之后，调整文档的上下左右边界也是很简单的。

用户可以利用"查找和替换"功能找到写作中常犯的错误。因为文字处理软件往往侧重于写作的过程，所以它具有一些能提高写作质量的特性。

[①] WPS Office（Word Processing System）是金山软件公司（Kingsoft）推出的一款体积小、功能强的跨平台免费办公软件，最初出现于 1989 年，可以实现办公软件最常用的 WPS 文字、WPS 表格、WPS 演示等多种功能。WPS 最新正式版为 WPS 2013。

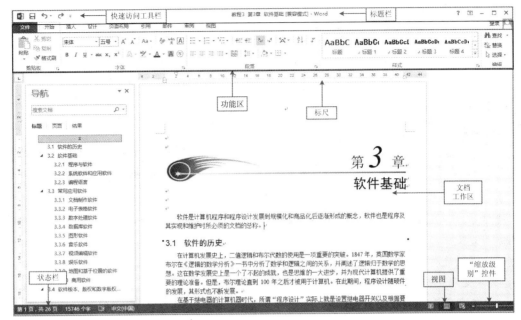

图 2-1　Word 2013 的主界面

　　有些文字处理软件可能包含一部同义词词典，从中可以找到某个单词的同义词，这样就可以使文章富于变化而且生动有趣。语法检查器能够"阅读"整篇文档并指出可能存在语法错误的地方，例如，不完整的句子、未分段编排的句子及动名词不搭配。

　　文字处理软件还可以通过标准的可读性准则分析文档的阅读级别，根据对句子长度和词汇量的分析可知文章是否适合目标读者阅读。

　　大部分文字处理软件都包含拼写检查器，它可以标记出文档中拼写错误的单词。用户可以在输入时方便地更正拼写错误的单词，也可以在输入完整篇文档后运行拼写检查器。有些软件甚至有自动更正拼写错误的功能。

　　尽管软件的拼写检查器能帮助用户更正错误的拼写，但它并不能保证文档完全不出错。拼写检查器能将文档中的每个单词与称为拼写字典的数据文件中存储的拼写正确的单词作对比。如果字典中有文档中的某个单词，那么拼写检查器认为这个单词拼写正确。如果字典中没有这个单词，那么拼写检查器就认为这个单词拼写错误。

　　拼写检查器无法分辨用户是否误用了单词，此外，拼写检查器还会误标很多专有名词和科学、医学与技术术语，因为在其拼写字典中并未包含这些单词。所以，就算是使用了拼写检查器，仍要对文档进行校对，例如 Word 2013 的"审阅"→"拼写和语法"功能。

　　文档的版式是指文档中所有的元素（文本、图片、标题和页码等）在页面上的分布方式。

　　文档的最终版式取决于怎样使用文档和在哪里使用文档。例如，校报只需要印成标准的段落版式，即可能是双倍行距并且带页码。而宣传册、时事通信和公司的报表可能需要更复杂的版式，如分栏、页眉和插图等。

　　文档的最终外观取决于几个排版因素，如页面布局、段落样式和字体。

　　① 页面布局是指页面上各个元素的实际位置。除了文本的段落外，这些元素还可能包含页边空白、页码、用户指定的自动出现在每页顶部页边空白的页眉文本，以及用户指定的自动出现在每页底部页边空白的页脚文本。

② 段落样式包括页边内文本的对齐方式和每行文本间的间距。文本行之间的距离称为行距。大多数文档都选择单倍或双倍行距，但用户也可以磅为单位调整行距。段落对齐方式是指文本的水平位置，可以是与左页边对齐、与右页边对齐，还可以是两端对齐，这样文本就与左右页边都均匀对齐了。通常，两端对齐的文档要比右边距参差不齐的文档看起来更美观。

③ 字体是指经过统一设计的一系列字符。它的大小是用磅值（缩写为 pt，1 磅约为 1/72 英寸）来度量的。

用户不必单独选择字体和段落样式要素，文字处理软件通常会允许用户选择一种样式，就能应用多种字体和段落特性，如为标题设置格式，而不需要单独选择字体样式、字体大小和字体颜色。例如，如果标题样式被改为绿色，那么所有应用该样式的标题都会变成绿色。

2.1.2　字体的功能

文字是人类智慧的高度结晶，其变化同样也反映着时代的特征。在原始社会，文字图形作为一种象形符号，维系着原始人类的群体生活。当社会发展处在一个比较低的阶段，大众文化落后，生产和消费还停留在追求基本生活的必需时，文字在很大程度上起着记录和说明的作用。随着社会的高速发展，不同民族文化和生活方式有了广泛的交流，文字在其中发挥着巨大作用。

由文字构成的字体设计起源于 20 世纪初，这个时期的欧洲科学技术得到进一步的发展，对字体设计产生了重大影响。现代设计运动的兴起，使人们的艺术观念发生了很大的变化。在图形设计领域，改变了以往单纯将优美风景和著名肖像作版面的设计，开始研究文字本身所具有的独特价值。

字体设计的功能包括：

① 加强文案的吸引力。经过字体设计的文案，由于不同字体笔画粗细有别，置于图面上，不同字体区域各自形成深浅不同的色块，可赋予文案生命力，如同图画般赏心悦目。

② 辅助图形设计。设计人员亦可利用文案排成图形，或将文字图形化，使文字产生图的功能，以强调信息诉求。

2.1.3　字体的种类

字体的种类繁多，功能各异，然而其基本的、共通的任务，在于建立信息、品牌等独特的风格，塑造差异的形象，以期达到传达信息的目的。不同种类的字体其功能也有所不同。

按视觉形态来分类，字体的种类主要有：印刷体、手写体和设计师设计的各式各样美术字。字形又可通过拉长、压扁、变斜等，做出多种多样变形。由于字体种类不断创新及计算机设计、排版功能日新月异，版面字体的应用更为灵活。

① 印刷体。字体种类繁多，如宋体（老宋、标宋、仿宋、粗宋）、黑体（粗黑、特黑、美黑、细黑）、楷体（行楷）、圆体（特圆、粗圆、细圆）、隶书、行书、综艺体、堪亭体、琥珀体、魏碑、印篆体、古印体、海报体等，还有几百种英文字体。

② 手写体。手写体字形无规则，大小不一，笔画不同，是富于个性与亲切感的字体。手写体可用毛笔、钢笔或麦克笔等不同的工具来书写。利用粗麦克笔写的文字，其横竖线条不等。手写字体，自然人性，易传达原始纯真的感情，常用来表现生动自然和亲切的主题。毛笔字属于传统风格的字体，因书写者的个性不同而字体的风格也有所不同，字体从柔弱到阳刚变化颇大，可表达出多样的个性。

2.1.4 字体的视觉设计

在版面设计中，字体既可以是传达内容的叙述性符号，也可以是视觉形象的图形。从本质上讲，任何一种字体，都具有图形的性质。

字体设计的表现形式是由文字与内容的关系构成的。各种信息的不同内容和特点，规定了表现形式的多样化。新颖的表现形式往往是对表现对象深刻独特的把握。

1. 字体的错觉与校正

由于字体的结构、笔画繁简不一，实际粗细相同、大小一致的字形在视觉效果上并不完全相同，这就是错视。

与字体有关的错视主要有：线粗细的错视；点与线的错视；交叉线的光谱错视；黑白线的粗细错视；正方形的错视；垂直分割错视；点在画面上不同位置的错视等。常用的字体错视的修正方法包括：字形粗细，大小处理，重心处理，内白调整，横轻直重处理，字形大小调整等。

2. 字体的造型设计

字体之所以能表现出差异性的风格，主要在于字体具有统一的特征。中文字体无论如何变化，一般总离不开两个最基本的字体形式——宋体和黑体，这两种字体在笔画造型上有着截然不同的风格和特征。宋体直粗横细，黑体粗细一致。就线端来看，宋体字基本笔画的造型变化多样，黑体字则造型统一，平整匀称。再以文字的精神风貌来看，宋体字带有温婉含蓄、古典情趣的美，黑体字则传达刚硬明确、现代大方的理性美。因此，在设计字体时，首先应根据设计信息的内容与理念来选择合适的字体形式，从中发展、变化、创造出具有独特个性的字体。

字体的设计还在于统一线端造型与笔画弧度的表现。线端形态是圆角、缺角、直切、切的角度与大小等，都会直接影响字体的性格，再则曲线弧度的大小也能表现字体个性。如表现技术、精密、金属材料、现代科技等特征应以直线型为主，如表现柔和、松软的食品和活泼、丰富的日用品特点，应以曲线为主来造型。

2.1.5 字体的编排模式

文字编排方式的主要因素是字距和行距。研究表明，行距的变化对阅读率没有显著的影响，而字距的变化对阅读率的影响却非常显著。

（1）文字编排设计的基本模式包括：

① 以线构成。文字编排设计的最常见形式是线，把单一的点形文字排列成线，是最适宜阅读的形式。在设计中，常见的线型有直线和曲线两种，直线包括水平线、垂直线、斜线和折线，曲线型有弧线、波浪线和自由曲线，还可以根据需要把文字排列成间隔拉开的虚线形式，可以采用单一的线型排列，也可以由多种线型综合编排。

② 以面构成。在字体的编排中，常常把文字由点排成线，再由线排成面，即所谓文字的"群化"。这往往是由于版面空间和构图形态的实际需要。排列成面的文字整体性和造型性较好，便于阅读。排列成面的文字多是作为画面的辅助因素来考虑的，可以和其他主体性因素产生互补关系，形成画面的特征和个性。

③ 齐头齐尾。这是最整齐的编排形式，就是把版面的文字排列成面，面的两端是整齐的。中文字体的基本形是方形的，不管是直排，还是横排，编排起来都比较容易。但英文单词常由许多字母组成，在编排时难免会出现一行的末尾有时空几个字母的空间，有时一个单词只能排一半，为了整块的整齐和单词对角完整，只有拉开单词间的距离，将不完整的单词转入下一行。

④ 齐头不齐尾。把每一行文字的开头对齐，而在适当的地方换行，这样，行后就会出现参差不齐的形状，这就是齐头不齐尾的排列。这种排列方法在英文中常见，中文采用这种方法编排时，通常以一个整句或一个段落作为划分的单位，例如，诗词短句就是采用这种齐头不齐尾的编排。

⑤ 齐尾不齐头。把每一行文字的结尾对齐，而在适当的地方换行，这样，行头就会出现参差不齐的形状，这就是齐尾不齐头的排列。在视觉设计中常采用这种方法编排以创造一种别具一格的风格。通常以一个整句或一个段落作为划分的单位，诗词短句也可以采用这种齐尾不齐头的方式编排。齐尾不齐头的编排方式与齐头不齐尾的方式比较起来，更能突出前卫、时尚和别致的个性。

⑥ 对齐中间。这是一种对称形式。如果每一行文字的长度不同，使之刻意地对齐中间，作对称形式的编排，在首尾自然产生凹凸的白色空间，这种编排方式，能使版面产生优雅的感觉：紧凑的中心，放松的四周空间，条理中有变化。

⑦ 沿着图形排列。这是一种自由活泼的编排方式。当文本在设计编排时遇到图形，即沿着图形的轮廓线进行排列，使图形和文字互相嵌合在一起，形成互相衬托、互相融合的整体。这种编排方式，需注意文案语句意义的完整性，以及外形轮廓的整齐感，如果沿着不规则图形的外形编排，加之排成面的文案的外形不整齐，会给阅读带来一定的困难。

⑧ 文字的分段编排。在海报招贴、报纸、杂志、网络广告文字编排设计中，文案量的大小相差很大，往往会遇到大量文案编排的情况，虽然横向阅读最符合人的生理特点，但是每一行的文字不宜太多，为了方便观众的阅读，就必须采取合理、有效的编排方式。常常采用一段式、两段式、三段式和四段式的编排。一段式的编排简洁明了，适宜文案较短的编排，两段式的编排对称大方，适宜较长的文案，三段式和四段式的编排比较活泼，比较适合年轻人的口味。

⑨ 错位式的文字编排。这是采用错位方法来区别或强调文案不同内容特点的手法。通过改变字体的造型、尺寸和位置，使重要内容能突出显示。具体方法是将个别需要强调的文字提升、下沉、放大、压扁、拉长等。

⑩ 将文字编排成图形。将文字编排成具有造型特点的线、面或成为插图的一部分。在广告的画面上字体本身也属于图形的要素，把字体编排成图形，就是运用多种多样的编排手法，把文字排列成具有节奏变化、形态特征的视觉形象，以可视性和特征性为主，兼顾可读性，通过视觉形象来传达的信息。

⑪ 将文字分开和重叠排列。分开排列就是打破通常的字距和行距，将文字按设计传达的需要，排列成特有的视觉形式。分开排列将拉大文字之间的距离，字体的间隔通常超过字体本身的宽度，有的甚至更长。这样做在视觉心理上会显得比较轻松、自由和富有节奏感。与之相反的是重叠式的排列，文字的部分形体相互重叠，前后叠加在一起，形成一种立体感和紧凑感。

⑫ 文字设计中的变异设计。改变字体在句中或段中方向、字体、色彩、位置等，起到强调的作用。

（2）文字编排中的辅助手法主要包括：

① 以线条分隔文本（不同线型分隔、规范外形、区分层次）。

② 以线条制造空间（留白、粗细线区分层次、错落节奏）。

③ 以线条强调（画线、勾框、分隔）。

④ 符号形象化设计（提高造型效果）。

⑤ 符号强调设计（几何形、自然形等）。

2.1.6　字体的搭配

字体的视觉表现包括字体的搭配、字族的运用、字的变形设计等。欲搭配运用字体，使画面美观且阅读容易，需要注意以下原则：

① 大标题、小内文。即利用字体大小的差异，来表现标题及内文不同的重要程度，这是字体的常用搭配方法。大标题字体的尺寸应为内文的三倍以上，才能凸显其领导地位；副标题字体的尺寸必须在大标题一半以下，才不至于减弱大标题的力量；小标题可与内文字体尺寸一样大小或略大一些，但不宜比内文小。中文排版中，内文字体通常为 10.5 pt 大小（五号宋体）。

② 粗标题，细内文。标题要粗，能以最快的速度吸引人的注意，使印象深刻。

③ 字体少，字形少。同一组内采用的字体宜在 3 种以内，以不同的字体区分标题、副标题，但内文与标题字体可相同亦可不同。字体运用更应讲求整体感。

④ 字体与内容配合。着重理性说服者，宜采用较冷静理智的方正型字体，如黑体、圆体；诉诸感性者，不妨用较具变化感的字体。

总之，字体与字形均不可太多，但变化要合理，才能明显标示重点并区隔内容，适当表达出数字艺术设计的诉求内容。如果字体与字形种类太多，会显得杂乱，从而降低设计效果。

一般字体在大小、粗细上有多样变化，足以让设计人员在区隔重要性不同的文案时运用自如。字族就是以某种字体为蓝本，将之变化为一组字体，它们有一个总称。例如"黑体"字族有细黑、中黑、粗黑、特黑、超黑、长黑、平黑、斜黑，但笔画形状类似。

采用同一字族多种不同字体来制造变化，字体间的相似性能产生整体印象，字体间的小差异也能使设计显得精致而有活力。

2.1.7　文字构成的图形特性

文字作为信息传递的图形符号，自身就具有构成、编排的价值。文字作为基本构成元素，字符是点，词、句是线，而段是面。文字通过易被受众识别理解的视觉元素，进行有意识的编排，最终完成信息传递和交流，这已经成为版面设计中一个重要的表现方式。

从信息化、视觉化、艺术化的视角来审视文字艺术，我们可以领略到它是一种具有巨大的生命力和感染力的设计元素，它有其他设计元素和设计方式所不可替代的设计效应，不仅可"读"，而且可"看"。发挥文字的图形作用，无疑会使视觉传达设计获得新颖奇特的效果。我们在尊重文字的信息传递功能、阅读功能的同时，更应该看到文字作为一种视觉载体所具有的图形魅力与震撼力。

思 考 题 2.1

1. 请解释 Word 的功能区是如何组织的。

2. 举例说明使用模板创建一个新文档的好处。

3. 请解释为何有时需要将文档保存成其他文档格式，而不是 Word 默认的文档格式。

4. 什么是兼容模式？

5. 举例说明如何使用文档属性。

6. 举例说明如何使用文档属性中的高级选项。

7. 什么情况下需要改变文档的查看模式（视图）？

8. 为什么显示比例在不同的显示器上会有所变化？

9. 举例说明将一个文档或多个文档拆分显示。

10. 为什么需要选择文本？并举例说明选择连续文木和非连续文本的操作。

11. 单击"撤销"按钮和单击"撤销"按钮旁的下三角按钮有何不同？

12. 使用粘贴和选择性粘贴有何不同？

13. 字符排版是什么意思？

14. 论述在什么情况下应使用"字体"对话框，而不是利用"开始"选项卡和"格式快捷工具栏"进行操作。

15. 列出一些常用的字符格式操作。

16. 在什么情况下需要改变字符间距？

能力训练 2.1

1. 工具/准备工作

在开始本训练之前，请回顾本节的相关内容。

需要准备一台安装有 Microsoft Office Word 2013 软件的计算机。

2. 训练内容与步骤

【训练 1】创建一封信，并将其保存。

主要操作：创建一个新文档，选中文本，输入和编辑、排版，保存和关闭文档。

步骤 1：创建一个新文档，并将其命名为"LTR（TV Listings）-学生"。（注：文件名中的"学生"请代入实际完成此操作的学生的姓名，下同。）

步骤 2：输入如下内容。

Mr. J. Vaughn

3031 Garbo Street

San Francisco, CA 95117

(current date)

TELEVISION MAGAZINE

Subscription Services

2362 – 116thStreet

New York, NY 94208–0003

TO WHOM IT MAY CONCERH:

Please find enclosed payment in the amount of $45.98 for renewal of my subscription to your Television Listing Magazine.

I would also request the I am NOT placed on any other mailing lists that your occasionally make available to other vendors.

Thanks you.

Yours Trudy.

J. Vaughn

步骤 3：保存文档。

步骤 4：将 Mr. J. Vanghn 设置为：12 pt、加粗、斜体；然后将寄信人地址设置为 10 pt、斜体。

步骤 5：将下列字体进行加粗显示：

Subscription Services

$ 45.98

NOT

步骤 6：将 "enclosed" 突出显示，改成黄色。最后，本训练的效果如图 2-2 所示。

Mr. J. Voughn
3031 Garbo Street
San Francisco, CA 95117

(current date)

TELEVISION MAGAZINE
Subscription Services
2362 - 116thStreet
New York, NY 94208-0003

TO WHOM IT MAY CONCERH:

Please find enclosed payment in the amount of **$45.98** for renewal of my subscription to your Television Listing Magazine.

I would also request the I am **NOT** placed on any other mailing lists that your occasionally make available to other vendors.

Thanks you.

Yours Trudy.

J. Vaughn

图 2-2　一封信

步骤 7：保存文档。

【训练 2】 练习创建一个价格列表。

主要操作：创建一个新文档，输入和编辑，选中文本，文字排版，设置制表符，保存和关闭文档。

步骤 1：创建一个新文档，并将其命名为 "产品价格表-学生"。

步骤 2：输入具体内容，并设置制表符，如图 2-3 所示。

产品销售表					
		批发价			
	数量	1~50	51~100	101~150	151+
餐具	一套 6 个	$15.99	$13.99	$11.99	$8.99
12 寸餐盘	一套 6 个	22.99	21.99	19.99	15.99
色拉盘	一套 6 个	15.99	13.99	11.99	8.99
玻璃杯	一套 6 个	11.99	9.99	7.99	4.99
啤酒杯	1	8.99	6.99	5.99	4.99
全套餐具（6 人）		$75.95	$66.95	$57.95	$43.95

图 2-3　价格列表

步骤 3：保存并关闭文档。

【**训练 3**】练习创建一个文档来打印一些标签。

主要操作：创建一个新文档，输入文字并排版，保存和关闭文档，打印文档。

步骤 1：为创建标签，可先组织好标签的文字内容（见下面），在该内容前面定位光标，单击"邮件"选项卡中的"标签"按钮，打开"信封和标签"对话框，如图 2-4 所示。

ABC 公司

中关村大街 5 号，邮政编码 100081

北京市海淀区

中国

图 2-4　"信封和标签"对话框

Word 提供对当前标签尺寸的预览，可以在确认合适的标签尺寸后在"地址"文本框中输入相关信息。单击"选项"按钮可以设置更多的打印选项，如设置标签创建者信息、改变标签的类型和尺寸等。除了这些内置的标准尺寸的标签，用户还可以自定义标签尺寸，如图 2-5 所示。

步骤 2：在"标签供应商"下拉列表框中选择 Avery US Letter，在"产品编号"列表框中选择 5160 Easy Peel Address Labels 项，单击"确定"按钮，如图 2-6 所示。

Word 使用表格创建了这些标签，并将所有标签以网格的形式显示，可以在每个网格的标签内插入文字或图片。可以使用【Tab】键在各个标签中进行切换。

图 2-5　"标签选项"对话框

ABC 公司 中关村大街 5 号，邮政编码 100081 北京市海淀区 中国	ABC 公司 中关村大街 5 号，邮政编码 100081 北京市海淀区 中国	ABC 公司 中关村大街 5 号，邮政编码 100081 北京市海淀区 中国
ABC 公司 中关村大街 5 号，邮政编码 100081 北京市海淀区 中国	ABC 公司 中关村大街 5 号，邮政编码 100081 北京市海淀区 中国	ABC 公司 中关村大街 5 号，邮政编码 100081 北京市海淀区 中国
ABC 公司 中关村大街 5 号，邮政编码 100081 北京市海淀区 中国	ABC 公司 中关村大街 5 号，邮政编码 100081 北京市海淀区 中国	ABC 公司 中关村大街 5 号，邮政编码 100081 北京市海淀区 中国
ABC 公司 中关村大街 5 号，邮政编码 100081 北京市海淀区 中国	ABC 公司 中关村大街 5 号，邮政编码 100081 北京市海淀区 中国	ABC 公司 中关村大街 5 号，邮政编码 100081 北京市海淀区 中国
ABC 公司 中关村大街 5 号，邮政编码 100081 北京市海淀区 中国	ABC 公司 中关村大街 5 号，邮政编码 100081 北京市海淀区 中国	ABC 公司 中关村大街 5 号，邮政编码 100081 北京市海淀区 中国

图 2-6　标签

步骤 3： 将文档保存为"ABC 公司标签-学生"。

步骤 4： 打印这些标签，然后关闭文档。

【训练 4】 小报排版实践。

图 2-7～图 2-9 给出了一组用 Word 编辑排版的班级小报，请选择其中之一作为样板，设计完成你编辑排版的小报，请注意正确应用 Word 的排版功能，尽可能地体现设计中的技术含量。

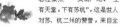

图 2-7　班级小报排版样式 1

图 2-8　班级小报排版样式 2

图 2-9　班级小报排版样式 3

请用 WinRAR 等压缩软件对完成的相关文件压缩打包，并将压缩文件命名为"Word 小报排版-学生.rar"。

请将实验文件在要求的日期内，以电子邮件、QQ 文件传送或者实验指导老师指定的其他方式交付。

3．训练总结

_____

_____

_____

4．教师评价

_____

_____

阅读与思考：Word 之父西蒙尼——狂热的革新者

几乎所有人都能在短时间内掌握微软的 Word 和 Excel，这两种工具软件的迅速普及正得益于"简单易用"的构想，但这种构想在 1981 年最初提出时几乎让微软所有的程序员都无从下手，直到"所见即所得"的发明人查尔斯·西蒙尼（Charles Simonyi，见图 2-10）找到入手的方向。

西蒙尼的这两项发明成功引爆了图形操作时代，并每年为微软创造数十亿美元的财富，也使自己跻身于《福布斯》杂志的富豪榜。比尔·盖茨说："查尔斯是有史以来最伟大的程序员之一。" 除了那些软件外，这位微软前任"首席建筑师"的成就还有"只有方便用户使用

图 2-10　西蒙尼

的软件才能普及"和"程序员生产力"等一系列超前理论。正如《福布斯》的评价："正是西蒙尼所有这些林林总总推动着整个软件产业的高速前行，构建了现代软件业的框架。"

不同于大多数计算机科学家和程序员的内向，西蒙尼性格外向并且善于思考和表达。这主要是受童年时父亲的影响。他的父亲是一名电子工程学教授，西蒙尼回忆到，"他总是提出一些古怪的问题让我回答，有时还给出答案让我逆向求解。"这也就不难理解，为什么他总有着异于常人的想法，甚至有"预见"未来的能力。

1972 年，取得了斯坦福大学博士学位的西蒙尼接受施乐公司的邀请加入 PARC（帕洛阿尔托研究中心），在 Alto 个人计算机项目中负责文本编辑器的研发工作。PARC 在当时可以说是世界上最好的研究中心，无数的技术天才都汇集在此，这种环境带给西蒙尼前所未有的创造热情，也让他灵感迸发。

在开发程序的过程中，他发现，文本信息的微小改动会导致整个程序的混乱，要对文本信息进行格式化且保留原有程序在当时相当困难。为了解决这个难题，他在 Alto 个人计算机上开发了第一个文本编辑程序 Bravo，也就是常说的"所见即所得"字处理软件。在一次演示中，他用 Bravo 在计算机屏幕上输入了不同字体的文字，并通过以太网传输到打印机上，打印出来的效果与屏幕上显示的一模一样。一位银行界高官看完演示后惊讶地说："这就是所见即所得，我在屏幕上看到什么就可以打印出什么。"之后，Bravo 软件开始在一些小型机上广泛应用，渐渐成为业界的标准。

令人意外的是，西蒙尼首次发表的论文并不是关于"所见即所得"技术，而是研究如何提高程序员的生产力。在论文中他将软件开发设置为一个完整的项目，由一个"程序经理"统一管理。通过这套管理体系可以节省开发软件所需的时间，"程序经理"只负责制定整个程序的框架，并不参与具体的编程工作，这种管理模式至今仍被证明是最有效的。1981 年他加入微软后，顺理成章地将这套理论完美地融入软件开发中，一举将微软建成世界一流的"软件工厂"。

西蒙尼一再表示，"加入微软是我人生的重大转折点"。事实也证明，无论是在程序开发、社会地位和个人财富上，辞去 PARC 的工作而投奔比尔·盖茨在当时来说是明智之举。来到微软后，他开始在 Bravo 的基础上开发最具前景的"图形操作界面"，不到两年，由他开发的 Word 文字系统就诞生了。1983 年 1 月 1 日，微软正式发布 Word 1.0 版本。这款在技术上远远领先同期各类产品的软件的出现让整个产业为之一震，当西蒙尼另一个惊世之作 Excel 问世并与 Windows 3.0 搭售成为全球最畅销的软件后，他已站在软件产业的金字塔尖上。

1991 年微软已经基本统治了 PC 操作系统软件的天下。此后，西蒙尼不再介入图形操作系统的开发，而专注于研究新一代程序设计"Intentional Programming"（目的编程），一种让普通人都可以编写程序的软件。2002 年，他离开微软，创办了自己的 Intentional Software 软件公司。他相信"目的编程"将引爆下一场软件革命，就像当初他相信图形操作系统一定成功一样。他的这一研究项目同样得到了微软的支持，盖茨表示："我知道西蒙尼的研究一定会成功，问题只是时间而已。"他从前的同事，微软的资深软件工程师 Chuck Thacker 说："顶尖程序员与其他无数普通程序员的一个重要区别就是，他有能力在第一时间构想出那些复杂程序的最终结果及可能出现的一切变化。西蒙尼恰恰就是这个人。"

2007 年 4 月，西蒙尼抵达地球上方 350 千米的国际空间站度过了两周太空生活并成功返回地球。当他在国际空间站身体倒浮在空中时，法安塔尼说："查尔斯为我们展现了观察地球的新视角。"而其他机组人员身体则是保持直立，如图 2-11 所示。

（a）离开地球

（b）到达国际空间站一

（c）到达国际空间站二

（d）返回地球

图 2-11　Word 之父西蒙尼登上太空

资料来源：文/魏杰，新浪科技（http://www.sina.com.cn），有删改。

2.2　文字的艺术设计与书籍排版

在版面设计中，文字既是传达信息的媒介，又是强化与丰富画面艺术语言的构成元素。通常文字的效果创造包括：文字本身的效果，文字组成的段落在画面上的效果，文字与图形或图像的组合效果等。

文字本身的效果是对字体、字形、色彩、纹理等特性进行修饰与变形而得到的。利用图像处理和排版软件，可以直接修改字体的各种属性，也可以方便地对字体进行修饰，根据字体的构成要素和创造过程，还可以在现有基础上创作出新的艺术效果。图 2-12 所示的例子就很好地结合了文字与图像，创作出了新奇的视觉效果。

除了文字自身的书写，段落在画面上的排列组合也具有很强的艺术表现力。文字的编排除了段落间的疏密、大小、横竖、对齐等设置，还可以结合图形进行变形，如沿着一条曲线排布文字，将文字嵌入到特定的图形中，或者文字沿图形绕排等。文字的编排要取得良好的效果，关键在于处理好画面整体与局部的协调关系，创造出生动的视觉效果。

图 2-12　文字与图像的有机结合

2.2.1　点阵字体

计算机中一般都配有丰富的内建字体可供设计师应用。这些字体大部分都是从传统字体转换到计算机上的。点阵字体，就是在一个矩形点阵内表示一个字的笔画形状。点阵字体的存储量大，但在显示时不需要附加其他处理技术，而直接把字的形状显示出来，所以速度快，最适合做屏幕显示之用。汉字的字形需要有较大的容量来存放字符的点阵信息，通常以 16×16、24×24 或 32×32 点阵来表示一个汉字。点阵字体为固定大小的图形点阵，如果用户设定的大小与固定的大小不符，经放大或缩小后，在显示和打印时，字形便可能出现锯齿现象。点阵字体的原理如图 2-13 所示。

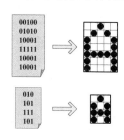

图 2-13　点阵字体的原理示意

2.2.2　矢量字体

PostScript 字体（或者 TrueType 字体）是以数学方程式描述字体轮廓，以轮廓矢量的形式，将一个字的笔画形状以 PostScript 程序语言编译起来。PostScript 字体的优点是字形可以任意放大或缩小，并且不会变形，但在生成字形时，硬件要配备有 PostScript 的译码器。

2.2.3　TrueType 字体

TrueType 是由 Apple 公司和 Microsoft 公司联合提出的一种新型数学字形描述技术，它用数学函数描述字体轮廓外形，含有字形构造、颜色填充、数字描述函数、流程条件控制、栅格处理控制、附加提示控制等指令。TrueType 采用几何学中二次 B 样条曲线及直线来描述字体的外形轮廓，其特点是：TrueType 既可以用作打印字体，又可以用作屏幕显示；由于它是由指令对字形进行描述，因此它与分辨率无关，输出时总是按照打印机的分辨率输出。无论放大或缩小，字符边缘总是光滑的，不会有锯齿出现。但相对 PostScript 字体来说，其质量要差一些。特别是在文字太小时，显示不是很清楚。

TrueType 字体又称"全真字体"，它具有如下优势：

① 真正的所见即所得字体。由于 TrueType 字体支持几乎所有输出设备，因而无论在屏幕、激光打印机、激光照排机或是彩色喷墨打印机上，均能以设备的分辨率输出，因而输出很光滑。

② 支持字体嵌入技术。存盘时可将文件中使用的所有 TrueType 字体采用嵌入方式一并存入文件中，使整个文件中的所有字体均可方便地传递到其他计算机中使用。嵌入技术可保证未安装相应字体的计算机能以原格式使用原字体打印。

③ 操作系统的兼容性。Mac 和 PC 均支持 TrueType 字体，都可以在同名软件中直接打开应用文件而不需要替换字体。

2.2.4　字体有关的概念

字体的有关参数如图 2-14 所示。

图 2-14　字体的参数

与字体有关的一些概念包括：

① Serif 与 Sans Serif（有衬线与无衬线）。有衬线的字体，如中文的宋体、英文的 Times New Roman 字体等，在笔画或字母的末端有终止画，能够打破页面的均匀性，增加了文字的可读性，通常用于正文字体。而无衬线的字体，如黑体、Arial，在页面上分布均匀，不利于阅读，但相对简洁的字体容易吸引人的注意力，常用于强调或引人注意的场合。

② Leading（行距），指行之间的空间。这个术语来自手工排字，使用薄铅条分开每行的铸字。

③ Kerning（紧排），指字母对之间的间距调整，如 AV、AW、Ts、Ya 等字母对之间的间距要小于 PS、DB 之间的间距。

④ Tracking（字母间距），控制两个字符之间的间距。它在所选文本的两个以上字符之间插入统一的间隔，度量单位是 em，即字母间隔的 1/1000。在 10 点制字体中，100 个单位等于 1 点。

2.2.5　文字的个性创造

根据作品主题的要求，突出文字设计的个性色彩，创造与众不同、独具特色的字体，给人以别开生面的视觉感受，有利于作者设计意图的表现。设计时，应从字的形态特征与组合上进行探求，不断修改，反复琢磨，这样才能创造出富有个性的文字，使其外部形态和设计格调都能唤起人们的审美愉悦感受。如图 2-15 所示的 Google 搜索引擎的标志字体设计就有着独特的个性。

（a）2005 年世界地球日

（b）2004 年雅典奥运会

（c）2004 年闰年

（d）2005 年农历新年

图 2-15　文字的个性创造

思 考 题 2.2

1. 为什么要应用隐藏文本，而不是将字符变成白色？
2. 段落排版指的是什么？
3. 文本对齐是什么意思？举例说明不同对齐方式是如何应用的。
4. 缩进有哪些种类，分别在什么情况下使用？
5. 如何增大或减小缩进级别？
6. 改变行间距对文档会有什么样的影响？
7. 请解释什么是制表符以及为何要使用它们来对齐文本。
8. 请解释不同类型制表符之间的差别，并举例说明何时使用它们。

9. 要改变文档的所有页边距，哪种方法最快捷？

10. 请解释什么是孤行以及为什么要控制孤行。

11. 请解释什么是页眉和页脚。

12. 请解释拼写错误、语法错误和上下文错误之间的区别。

13. 讨论一下为什么需要在打印之前先进行打印预览。

14. 举例说明为什么在打印文档时需要设置打印机。

15. 解释如何创建标签。

16. 请解释使用样式的目的以及何时可能会用段落样式来代替字符样式。

17. 请解释单击和双击"格式刷"工具的不同之处。

18. 什么时候需要插入分栏符与分页符？

能力训练 2.2

1．工具/准备工作

在开始本训练之前，请回顾本节的相关内容。

需要准备一台安装有 Microsoft Office Word 2013 软件的计算机。

2．训练内容与步骤

【训练 1】练习分栏技术和页眉页脚处理技术。

主要操作：创建一个新文档，输入和编辑文本，选择和格式化文本，对已有文本实现分栏处理，创建并修改样式，保存并关闭文档。

步骤 1：在"训练素材"文件夹的 Word 子文件夹中（下同），打开"工作招聘启事"文档，并将其另存为"工作招聘启事-学生"。（注：文件名中的"学生"请代入实际完成此操作的学生的姓名，下同）

步骤 2：将"工作描述"设置为"标题 1"（14 磅、粗体、段后 12 磅，上下点画边框、1 磅线宽）；

将"主要职责"设置为"标题 1"，修改字号为 12 磅；

将"工作职责"设置为"标题 1"，修改字号为 11 磅。

步骤 3：将"工作职责"的内容设置为两栏，如图 2-16 所示。

图 2-16　分栏

步骤4：插入页眉，选择"运动型（奇数页）"样式，如图2-17所示。

图2-17 插入页眉

步骤5：插入页脚，选择"堆积"样式，把原有颜色更换成用户指定的颜色，如图2-18所示。

图2-18 插入页脚

将原有文字内容换成指定的内容。

步骤6：保存并关闭文档。

【训练2】练习创建一个表格来订购产品。

主要操作：创建一个新文档，调整表格属性，插入表格，选中文本并排版，保存和关闭文档。

步骤1：创建一个新文档，并将其保存为"采购物品登记表-学生"。

步骤2：在文档中创建表格，如图2-19所示。

ABC公司办公用品采购登记表

日期：_____

姓名：_____ 部门：_____

序号	用品名称	个数	规格	价格

个人用品指标：

序号	用品名称	数量	规格	说明	价格

审核人意见：_____ 经理签字：_____

图2-19 创建表格

步骤3：保存并关闭文档。

【训练3】练习邮件合并。

邮件合并特性使用户能通过合并一系列可变信息（如姓名和地址）到一个文档（如带格式的信函或一系列标签）中。

主要操作：创建和修改数据源，创建主文档，实现邮件合并，保存和关闭文档。

步骤 1：数据源中包含了用户想要插入主文档内的所有可变信息。在"邮件"选项卡的"开始邮件合并"组中单击"选择收件人"按钮，弹出选择菜单，在菜单中选择"键入新列表"命令，打开图 2-20 所示的对话框。

单击"自定义列"按钮，打开图 2-21 所示对话框，可在其中调整所需要的列。

图 2-20　"新建地址列表"对话框　　　　　图 2-21　自定义地址列表

在"新建地址列表"对话框中向每个条目内输入如下信息以建立数据源，按【Tab】键在字段间移动和新建一个条目，保存数据源文件为"客户调查-学生"。

称谓：女士

姓：张

名：燕

地址：红旗大街 1 号

城市：沈阳

省份：辽宁

邮政编码：720032

称谓：先生

姓：李

名：小龙

地址：解放西路 591 号

城市：大连

省份：辽宁

邮政编码：720033

称谓：女士

姓：郭

名：芙蓉

地址：鼓浪屿西街 2 号

城市：厦门

省份：福建

邮政编码：350031

称谓：先生

姓：陈

名：吴铭

地址：南道街5号

城市：南阳

省份：河南

邮政编码：410032

在"邮件"选项卡的"开始邮件合并"组中单击"选择收件人"按钮，可打开刚才建立的数据源文件。单击"编辑收件人列表"按钮，可查看和编辑所建立的数据源文件，如图2-22所示。

步骤2：创建一个新文档，将其作为邮件合并的主文档。当邮件合并过程完成后，主文档应当是读者收到的最终标准文档。主文档可能是邀请信、标签等。

在主文档中输入如下内容，可通过使用"邮件"选项卡的"插入合并域"按钮插入合并代码（合并域），如图2-23所示。

图2-22　邮件合并收件人

《省份》《城市》

《地址》　邮政编码：《邮政编码》

《姓》《名》《称谓》：

您好！

图2-23　插入合并域

随信附上一个调查表，我们真诚地希望您能用几分钟时间浏览一下，并给予您真实的回答。为了感谢您的参与，我们将从所有回复的有效调查表中抽取100名幸运顾客，赠送宝马7系轿车一部，请您配合完成我们的工作。感谢您的参与，谢谢合作！

　　　　此致

敬礼

经理签字：

步骤3：在"邮件"选项卡中单击"预览结果"按钮，查看邮件合并的效果。

步骤4：保存文档，将其命名为"邮件合并调查信-学生"，然后关闭所有文档。

【训练4】请参照图2-24～图2-31，将"训练素材"文件夹中的书稿文件"第1章 计算作为一门学科"排版成书稿。注意正确应用Word的排版功能，尽可能地体现排版的技术含量。

涉及的Word书籍排版的技术主要是：

① 页面设置。主要功能有："页面布局"选项卡的"页面设置"命令。

② 页眉/页脚设置。主要功能是"插入"选项卡的"页眉和页脚"命令。

③ 样式与目录的使用。"开始"选项卡的"样式"列表框将一些重复的样式设置保存起来，可以创建新样式或者更改样式，应用"标题"样式（可修改），结合使用"引用"选项卡中的"目录"命令，可以为文档建立良好的目录结构。

④ 字符排版。主要功能是：字符格式化（如"开始"选项卡中的"字体"下拉列表框）、

中文版式（如简体和繁体转换）等。

⑤ 段落排版。主要功能是：段落对齐和缩进，"开始"选项卡下的"段落""项目符号和编号""边框和底纹"等命令。

⑥ 图形编辑。例如在"插入"选项卡中单击"图片"按钮，可选择插入图像文件或者插入剪贴画。

⑦ 表格绘制。利用"插入"选项卡的"表格"菜单，可以完成表格的建立、编辑等操作。

请用 WinRAR 等压缩软件对完成的相关文件压缩打包，并将压缩文件命名为"Word 书稿排版-学生.rar"，并在要求的日期内，将该文件以电子邮件、QQ 文件传送或者实验指导老师指定的其他方式交付。

3. 训练总结

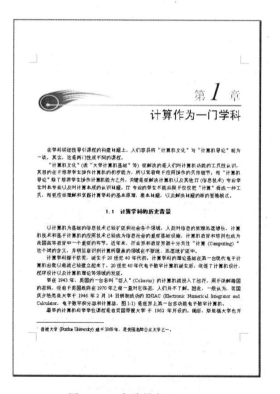

图 2-24　书稿排版 1

图 2-25　书稿排版 2

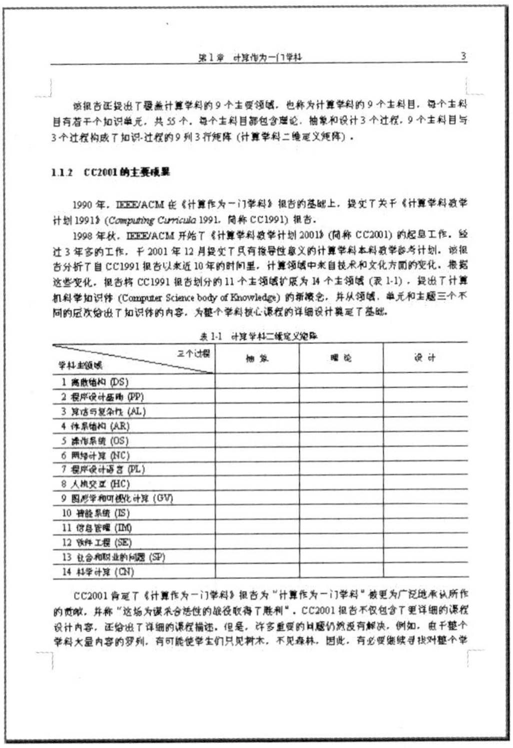

第1章 计算作为一门学科 3

该报告还提出了覆盖计算学科的9个主要领域，也称为计算学科的9个主科目，每个主科目有若干个知识单元，共55个，每个主科目都包含理论、抽象和设计3个过程，9个主科目与3个过程构成了知识-过程的9列3行矩阵（计算学科二维定义矩阵）。

1.1.2 CC2001的主要成果

1990年，IEEE/ACM在《计算作为一门学科》报告的基础上，提交了关于《计算学科教学计划1991》（*Computing Curricula* 1991，简称CC1991）报告。

1998年秋，IEEE/ACM开始了《计算学科教学计划2001》（简称CC2001）的起草工作，经过3年多的工作，于2001年12月提交了具有指导性意义的计算学科本科教学参考计划。该报告分析了自CC1991报告以来近10年的时间里，计算领域中来自技术和文化方面的变化，根据这些变化，报告将CC1991报告划分的11个主领域扩展为14个主领域（表1-1），提出了计算机科学知识体（Computer Science body of Knowledge）的新概念，并从领域、单元和主题三个不同的层次给出了知识体的内容，为整个学科核心课程的详细设计奠定了基础。

表1-1 计算学科二维定义矩阵

三个过程 / 学科主领域	抽象	理论	设计
1 离散结构（DS）			
2 程序设计基础（PF）			
3 算法与复杂性（AL）			
4 体系结构（AR）			
5 操作系统（OS）			
6 网络计算（NC）			
7 程序设计语言（PL）			
8 人机交互（HC）			
9 图形学和可视化计算（GV）			
10 智能系统（IS）			
11 信息管理（IM）			
12 软件工程（SE）			
13 社会和职业的问题（SP）			
14 科学计算（CN）			

CC2001肯定了《计算作为一门学科》报告为"计算作为一门学科"被更为广泛地承认所作的贡献，并称"这场为谋求合法性的战役取得了胜利"。CC2001报告不仅包含了更详细的课程设计内容，还给出了详细的课程描述。但是，许多重要的问题仍然没有解决，例如，由于整个学科大量内容的罗列，有可能使学生们只见树木，不见森林。因此，有必要继续寻找对整个学

图 2-26 书稿排版 3

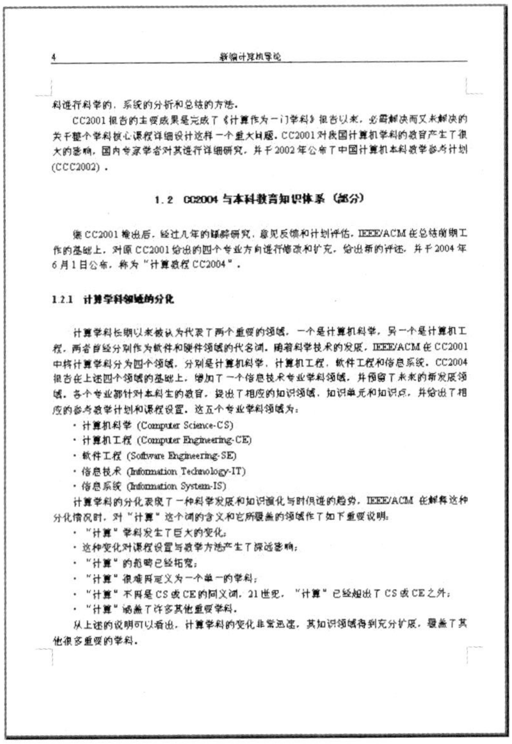

4 新编计算机导论

科进行科学的、系统的分析和总结的方法。

CC2001报告的主要成果是完成了《计算作为一门学科》报告以来，必需解决而又未解决的关于整个学科核心课程详细设计这样一个重大问题。CC2001对我国计算机学科的教育产生了很大的影响，国内专家学者对其进行详细研究，并于2002年公布了中国计算机本科教学参考计划（CCC2002）。

1.2 CC2004与本科教育知识体系（部分）

继CC2001推出后，经过几年的酝酿研究、意见反馈和计划评估，IEEE/ACM在总结前期工作的基础上，对原CC2001给出的四个专业方向进行修改和扩充，给出新的评述，并于2004年6月1日公布，称为"计算教程CC2004"。

1.2.1 计算学科领域的分化

计算学科长期以来被认为代表了两个重要的领域，一个是计算机科学，另一个是计算机工程，两者曾经分别作为软件和硬件领域的代名词。随着科学技术的发展，IEEE/ACM在CC2001中将计算学科分为四个领域，分别是计算机科学、计算机工程、软件工程和信息系统。CC2004报告在上述四个领域的基础上，增加了一个信息技术专业学科领域，并预留了未来的新发展领域。各个专业都针对本科生的教育，提出了相应的知识领域、知识单元和知识点，并给出了相应的参考教学计划和课程设置。这五个专业学科领域为：

- 计算机科学（Computer Science-CS）
- 计算机工程（Computer Engineering-CE）
- 软件工程（Software Engineering-SE）
- 信息技术（Information Technology-IT）
- 信息系统（Information System-IS）

计算学科的分化表现了一种科学发展和知识演化与时俱进的趋势，IEEE/ACM在解释这种分化情况时，对"计算"这个词的含义和它所覆盖的领域作了如下重要说明：

- "计算"学科发生了巨大的变化；
- 这种变化对课程设置与教学方法产生了深远影响；
- "计算"的范畴已经拓宽；
- "计算"很难再定义为一个单一的学科；
- "计算"不再是CS或CE的同义词，21世纪，"计算"已经超出了CS或CE之外；
- "计算"涵盖了许多其他重要学科。

从上述的说明可以看出，计算学科的变化非常迅速，其知识领域得到充分扩展，覆盖了其他很多重要的学科。

图 2-27 书稿排版 4

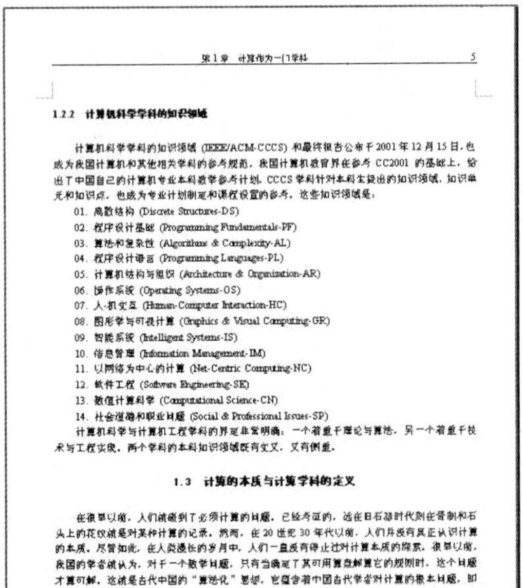

第1章 计算作为一门学科 5

1.2.2 计算机科学学科的知识领域

计算机科学学科的知识领域（IEEE/ACM-CCCS）和最终报告公布于2001年12月15日，也成为我国计算机和其他相关学科的参考规范，我国计算机教育界在参考CC2001的基础上，给出了中国自己的计算机专业本科教学参考计划。CCCS学科针对本科生提出的知识领域、知识单元和知识点，也成为专业计划制定和课程设置的参考。这些知识领域是：

01. 离散结构（Discrete Structures-DS）
02. 程序设计基础（Programming Fundamentals-PF）
03. 算法和复杂性（Algorithms & Complexity-AL）
04. 程序设计语言（Programming Languages-PL）
05. 计算机结构与组织（Architecture & Organization-AR）
06. 操作系统（Operating Systems-OS）
07. 人-机交互（Human-Computer Interaction-HC）
08. 图形学与可视计算（Graphics & Visual Computing-GR）
09. 智能系统（Intelligent Systems-IS）
10. 信息管理（Information Management-IM）
11. 以网络为中心的计算（Net-Centric Computing-NC）
12. 软件工程（Software Engineering-SE）
13. 数值计算科学（Computational Science-CN）
14. 社会道德和职业问题（Social & Professional Issues-SP）

计算机科学与计算机工程学科的界定非常明确：一个着重于理论与算法，另一个着重于技术与工程实现。两个学科的本科知识领域既有交叉，又有侧重。

1.3 计算的本质与计算学科的定义

在很早以前，人们就碰到了必须计算的问题。已经考证的，远在旧石器时代刻在骨制和石头上的花纹就是对某种计算的记录。然而，在20世纪30年代以前，人们并没有真正认识计算的本质。尽管如此，在人类漫长的岁月中，人们一直没有停止过对计算本质的探索。很早以前，我国的学者就认为，对于一个数学问题，只有当确定了其可用算盘解算它的规则时，这个问题才算可解。这就是古代中国的"算法化"思想，它蕴含着中国古代学者对计算的根本问题，即"能行性"问题的理解，这种理解对现代计算学科的研究仍具有重要的意义。

图 2-28 书稿排版 5

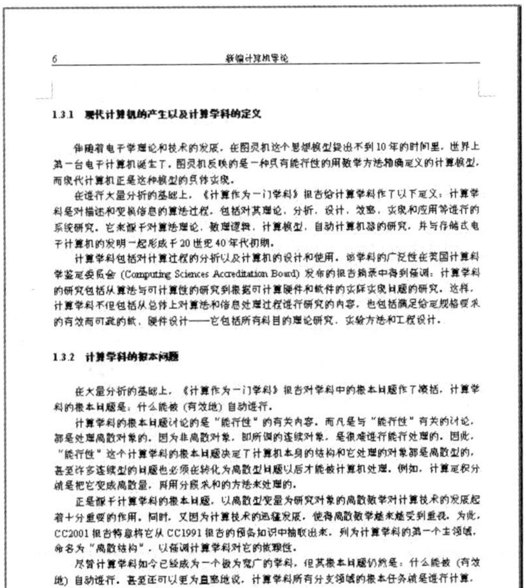

6 新编计算机导论

1.3.1 现代计算机的产生以及计算学科的定义

伴随着电子学理论和技术的发展，在图灵机这个思想模型提出不到10年的时间里，世界上第一台电子计算机诞生了。图灵机反映的是一种具有能行性的用数学方法精确定义的计算模型，而现代计算机正是这种模型的具体实现。

在进行大量分析的基础上，《计算作为一门学科》报告给计算学科作了以下定义：计算学科是对描述和变换信息的算法过程，包括对其理论、分析、设计、效率、实现和应用等进行的系统研究。它来源于对算法理论、数理逻辑、计算模型、自动计算机器的研究，并与存储式电子计算机的发明一起形成于20世纪40年代初期。

计算学科包括对计算过程的分析以及计算机的设计和使用。该学科的广泛性在美国计算科学鉴定委员会（Computing Sciences Accreditation Board）发布的报告摘录中得到强调：计算学科的研究包括从算法与可计算性的研究到根据可计算硬件和软件的实际实现问题的研究。这样，计算学科不但包括从总体上对算法和信息处理过程进行研究的内容，也包括满足给定规格要求的有效而可靠的软、硬件设计——它包括所有科目的理论研究、实验方法和工程设计。

1.3.2 计算学科的根本问题

在大量分析的基础上，《计算作为一门学科》报告对学科中的根本问题作了概括，计算学科的根本问题是：什么能被（有效地）自动进行。

计算学科的根本问题讨论的是"能行性"的有关内容，而凡是与"能行性"有关的讨论，都是处理离散对象的。因为非离散对象，即所谓的连续对象，是很难进行能行处理的。因此，"能行性"这个计算学科的根本问题决定了计算机本身的结构和它处理的对象都是离散型的，甚至许多连续型的问题也必须在转化为离散型问题以后才能被计算机处理。例如，计算定积分就是把它变成离散量，再用分段求和的方法来处理的。

正是源于计算学科的根本问题，以离散型变量为研究对象的离散数学对计算技术的发展起着十分重要的作用。同时，又因为计算技术的迅猛发展，使得离散数学越来越受到重视。为此，CC2001报告特意将它从CC1991报告的预备知识中抽取出来，列为计算学科的第一个主领域，命名为"离散结构"，以强调计算学科对它的依赖性。

尽管计算学科如今已经成为一个极为宽广的学科，但其根本问题仍然是：什么能被（有效地）自动进行。甚至还可以更为直率地说，计算学科所有分支领域的根本任务就是进行计算，其实质就是字符串的变换。

图 2-29 书稿排版 6

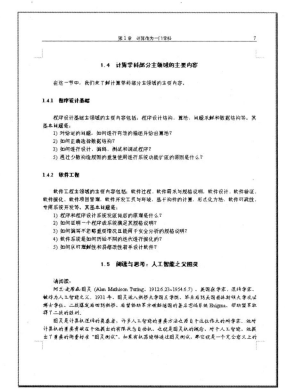

图 2-30　书稿排版 7　　　　　图 2-31　书稿排版 8

4．教师评价

阅读与思考：数字地球——21 世纪认识地球的方式

这是美国前副总统戈尔（Albert Arnold Gore Jr.，见图 2-32）于 1998 年 1 月 31 日在美国加利福尼亚科学中心发表的题为 *The Digital Earth: Understanding our planet in the 21st Century* 的中文译文。

一场新的技术革新浪潮正允许我们获取、储存、处理并显示有关地球的空前浩瀚的数据，以及广泛而又多样的环境和文化数据信息。大部分的这类数据是"参照于地理坐标的"，即数据的地理位置是参照于地球表面的特定位置。

充分利用这些浩瀚数据的困难之处在于把这些数据变得有意义，即把原始数据变成可理解的信息。今天，我们经常发现我们拥有很多数据，却

图 2-32　戈尔

不知如何处置。有一个很好的例子可以说明这一点。美国陆地卫星（Landsat）计划是设计用来帮助我们了解全球环境的，它在两星期内将全球拍摄一遍，并已经这样持续收集图像数据二十多年了。尽管对这些数据有大量需求，但是这些图像的绝大部分并未使任何人的任何一个神经细胞兴奋起来——它们仍静静地躺在电子数据仓库里。正如我们过去一个时期的农业政策一样，一方面生产的粮食被堆积在中西部的粮食仓库里霉烂，另一方面却有数百万人被饿死。现在，我们贪婪地渴求知识，而大量的资料却闲置一边，无人问津。

把信息显示出来能部分地解决这个问题。有人曾经指出，如果用计算机术语来描述人脑，人脑似乎有较低的比特率和很高的分辨率。比如，研究人员很早就知道，在短时记忆中，人们很难记住七个以上的事项，这就是比特率低下。另一方面，如果把大量的数据相互关联地排列成可辨认的图案，如人脸或是星系，我们却能在瞬间理解数十亿比特的信息。

目前人们通用的数据操作工具——如在 Macintosh 和 Microsoft 操作系统上所用的被称为"桌面比拟（desktop metaphor）"的图形工具等——都不能真正适应这一新的挑战。我相信我们需要一个"数字地球"，一种关于地球的可以嵌入海量地理数据的、多分辨率和三维的表示。

可以设想一个小孩来到地方博物馆的一个数字地球陈列室，当她戴上头盔显示器，她将看到出现在空中的地球。使用"数据手套"，她开始放大景物，伴随越来越高的分辨率，她会看到大洲，随之是区域、国家、城市，最后是房屋、树木及其他各种自然和人造物体。在发现自己特别感兴趣的某地块时，她可乘上"魔毯"，即通过地面三维图像显示去深入查看。当然，地块信息只是她可以了解的多种信息中的一种。使用数字地球系统的声音识别装置，小孩还可以询问有关土地覆盖、植物和动物种类的分布、实时的气候、道路、行政区线，以及人口等方面的文本信息。在这里，她还可以看到自己以及世界各地的学生们为"全球项目"收集的环境信息。这些信息可以无缝地融入数字地图或地面数据里。用数据手套继续向超链接部分点击，她还可以获得更多的有关她所见物体的信息。比如，为了准备全家去国家黄石公园度假，她策划一个完美的步行旅游，去观看刚从书中读到的喷泉、北美野牛和巨角岩羊。甚至在离开她家乡的地方博物馆之前，她可以把要去步行旅游的地方从头到尾地浏览一遍。

她不仅可以跨越不同的空间，也可以在时间线上奔驰。为了去参观卢浮宫，她先在巴黎作了一番虚拟旅游之后，又通过细读重叠在数字地球表面上的数字化地图、时事摘要、传说、报纸以及其他第一手材料，她便回到过去，了解法国历史。她会把其中一些信息转发到自己的 E-mail 库里，等着以后研读。这条时间线可伸回很远，从数日、数年、数世纪甚至到地质纪元，去了解恐龙的情况。

显然，这不是一个政府机构、一个产业或一个研究单位能担负起的事业。就像万维网（WWW）一样，它需要有成千上万的个人、公司、大学研究人员以及政府机构参加的群众性事业。虽然数字地球的部分数据将是公益性的，但是也有可能成为数字化市场，一些公司可将大批的商业图像从中出售，并开展附加值信息服务。它也可能形成一个"合作实验室"——一个没有墙的实验室，让科学家们去弄清楚人与环境间的错综复杂的奥妙。

数字地球所需要的技术

虽然这一方案听起来就像科幻小说一样，然而建设数字地球的大部分技术和能力或是已经具备或是正在研制。当然，数字地球本身的能力也将随着时间的推进而不断增强，2005 年时的数字地球与 2020 年的相比较，前者就会显得初级得多。下面是几项所需要的技术：

计算科学。在发明计算机之前，以实验和理论研究的方法来创新知识很受局限。许多实验科学家想研究的现象却很难观察到——它们不是太小就是太大，不是太快就是太慢，有的一秒之内就发生了十亿次，而有的十亿多年才发生一次。另一方面，纯理论又不能预报复杂的自然现象所产生的结果，如雷雨或是飞机上空的气流。有了高速的计算机这个新的工具，我们就可以模拟从前不可能观察到的现象，同时能更准确地理解观察到的数据。这样，计算科学使我们超越了实验与理论科学各自的局限。建模与模拟给了我们一个深入理解正在收集的有关地球各种数据的新天地。

海量储存。数字地球要求储存海量的数据。今年年末，美国宇航局（NASA）实施的地球行星项目每天都将得到大量的数据。所幸的是，在这方面我们正进行着奇迹般的改进。

　　卫星图像。美国政府部门已经批准从 1998 年年初开始提供分辨率为 1 米的卫星图像的商业卫星系统。这达到了制作精确详图的水准，而在过去这只能由飞机摄影才能办到。这种首先在美国情报界研制出来的卫星图像技术非常精确。正像一家公司所比喻的，"它像一台能从伦敦拍巴黎的照相机，照片中像汽车前灯间距离大小的每种物体"都能看清。

　　宽带网络。整个数字化地球所需的数据将被保存在千万个不同的机构里，而不是放在一个单独的数据库里。这就意味着参与数字地球的各种服务器需由高速的各种计算机网络连接起来。在因特网通信量爆炸性增加的驱使下，电信运营部门已经试用了每秒可以传送一万兆比特的数据的网络。下一代因特网的技术目标之一就是每秒传送一百万兆比特的数据。要使具有如此能力的宽带网络把大多数家庭都接通，还需要时间，这就是为什么有必要把连通数字地球的站点放在像儿童博物馆和科学博物馆这样的公共场所。

　　互操作。因特网和万维网能有今天的成功，离不开当时出现的几项简明并受到广泛赞同的协议，如因特网协议（Internet Protocol）。数字地球同样需要某种水准的互操作，以致由一种应用软件制作出的地理信息能够被其他软件通用，地理信息系统产业界正在通过"开放地理信息系统集团"（Open GIS Consortium）来寻求解决这方面问题的答案。

　　元数据。元数据是指"有关数据的数据"。为了便于卫星图像或是地理信息发挥作用，有必要知道有关的名称、位置、作者或来源、时间、数据格式、分辨率等。联邦地理数据委员会（FGDC）正同工业界及地方政府合作，为元数据制定自发的标准。

　　当然，要充分实现数字地球的潜在能力还有待技术的进一步改进，特别是这些领域：卫星图像的自动解译，多源数据的融合和智能代理。这种智能代理能在网上找出地球上的特定地点并能将有关它的信息连接起来。所幸的是，现在已有的条件足够保证我们去实施这一令人激动的创想。

潜在的应用

　　广泛而又方便地获得全球地理信息使得数字地球可能的应用广阔无比，并远远超出我们的想象。如果我们看看现今主要是由工业界和其他一些公共领导机构驱动的地理信息系统和传感器数据的应用，就可以对数字地球应用的种种可能性有一个概括了解。

　　指导仿真外交。为了支持波斯尼亚地区的和平谈判，美国国防部开发出了一个对于有争议边界地区的仿真景观，它能让谈判双方对此地区上空作模拟飞行。

　　打击犯罪。加里福尼亚州的萨里拉斯市，运用地理信息系统来监视犯罪方式和集团犯罪活动情况，从而减少了青年手枪暴行。根据收集到的犯罪活动的分布和频率，该市还可以迅速对警察进行重新部署。

　　保护生态多样性。加利福尼亚地区的庞得隆野营地计划局预计，该地区的人口将从 1990 年的 110 万增到 2010 年的 160 万。该区有 200 多种动植物被联邦或州署列为受到危险、威胁或是濒于灭绝的动植物。科学家们依据收集到的有关土地、土壤类型、年降雨量、植被、土地利用以及物主等方面的信息，模拟出不同的地区发展计划对生态多样性的影响。

　　预报气候变化。在模拟气候变化上的一个重要未知量是全球的森林退化率。美国新罕布什尔州大学的研究人员与巴西的同事们合作，通过对卫星图像的分析，监测亚马逊地区土地覆盖的变化，从而得出该地区的森林退化率以及相应位置。这一技术现在正向世界上其他森林地区推广。

　　提高农业生产率。农民们已经开始采用卫星图像和全球定位系统对病虫害进行较早的监测，以便确定出田地里那些更需要农药、肥料和水的部分。这被人们称为准确耕种或"精细农业"。

今后的路

我们有一个空前的机遇，来把有关社会和地球的大量原始数据转变为可理解的信息。这些数据除了高分辨率的卫星图像、数字化地图，还包括经济、社会和人口方面的信息。如果我们做得成功，将带来广阔的社会和商业效益，特别是在教育、可持续发展的决策支持、土地利用规划、农业及危机管理等方面。数字地球计划将给予我们机会去对付人为的或是自然界的种种灾害，或者说能帮助人们面临长期的环境挑战面前通力合作。

数字地球提供一种机制，引导用户寻找地理信息。它的整个结构包括以下几个方面：一个供浏览的用户界面，一个不同分辨率的三维地球；一个可以迅速充实的联网的地理数据库，以及多种可以融合并显示多源数据的机制。

把数字地球同万维网作一下比较是有建设性意义的（事实上它可能依据万维网和因特网的几个关键标准来建立）。数字地球也会像万维网一样，随着技术的进步及可提供信息的增加而不断改进。它不是由一个单独的机构来掌握，而是由公共信息查询、商业产品和成千上万不同机构提供的服务组成。就像万维网的关键是互操作一样，对于数字地球，至关重要的能力是找出并显示不同格式下的各种数据。

我相信，要使数字地球轰轰烈烈地发展起来的最初方式在于建立一个由政府、工业界和研究单位都参与的实验站。该站的目标应集中在以下若干方面的应用上：教育、环境、互操作以及如私有化等方面的有关政策问题。当相应的原型完成后，这就可能通过高速网络在全国多个地方试用，并在因特网上以有限程度方式对公众开放。

十分确定的是，数字地球不会在一夜之间发生。

第一阶段，我们应集中精力把我们已有的不同渠道的数据融合起来，也应该把儿童博物馆和科学博物馆接上如同前面说的"下一代因特网"一样的高速网络，让孩子们能在这里探索我们的星球。应该鼓励大学同地方学校及博物馆合作来加强数字地球项目的研究——目前可能应集中在当地的地理信息上。

第二阶段，我们应该致力于研制一米分辨率的数字化世界地图。

从长远看，我们应当努力寻求使有关我们星球和我们历史的各个领域的数据唾手可得。

在以后的数月里，我将提议政府机构、工业界、研究单位以及非营利机构里的专家们行动起来，为实现这一美好前景制定战略方案，大家一起努力，我们就能解决大部分社会所面临的最紧要的问题，激励我们的孩子更多地了解他们周围的世界，并且加速数十亿美元的工业的增长。

资料来源：刘戈平（翻译），杨崇俊（校对），转自：http://www.digitalearth.net.cn/readingroom/c_gore.htm。

2.3　论文的格式与排版

写好论文是对一个大学生的基本能力要求，除论文内容外，论文的排版也常常是让许多人头疼的事情。许多人对排版软件使用不熟练，对论文排版格式要求不甚清楚，所以排版后的论文也总是不规范或不美观。论文排版的总体要求应该是：得体大方，重点突出，能很好地表现论文内容，让人看了赏心悦目。

2.3.1　研究论文的一般格式

撰写研究论文的目的之一就是让人们能够对你的工作有选择性的了解：可能仅仅对它的方

法、一个特定的结果、解释说明感兴趣，或者可能只想浏览一下这篇论文的摘要以确定它是否与自己的研究有关等。为此，很多刊物要求投稿的论文通常有固定的几个部分，并按照特定的顺序提交，每一部分都另起一页。

特定的编辑对提交的论文总会是有以下要求：

（1）让读者能够看得懂

让别人能看懂的基本要求包括：

① 用 12 磅的标准字体打印，比如 Times 系列、Geneva、Bookman、Helvetica 等。中文一般为五号或 10.5 磅宋体。

② 正文应该设置为两倍行距，使用 8 1/2" × 11" 格式的纸张，并且页边距设置为 2.54 厘米，单侧的。

③ 页码保持连续。

④ 每一部分新的内容都要另起一页。

⑤ 符合要求的页面限制。

（2）应该避免的错误

应该避免的错误包括：

① 把标题放到一页的底部，而正文却在另一页（这时应该插入一个分页符）。

② 表格或图片被分隔开。应该把每个图片/表格放在同一页上。

③ 论文的页码混乱。

（3）内容方面的要求

① 不要偏离论文的研究主题。

② 每一个重要的观点要另起一段（摘要除外）。

③ 按照逻辑顺序排列要点。

④ 用现在时态叙述大家都已经承认的事实（英文论文）。

⑤ 用过去时态描述特定的结果（英文论文）。

⑥ 避免使用非正式的措辞，不要与读者进行直接的交流，并且不要使用专业术语。

⑦ 避免使用过多的图片，除非这些图片是为了说明结果所必需的。

2.3.2　研究论文的扉页与摘要

在扉页上，应选择一个内容丰富的题目作为标题，内容还应包括所有作者的姓名和地址，以及论文提交的日期。

摘要一般应该在 200 字左右。摘要是对已经完成或者正在进行的工作的一个简明的总结，一般单独成段。摘要应该能够让读者在很短时间内就明白作者研究的基本原理、解决问题的一般方法、相关的结果和重要的结论或者是提出的新问题。

（1）摘要写作

摘要是在论文的其他部分都完成后才写的。用词简练对任何论文都是很重要的，对摘要来说尤其重要。但要使用完整的句子，不要为了简洁而失去了可读性。

在总结一项研究时，任何一个摘要都应该包括以下几项内容。

① 研究目的，如问题的假设、所包含的全部问题和目的等。

② 系统以及对实验的简述。

③ 结果，包括特定的资料。例如，如果该结果在本质上是定量的，就给出定量资料。

④ 任何统计分析的结果。

⑤ 重要结论或者从实验中发现的问题。

（2）格式

① 独立成段，简洁。

② 作为对已经完成的工作的总结，记得一定要用过去时（英文论文）。

③ 摘要应当完整，能够自圆其说，而不是参考论文的图片或表格等其他部分。

④ 主要集中在描述结果上。如果确实需要，可只用一两句话来交代背景资料。

⑤ 摘要中报道的东西一定要与论文中的内容一致。

⑥ 拼写准确无误，句子和短语表达清楚，数字报道恰当（恰当的单位，有效的数字），这些对摘要来说都是非常重要的。

2.3.3　研究论文的前言

前言一般不超过两页。写前言的目的是让读者了解作者研究工作的基本原理，以及说明为何要进行此项研究。它使研究工作处于一种理论背景下，并且能够让读者理解和欣赏研究目的。

掌握下面的方法能够写出有效的前言：

① 描述该研究的重要性（重大意义）——为什么这值得去做？提供内容丰富的背景资料。

② 解释模型——为什么要使用这个系统？它有什么好处？可以从理论角度评论它的适用性以及指出使用它的实际效果。

③ 提出一个基本原理。说明特定的假设或目的，并且要解释选择它们的原因。

④ 很简洁地描述试验设计和怎样达到上述目的。

2.3.4　毕业论文的排版格式要求

大学毕业论文一般都有较长的篇幅。其前置部分主要包括封面、封二、扉页、目录页等。

（1）封面

较长的用于参加评奖的论文，最好做一个封面。封面一方面为论文提供应有的信息，另一方面起到保护内芯的作用。封面应有的信息一般包括：立项级别、年份及编号，标题、作者、单位、完成时间等信息，如果有其他规定，则按规定做（如有些评奖不能署名，有些要求写上通信地址、邮编、联系电话等）。立项信息一般排在封面左上角，字体用五号，加框。标题一般可用较粗壮的一号至二号字体，居中上方排列，最好在一行之内排完。如果有副标题，则与主标题空开一至两行居中，用区别于主标题的字体，字号也缩小一至两号。署名在标题下居中，字体以四号至三号为好。单位、通信地址及完成时间等排列在封面下方居中。一般封面无须放入彩色插图或底图，如果添加底图或插入一些图片，注意不能太花哨，不能喧宾夺主，标题始终应是最醒目的部分。

（2）封二

封二大多为空白，如果有必要，这样一些内容可以放在封二上：对指导过自己课题研究的单位或个人表示感谢，对论文起到提纲挈领的语句，与论文密切相关的理论或名言、格言之类等。

（3）扉页

扉页又叫标题页，内容基本与封面相同，或除封面已有信息外，再增加一些更具体的相关信息。排版格式也同封面大体一致。

（4）目录页

较长的论文安排一个目录页还是很有必要的，便于评委等阅读。目录标题一般选取正文中的一级标题或二级标题，并标上页码，页码右对齐。标题序号要与正文中的一致。目录一般不要太复杂，不要占用太多页面。

2.3.5　毕业论文主体部分的排版

主体部分一般包括标题、署名、摘要、关键词、正文、注释和参考文献等。

（1）标题

标题排版字体要粗壮些，字号应比正文大两至三号，排在页眉下空两行后的中间。若有副标题，则排在主标题下居中，前面加破折号，字号比主标题小一号，字体最好与主标题有别，不宜比主标题粗壮。

（2）署名

署名在标题下空一行居中排列，字号略大于正文，字体常用楷体等以与正文区别。

（3）摘要

摘要是报告、论文内容的简短陈述，一般以 200～300 字为宜。摘要位置一般在署名下空一行处。摘要应作为一段文字排列，字体用仿宋或楷体等与正文区别，开头空两格，段落两端一般各缩进两字间距，“摘要”两字常用黑体加方括号标在段落开头。

（4）关键词

每篇报告、论文选取 3～8 个词作为关键词，另起一行，排在摘要下方，字体字号及“关键词”三字排法与摘要相同。每个关键词间一般用分号或空格区别，末尾不加标点。

（5）正文

正文字体一般用宋体，字号大多用五号或小四号，每个段落开头空两格（包括各级标题）。行间距一般在 3 毫米左右（Word 中一般用 1.5 倍行距）。

正文中的层次标题字体要有变化，如一级标题用黑体、二级标题用楷体、三级标题用仿宋体等。一级标题字号常比正文大一号或大半号排版，大的层次间还可用空一行排版。各层次标题若用阿拉伯数字连续编码，如“1”“1.2”“3.5.1”等，则各层次的标题序号均左顶格排。

（6）注释与参考文献

“注释”与“参考文献”标题字体、字号一般同一级标题，具体注释与参考文献内容字号一般比正文缩小半号或一号排版。

2.3.6　附件的排版

附件是附于文后的有关文章、文件、图表、索引、资料、问卷内容、测验题目等，许多由于过分冗长或关系不是很密切，而不宜列在论文主体中。附件排版一般比论文主体紧缩些，字号大小应等于或小于论文主体，其他与论文主体排版大致相同。附件较多时，在附件开始页也应有一个附件目录。

2.3.7　其他排版注意事项

论文排版中还应该注意的事项有：

① 如果论文页码不多，前置部分并不一定要有，或只加个封面即可。

② 封面、标题等不要太花哨，一般以简洁大方为好。

③ 如果论文篇幅很长，可考虑排版后双面打印。

④ 页码较多的论文，可考虑用页眉标注论文标题及层次标题，如单页用文章标题，双页用层次标题。

⑤ 不管论文长短，页码均需标注。页码标注由正文的首页开始，作为第 1 页，可以标注在页眉

或页脚的中间或右边。论文的前置部分、封三和封底不编入页码。附件部分一般单独编排页码。

思 考 题 2.3

1. 如何设置不同类型的页面背景？请举例说明。

2. 什么是手柄，如何使用它们？

3. 相对于浮动型图片，什么是内嵌型图片？

4. 什么是引述文本框？

5. 解释一下什么是 SmartArt 以及在什么情况下使用它。

6. 举例说明在什么情况下需要使用文本窗格来向 SmartArt 图形填充文字？

7. 解释为什么要使用"快速表格"。

8. 请说明合并单元格和拆分单元格的作用。

9. 请解释表格中边框线和网格有什么区别。

10. 举例说明如何使用"表格属性"对话框中各个选项卡中的选项。

11. 请解释什么是模板。

12. 什么是邮件合并？

13. 为什么要在文档中使用书签？

14. 创建交叉索引有哪两个步骤？

15. 索引是什么？它的作用是什么？

16. 创建目录包括哪些步骤？

17. 对索引或目录进行修改时，应该在哪些地方做修改？

能力训练 2.3

1. 工具/准备工作

在开始本训练之前，请回顾本节的相关内容。

需要准备一台安装有 Microsoft Office Word 2013 软件的计算机。

2. 训练内容与步骤

请按照下面"第 X 届中美电子商务高级论坛论文格式"的要求，对"训练素材"文件夹中的论文素材"电子商务实验教学的创新与发展"进行排版。注意正确应用 Word 的排版功能，尽可能地体现设计中的技术含量。

附：第 X 届中美电子商务高级论坛论文格式

第 X 届中美电子商务高级论坛论文格式

安利平[1]　　陈增强[2]

[1] 南开大学商学院　天津　300071

[2] 南开大学信息技术科学学院　天津　300071

摘　要　给出了本次会议正式论文的出版要求，请各位作者严格按照要求，认真编辑、排版您的论文。

题头区的排版请参照 2.6 节题头区的格式要求进行。

关键词　格式要求，论文，会议

Preparation of Papers in Two-Column Format for the 3rd Sino-US E-Commerce Advanced Forum Proceedings

Liping An[1], Zengqiang Chen[2]

1）Business School, Nankai University, Tianjin 300071

（E-mail: anliping2000@sina.com）

2）College of Information Technical Science, Nankai University, Tianjin 300071

（E-mail: chenzq@nankai.edu.cn）

Abstract—These instructions give you basic guidelines for preparing papers for conference proceedings.

Keywords—instruction, paper, conference

1. 引言

为了顺利、高质量地做好本次会议论文集的出版工作，本文给出了论文最终版本的格式要求，请各位作者务必按照本文给出的论文格式要求编辑、排版，以使得您的论文能顺利入选会议论文集。在此大会组委会非常感谢您的配合和支持。

2. 论文格式

本文以 MS Word 2000（中文版）平台为例具体给出了论文格式说明。为确保中文稿件与英文稿件的"页面与分栏设置"完全一致，度量单位采用英寸，并且不"使用字符单位"（具体设置在菜单中：工具→选项→常规）。

2.1　页面与分栏设置

纸型：Letter（宽 8.5 英寸，高 11 英寸）。页边距：上 0.75 英寸，下 1 英寸，左 0.625 英寸，右 0.625 英寸。分栏：分两栏，栏宽均为 3.5 英寸，间距 0.25 英寸。

2.2　行距设置

全文的行距设定为 15 磅，段落首行缩进 2 字符。此外，在菜单：格式→段落，取消"如果定义了文档网格，则自动调整右缩进""如果定义了文档网格，则与网格对齐"选项。

2.3　字体设置

所有字体的大小单位均采用磅值。具体规定如下：

论文题目——22 磅黑体居中；作者姓名——11 磅宋体居中；工作单位——10 磅宋体居中；"摘要"、"关键词"——9 磅黑体，摘要内容、关键词内容——9 磅宋体；一级标题——11 磅黑体顶格；二级以下标题和正文——10 磅宋体；表题——9 磅宋体，表文、图文——9 磅宋体，表和图都从 1 号开始编号；"引理""定理"等——缩进 2 字符宽后，用 10 磅黑体，再空 1 字符宽，开始正文；"参考文献"——10 磅黑体居中，参考文献内容——9磅宋体。正文中标点符号一律用全角字符，其他一律用半角字符。

英文字体使用 Times New Roman。英文字体大小的设置与上同。"*Abstract*""*Keywords*"缩进 2 字符，采用粗斜体；英文摘要内容、关键词内容采用粗体。英文题目不要采用粗体。

2.4 图与表

将图与表放在该栏的顶部或尾部，避免将它们放在一栏的中间，图与表的宽度尽量不要超过栏宽。确实大的图或表可以跨栏放置。图题应该居中放在图的下面，表题应该居中放在表的上面。避免将图或表放在提及的段落之前。

2.5 数学公公式和符号

以公式编辑器为例说明如下：函数、变量采用斜体，矩阵、向量采用粗斜体。尺寸标准为 10 磅，上下标 6 磅，次上下标 5 磅，符号 14 磅，次符号 9 磅。

$$A(z^{-1})y(t) = B(z^{-1})u(t) + C(z^{-1})\zeta(t)/\Delta \quad （1）$$

每一个公式应给以适当编号。公式所在行与前后行之间适当留空。

2.6 题头区

每篇论文清样第一页的上部为题头区。

题头区先打印英文题目、作者、单位、摘要、关键词，再打印中文题目、作者、单位、摘要、关键词。

论文题目下空 12 磅打印作者名，作者名后空 6 磅打印作者单位，作者单位下空 12 磅打印摘要，摘要后空 6 磅打印关键词。中英文部分格式相同。在英文关键词下空 18 磅后打印相应的中文信息。建议英文摘要勿超过 10 行。

中文关键词后空 2 行开始两栏的正文区。

2.7 节和节标题

正文可以分为若干节，每节有一个标题（即一级标题）。节从第一节开始，节标题从打印区的左边打印（不要居中打印）。每个节标题上方空 12 磅，下方不空行。如果节标题正好位于一页的末尾，则应移到次页第一行。

同一节的内容允许再分为若干子节，每个子节编号（如 1.1，2.3 等）。节与节之间空一行。

2.8 参考文献

参考文献的书写参看后面的实例。注意：参考文献中的作者若不超过 3 人，须将作者全部列出。"参考文献"后空 6 磅。超过一行的参考文献悬挂缩进 2.2 字符。

3. 注意事项

论文全文不要加页码。页面与分栏必须严格按照本文的要求设置，严禁页边距的空白区域出现任何文字、符号或图表的一部分。如果遇到本文没有涉及的论文格式问题，作者可以采纳其他学术论文的惯例。

参考文献

[1] R SLOWINSKI, D VANDERPOOTEN, A generalized definition of rough approximations based on similarity[J]. IEEE Transactions on Knowledge and Data Engineering, 2000, 12(2):331–336.

[2] TONG LINGYUN, AN LIPING. Incremental learning of decision rules based on rough set theory[J]. Proceedings of the 4th World Congress on Intelligent Control and Automation. Shanghai: Press of East China University of Science and Technology, 2002,1(16):420–425.

[3] 林宇. 数据仓库原理与实践[M]. 北京：人民邮电出版社，2003.

[4] 安利平，陈增强，袁著祉. 多准则分级决策的扩展粗糙集方法[J]. 系统工程学报，2004，19(6):559–565.

请用 WinRAR 等压缩软件对完成的相关文件压缩打包，并将压缩文件命名为"Word 论文排版-学生.rar"，并在要求的日期内，将该文件以电子邮件、QQ 文件传送或者实验指导老师指定的其他方式交付。

3. 训练总结

4. 教师评价

阅读与思考：WPS——一个国产办公软件的传奇

1988—1994 年，WPS 1.0 开天之作　称雄 DOS 时代

1988 年，中国的 IT 界尚处萌芽时期，然而，5 月的深圳，中国的办公软件已开始在这个萌动的春天孕育。一个名叫求伯君的技术人员在宾馆的出租房里凭一台 386 计算机写出了 WPS（Word Processing System）1.0，这几万行代码从此开创了中文字处理时代。1988 年到 1995 年的 7 年间，WPS 几乎成了计算机的代名词，凭借技术的领先横扫大江南北。书店里摆满了《WPS 使用教程》之类的书。

专业、非专业报刊整版整版地刊登 WPS 使用技巧，社会上各种计算机培训班的主要课程除了五笔字型输入法就是 WPS 操作。计算机几乎全部是由企业购买，企业购买计算机几乎全部用来打字，打字几乎全部都用 WPS。WPS 成为中国第一代计算机使用者的启蒙软件，至今，WPS 如日中天的激情年代还为许多人津津乐道。

1995—1996 年，盘古组件　迎接未来　无畏探索

就在 WPS 日趋火爆，年销售 3 万多套的时候，微软 Windows 系统在中国悄然登陆。凭借操作系统的优势，微软 Office 中的 Word 正式进军中文字处理软件市场。1993 年，为了迎接 Word 的挑战，求伯君带领金山公司开发出了类似于 Office 套件的《盘古组件》，包括金山皓月、文字处理、双城电子表、金山英汉双向词典、名片管理、事务管理。但是，这个产品没有赢得市场。

后来，求伯君把盘古组件失利的原因归纳为四点：

（1）"盘古"力量分散，没有发挥 WPS 当时在字处理领域的领先优势；

（2）没有沿用 WPS 品牌名称；

（3）盘古自身不够完善，没有做到"所见即所得"，完全是 DOS 版的照搬；

（4）刚刚独立的珠海金山公司缺少销售经验。

1997—1998 年，WPS 97 浴火重生　凤凰展翅

盘古的失利使金山进入了发展的低谷，一些员工开始陆续离开，WPS 97 一度仅有 4 名程序员坚持开发。求伯君卖掉别墅和宝马车，在没有任何资料可供参考的情况下，终于摸索出了 WPS 97。WPS 97 是一套运行在 Windows 3.x、Windows 95 环境下的中文字处理软件，在保留了原有文字编辑方式的同时，支持"所见即所得"的文字处理方式。

尽管界面的美观度还有待改进，但是 WPS 97 出色的表格、稿纸打印功能以及对机器配置的宽容要求还是征服了众多用户，WPS 97 创造了 3 万套的销量，迅速荣登办公类软件销量排行的榜首。同时，金山公司为成都军区定制开发了 WPS 97（军用版），满足了军用系统对安全的苛刻要求。1998 年 9 月，WPS 97 被列入国家计算机等级考试。

1999—2000 年，WPS 2000 集成出击 拓展应用奠根基

1998 年 8 月，联想注资金山，WPS 开始了新的腾飞。1999 年 3 月 22 日，金山公司在北京新世纪饭店隆重发布 WPS 2000，从此，WPS 走出了单一字处理软件的定位。 在底层技术方面，与微软 Office 利用 OLE 技术集成的机制不同，WPS 2000 在字处理之上无缝集成了表格和演示的重要功能，如果说微软 Office 中三个产品的集成就像是在"三栋楼"之间"架天桥"，那么 WPS 2000 的集成就是在"同一栋楼"里的共享。

WPS 2000 使用面向对象的排版引擎，因此，WPS 能够做到每一个文字框都可以横排竖排、分栏、互相绕排；此外，在应用方面，WPS 2000 集文字处理、 电子表格、多媒体演示制作、图文排版、图像处理等五大功能于一身，拓展了办公软件的功能。2001 年，WPS 2000 获国家科技进步二等奖 (一等奖空缺)，这是国内通用软件行业有史以来获得的国家级最高荣誉。金山还推出了《WPS 2000 繁体版 (香港版、台湾版)》，一经推出就大受欢迎，WPS 凭借这个版本迅速打开了香港、台湾和澳门等使用繁体字地区的市场。

2001 年，裂变创新，撼对手初现雄姿

经过多年摸索，2001 年 5 月，WPS 正式采取国际办公软件通用定名方式，更名为 WPS Office。在产品功能上，WPS Office 从单纯的文字处理软件升级为以文字处理、电子表格、演示制作、电子邮件和网页制作等一系列产品为核心的多模块组件式产品。在用户需求方面，WPS Office 细分为多个版本，包括 WPS Office 专业版、WPS Office 教师版和 WPS Office 学生版，力图在多个用户市场里全面出击。

2000 年 12 月 28 日，中国软件业历史上又一个值得纪念的日子。在中国加入 WTO 之后，中国政府首次进行大规模正版软件采购。经过历时半年的甄选，WPS Office 通过采用国家机关最新公文模板，支持国家最新合同标准和编码标准 GB18030 等实实在在的"中国特色"得到了政府部门的青睐，WPS Office 打响政府采购第一枪：北京市政府采购 WPS Office 11143 套。从此，WPS Office 势如破竹，成为上至国务院 57 部委、下至全国 31 个省市机关的标准办公平台。

2002—2005 年，WPS Office 2005 决胜巅峰之作

2002 年，金山发出了"先继承、后创新、决胜互联之巅"的铮铮誓言。重整河山，WPS 踏上二次创业的征途。百名研发精英继承了金山公司在办公软件领域近 20 年的技术经验，开始了长达三年的卧薪尝胆。春去秋来，千余个日夜鏖战，创新开发出了拥有完全自主知识产权的 WPS Office 2005。

2007 年，金山推出了全新的 WPS Office 2007 个人版，用户可以从金山官方网站上免费下载使用。虽然是免费的，但 WPS 系列在功能上一点也不差，能够满足平时使用的需要，并有许多方便的设计让它和微软 Office 相比更适合国人使用。不用为兼容问题担心，WPS 已经完全兼容了 Office 的文件，而且用 WPS 编辑的文件也可以保存为可以在 Office 中使用的文件格式。

资料来源：http://wps.kingsoft.com/news/history.shtml，此处有删改。

2.4　Word 应用技巧

作为一个传统的办公软件，多年来，Word 不仅得到了长足的发展，也积累了丰富的应用技巧，我们一方面积极实践以提高自己的应用水平，另一方面也可以积极搜索积累以丰富自己的应用技巧宝库。

2.4.1　配置 Word 的个性化初始属性

Word 中的很多默认设置对我们来说未必都是最适合的，如果每次都要定义纸型、页边距等内容就非常麻烦。这时，可以将最适合自己的内容设置为默认选项。

（1）设置默认字体

例如，如果需要总是使用"楷体"和"小四号"字体，而不是 Word 默认的"宋体"和"五号"字体，可以将其改成自己需要的字体和字号。

操作步骤：在 Word 中打开"字体"对话框，在"字体"选项卡中设置字体、字形、字号等格式，如图 2-33 所示。

也可以单击"高级"选项卡设置字符间距等内容。完成后，单击对话框左下角的"设为默认值"按钮，在弹出的对话框中选中"所有基于 Normal.dotm 模块的文档"单选按钮，并单击"确定"按钮。这样，以后再启动 Word 时，就可以使用自己定义的默认字体格式了。

（2）设置保存位置

在默认的情况下 Word 会将用户文档保存在"我的文档"文件夹中。但一般情况下，我们会将自己的工作文档保存在硬盘的某一固定文件夹中。为此，可将 Word 的默认保存位置改成自己的文件夹。

操作步骤：在"文件"菜单中单击"选项"命令，在打开的"Word 选项"对话框的左窗格中选择"保存"选项，然后在右窗格中设置文档保存位置（见图 2-34），再单击"确定"按钮。

图 2-33　设置字体格式

图 2-34　修改文件保存的默认位置

2.4.2　在 Word 中迅速添加表格

如果需要频繁地在 Word 中添加表格，那下面这一招可能会省事不少，只需用手指从键盘击键就能迅速添加表格。

方法很简单，只需要通过在相应的位置键入"+-+"，然后按【Enter】键，就能立即添加表格。其中，"+"表示一列，"-"表示每一列的宽度。比方说，输入"+---+--+----+"就会给出一个三列的表格。

例如，需要添加一个三列的表格，在指定位置输入：

+------+------+--------------+

按【Enter】键后，就会出现一个表格：

当希望添加一行时，只需在表格的最后一个单元格中按【Tab】键即可。

把鼠标指针移到单元格的分隔线上，拖动鼠标，就可以随意调整表格行的高度或列的宽度。

2.4.3　给 Word 文件"瘦身"

利用 Word 软件生成的文档，一般每页大小在 20 KB 左右，而利用"记事本"软件生成的文档，相同的内容却只有 1 KB 左右。可以给 Word 文档"瘦身"吗？确实有一些方法可以用来减小 Word 文档的文件大小。

（1）文件另存

Word 在保存 .docx 文件时，一般只把后来修改的信息存入，这样，即使删除了文件中的部分内容也会使文件越来越大。如果使用"另存为"命令来保存文件，则 Word 就会重新整理并存盘，这样就可以有效地减小 Word 文件的容量。

（2）谨慎嵌入字体

Word 有嵌入字体的技术，能够将一篇文章所包含的字体结合成一个文件，以便文件在另一台计算机上也能正确显示，但这无疑会使文件的体积大大增加。为了不嵌入 TrueType 字体，可以单击"文件"→"选项"命令，再选择"保存"选项，然后取消"将字体嵌入文件"复选框，就可以减小 Word 文档的容量。

（3）只创建一个版本

Word 的版本功能可以让用户的文件生成多个版本，以方便不同的 Word 来读取，但这样却会使文件增大，在"文件"菜单中单击"保存"命令，可以查看是否有其他版本存在，如果有则取消，这样会使文件容量大大减小。

（4）选择性粘贴

在向 Word 文档中添加图片时，先用工具软件打开图片再进行复制和粘贴操作，这样操作会增加文档容量的大小。原来，当采用粘贴命令时，文档中增加的内容除了我们所需要的图片本身，还有许多与图片和软件有关的信息，并且 Word 还自动在图片和原来软件中创建了链接。而选用选择性粘贴图片，则可以只往文档中添加图片本身，大大减少文件规模。

2.4.4　快速输入文档分隔线

在编辑 Word 文档时，有时出于美观和醒目的需要，要为文档添加一些分隔线。利用特殊符号（半角英文）来快速输入艺术分隔线（见图 2-35）的技巧如下：

输入 3 个"-"，然后按【Enter】键，就可以得到一条直线。

输入 3 个"*"，按【Enter】键，得到一条虚线。

输入 3 个"~"，按【Enter】键，得到波浪线。

输入 3 个 "="，按【Enter】键，得到双直线。

输入 3 个 "#"，按【Enter】键，得到中间加粗的三直线。

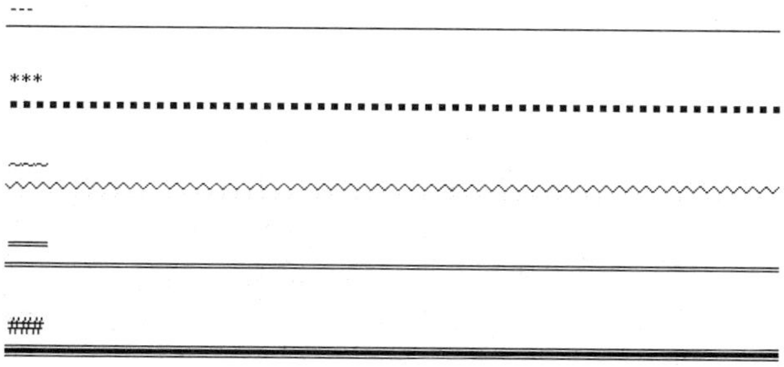

图 2-35　插入文档分隔线

2.4.5　在多图长文档中让图片编号自动更新

如果是一篇比较长的 Word 文档，可能有几十或上百幅图片，在修改图片的过程中，整个文章可能需要重新编号，既不轻松也容易出错。使用下面的小技巧就能让 Word 中插入的图片编号自动更新，非常简单。

向文档插入图片时，不要使用手工方法来进行编号，而是采取插入题注的方法来完成。将图片插入到文档的适当位置后，右击该图片，从快捷菜单中选择 "题注" 命令，弹出的对话框如图 2-36 所示，"题注" 文本框显示的是插入后的题注内容，"标签" 下拉列表框可以选择题注的类型，如 "图表" "表格" "公式" 等。

根据要求，也可以单击 "新建标签" 按钮创建自己所需要的标签。例如，该文档属于第 7 章，要求该章中的所有图片均按照 "图 7-1" "图 7-2" 的格式进行编号，可以创建 "图 7-" 的标签，然后在 "标签" 下拉列表框中进行选择即可，位置一般是放在所选项目的下方，图片说明信息可以在插入题注后手工输入。

图 2-36　插入题注

通过上面的方法插入题注，如果日后需要在文档中插入新的图片，那么新插入的图片编号都会被自动更新，完全不需要去手工更改。

第 **3** 章

电子表格处理软件 Excel 高级应用

如今，Office 办公套装软件中的电子表格 Excel 已经得到了广泛的应用，以往大小事情都要编数据库程序的做法，已经为灵活方便且功能强大的 Excel 应用所替代。在这一章中，我们在应用 Excel 电子表格的基础上，引导读者关注 Excel 的函数应用、统计图表应用、宏应用，以及 Excel 应用技巧与扩展，以提高 Excel 的应用水平，丰富 Excel 的表现能力，学习针对 Excel 应用的二次开发等。

3.1 Excel 函数

Excel 是目前最受欢迎的办公套装软件 Microsoft Office 的组件之一，其在数据管理、表格制作、绘制图表及金融管理等许多方面都有独到之处。Excel 的强大功能还体现在它对数据的自动处理和计算上。

以 Microsoft Office Excel 2013 中文版为例，在 Windows "开始"菜单中单击 "Excel 2013"命令，屏幕上显示的 Excel 工作界面如图 3-1 所示。界面元素从上到下依次是：标题栏、功能区、编辑栏、工作表区，最后一行是状态栏。

Excel 的函数功能作为其数据处理的重要手段之一，在生活和工作实践中可以有多种应用，用户甚至可以用 Excel 来设计复杂的统计管理表格或者小型的数据库系统。

3.1.1 电子表格基础

电子表格利用整行整列的数字创建真实情况的模型或表示。例如，银行对账单就是一种电子表格，因为它是银行账户资金流入流出情况的数字表示。

电子表格软件（如 Microsoft Excel、iWorks Numbers、Google Docs Spreadsheets 或 LibreOffice Calc）提供了创建电子表格的工具。它就像一张"聪明"的纸，可以自动对写在上面的数据进行计算。

电子表格软件还可以将数据转换成各种形式的彩色图表。它还有特定的数据处理功能，例如为数据排序、查找满足特定标准的数据及打印报表等。

电子表格软件一开始就受到会计师的欢迎，因为之前一直与纸质表格打交道的他们发现电子表格更容易使用并且正确率高于手工计算。其他人也很快发现对处理需要进行重复计算的事项（如做预算、计算成绩、追踪投资、计算贷款的还款金额和估算工程的成本等）而言，电子表格也有很多好处。

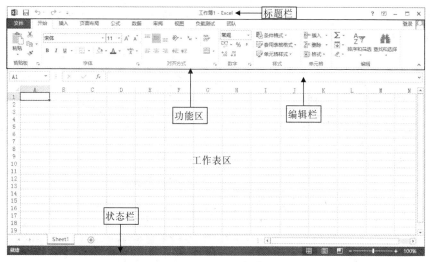

图 3-1　Excel 2013 操作界面

因为电子表格软件很容易处理不同的数据，所以它在假设分析中特别有用。利用假设分析可以回答诸如下列一些问题："如果我下两次经济学考试得 A 会怎么样？而如果我只得到 B 呢？"或者"如果我为我的退休计划每月投资 100 元会怎么样？而如果我每月投资 200 元呢？"

电子表格软件能创建在屏幕上显示的工作表。工作表由许多行和列的栅格组成，栅格中的每个单元格都能容纳数值、标签或公式，数值是指计算中会用到的数字，标签是指描述数据的文本，如图 3-2 所示。

在工作表中，每列用字母编号，每行用数字编号。行列交叉的位置就是单元格。每一个单元格对应唯一的单元格引用，或者叫做"地址"，它是由单元格所处的行和列的位置构成的。例如，A1 是工作表左上角单元格的单元格引用，因为它在工作表中所处的位置是第 A 列第 1 行。可以单击任何一个单元格使其成为活动单元格，然后就可以在单元格中输入数据。

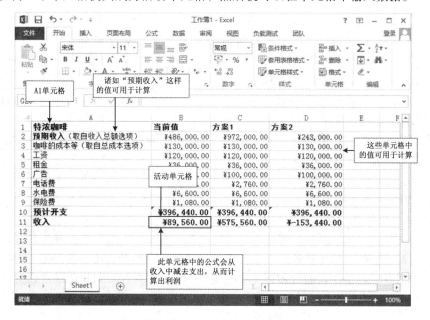

图 3-2　电子表格的直观应用

为工作表中的标签和数值设置格式与在文字处理软件中为文本设置格式非常相似。用户可以更改字体和字号，选择字体颜色及粗体、斜体和带下画线等字体样式。

某个单元格中所含的数值可由其他单元格中的公式来操作。公式在后台工作，它能够指挥计算机如何将单元格中的内容用于计算。在单元格中输入简单的公式就可以对数字进行加、减、乘、除运算。而更复杂的公式几乎可以完成用户所能想象到的任何计算。

图 3-3 举例说明了如何在简单的电子表格中利用公式计算收支结余。

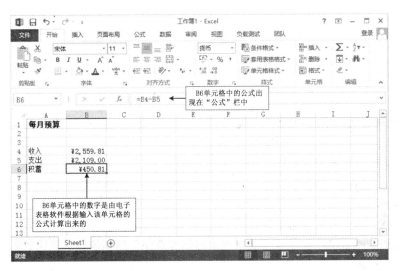

图 3-3   电子表格的公式计算

如果某单元格中包含一个公式，一般情况下此单元格显示的是公式的计算结果而不是公式本身。通过"公式"栏可以查看和编辑公式。我们可以认为公式在"后台"进行计算，然后显示结果。

公式（如"= D4 –(D5 +D8) / D2) * 110)"）中包含了单元格引用（如 D4、D5 等）、数字（如110）和数学运算符号（如乘号*、除号/、加号+和减号–）。公式中的部分内容可以用括号括起来，以指示数学运算的顺序。最里层括号中的运算应当先执行，在这个例子中是(D5+D8)。

可以"从零开始"，自己向单元格中输入一个公式，也可以使用电子表格软件内置的公式（称为函数）。要使用函数，只需按图 3-4 所示的那样，从列表中选中某个函数，然后指明计算所使用数值的单元格引用即可。

工作表中任何一个单元格的内容被改变后，所有的公式都会被重新计算。这种自动重算的功能保证了在工作表中输入最新信息后，每个单元格中的结果仍是准确的。

在对工作表中的任何行或列进行添加、删除或复制操作后，工作表也会自动更新。如果没有特别说明，所有单元格引用都是相对引用，即如果第 3 行被删除，那么下面的数据会向上移动一行，单元格 B4 会变成 B3，如图 3-5 所示。

如果不想让某个单元格引用改变，则可以使用绝对引用。不管是插入行还是复制或移动公式，绝对引用都不会改变单元格地址。明白在什么时候使用绝对引用对提高电子表格设计技术而言是个关键因素。当工作表的行和列发生改变时，公式中的相对引用会随之改变。而绝对引用如同被"锚定"，总是指向一个特定的单元格。

图 3-4　函数是电子表格的特定公式

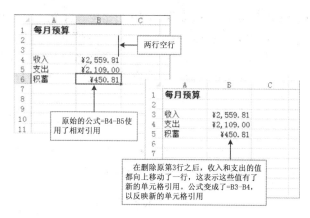

图 3-5　单元格的相对引用

要创建有效且准确的工作表，就必须理解涉及的计算和公式。比方说，如果想创建一个计算某学生某门课程最终成绩的工作表，就需要知道评分标准，还要知道指导教师给每次作业和测验设定的权重值。

大多数电子表格软件为预先设计的工作表提供了一些模板或向导，例如，发货清单、收支报表、资产负债表和贷款还款计划。其他的模板可以在 Web 上得到。这些模板一般由专业人员设计，里面包含所有必要的标签和公式。使用模板时，只需填入数值就可进行计算。

3.1.2　Excel 函数基础

Excel 的函数实际上是一些预定义的公式计算程序，它们使用一些称为参数的特定数值，按特定的顺序或结构进行计算。用户可以直接用它们对某个区域内的数值进行一系列运算，如分析和处理日期值和时间值、确定贷款的支付额、确定单元格中的数据类型、计算平均值、排序显示和运算文本数据等。例如，SUM 函数对单元格或单元格区域进行加法运算。

（1）参数

可以是数字、文本、形如 TRUE 或 FALSE 的逻辑值、数组、形如#N/A 的错误值或单元格引用等，还可以是公式或其他函数。给定的参数必须能产生有效的值。

（2）数组

用于建立可产生多个结果或可对存放在行和列中的一组参数进行运算的单个公式。Excel 中有两类数组：区域数组和常量数组。区域数组是一个矩形的单元格区域，该区域中的单元格共用一个公式；常量数组将一组给定的常量用作某个公式中的参数。

（3）单元格引用

用于表示单元格在工作表中所处位置的坐标值。例如，显示在第 B 列和第 3 行交叉处的单元格，其引用形式为"B3"（相对引用）或"B3"（绝对引用）。

（4）常量

是直接输入到单元格或公式中的数字或文本值，或由名称所代表的数字或文本值。例如，日期 8/8/2014、数字 210 和文本"Quarterly Earnings"都是常量。公式或由公式得出的数值都不是常量。

一个函数还可以是另一个函数的参数，这就是嵌套函数。所谓嵌套函数，是指在某些情况下，可能需要将某函数作为另一函数的参数使用。例如图 3-6 中所示的公式使用了嵌套的

AVERAGE 函数，并将结果与 50 相比较。这个公式的含义是：如果单元格 F2 到 F5 的平均值大于 50，则求 G2 到 G5 的和，否则显示数值 0。

如图 3-7 所示，函数的结构以函数名称开始，后面依次是左圆括号、以逗号分隔的参数和右圆括号。如果函数以公式的形式出现，则应在函数名称前面输入等号（=）。

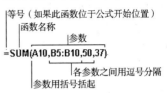

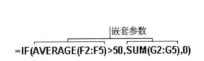

图 3-6　嵌套函数　　　　　　　　　　　　图 3-7　函数的结构

单击编辑栏中的"插入公式"按钮，会出现"插入函数"对话框，如图 3-8 所示。可在对话框或编辑栏中创建或编辑公式，还可提供有关函数及其参数的信息。

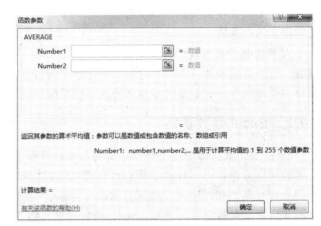

图 3-8　插入与编辑函数

3.1.3　Excel 函数

Excel 2013 函数一共有 13 类，分别是数据库函数、日期与时间函数、工程函数、财务函数、信息函数、逻辑函数、查找与引用函数、数学和三角函数、统计函数、文本函数、多维数据集函数、兼容性函数和 Web 函数。

1．数据库函数

当需要分析数据清单中的数值是否符合特定条件时，可以使用数据库工作表函数。例如，在一个包含销售信息的数据清单中，可以计算出所有销售数值大于 1 000 且小于 2 500 的行或记录的总数。Excel 共有 12 个工作表函数用于对存储在数据清单或数据库中的数据进行分析，这些函数的统一名称为 Dfunctions，也称为 D 函数，每个函数均有 3 个参数：database、field 和 criteria。这些参数指向数据库函数所使用的工作表区域。其中参数 database 为工作表中包含数据清单的区域；参数 field 为需要汇总的列标；参数 criteria 为工作表上包含指定条件的区域。

2．日期与时间函数

通过日期与时间函数，可以在公式中分析和处理日期值和时间值。

3．工程函数

工程函数用于工程分析。这类函数中的大多数可分为 3 种类型：对复数进行处理的函数、在不同的数制系统（如十进制系统、十六进制系统、八进制系统和二进制系统）间进行数值转换的函数、在不同的度量系统中进行数值转换的函数。

4．财务函数

财务函数可以进行一般的财务计算，如确定贷款的支付额、投资的未来值或净现值，以及债券或息票的价值。财务函数中常见的参数有：

未来值（fv）：在所有付款发生后的投资或贷款的价值。

期间数（nper）：投资的总支付期间数。

付款（pmt）：对于一项投资或贷款的定期支付数额。

现值（pv）：在投资期初的投资或贷款的价值。例如，贷款的现值为所借入的本金数额。

利率（rate）：投资或贷款的利率或贴现率。

类型（type）：付款期间内进行支付的间隔，如在月初或月末。

5．信息函数

可以使用信息函数确定存储在单元格中的数据的类型。信息函数包含一组称为 IS 的工作表函数，在单元格满足条件时返回 TRUE。例如，如果单元格包含一个偶数值，ISEVEN 函数返回 TRUE。如果需要确定某个单元格区域中是否存在空白单元格，可以使用 COUNTBLANK 函数对单元格区域中的空白单元格进行计数，或者使用 ISBLANK 函数确定区域中的某个单元格是否为空。

6．逻辑函数

使用逻辑函数可以进行真假值判断，或者进行复合检验。例如，可以使用 IF 函数确定条件为真还是假，并由此返回不同的数值。

7．查找与引用函数

当需要在数据清单或表格中查找特定数值，或者查找对某一单元格的引用时，可以使用查询和引用函数。例如，为在表格中查找与第一列中的值相匹配的数值，可以使用 VLOOKUP 函数；如果需要确定数据清单中数值的位置，可以使用 MATCH 函数。

8．数学和三角函数

通过数学和三角函数，可以处理简单或者复杂的计算，例如对数字取整、计算单元格区域中的数值总和等。

9．统计函数

统计函数用于对数据区域进行统计分析。例如，统计函数可以提供由一组给定值绘制出的直线的相关信息，如直线的斜率和 y 轴截距，或构成直线的实际点数值。

10．文本函数

通过文本函数，可以在公式中处理文字串。例如，可以改变大小写或确定文字串的长度。可以将日期插入文字串或连接在文字串上。例如，可以使用函数 TODAY 和函数 TEXT 来创建一条信息，该信息包含当前日期并将日期以"dd-mm-yy"的格式表示。

11．多维数据集函数

处理与多维数据集相关各项功能。

12．兼容性函数

与 Excel 2007 和早期版本兼容的 40 个函数。

13．Web 函数

有 3 个函数，包括 ENCODEURL(text)——返回 URL 编码字符串、FILERXML(xml, xpath)——使用指定的 xpath 从 XML 内容返回特定数据和 WEBSERVICE(url)——从 Web 服务返回数据。

思 考 题 3.1

1．电子表格有什么优势？

2．解释工作簿与工作表的区别。

3．命令和选项是以什么样的方式组织在一起的？怎样选择一项命令？

4．什么时候应该直接创建工作簿，什么时候应该使用模板创建工作簿？

5．请解释"保存"和"另存为"方式之间的区别。

6．请解释清除单元格内容和删除单元格有什么不同。

7．请举例说明什么时候需要复制工作表。

8．什么是公式？可以在 Excel 中使用的公式种类有哪些？

9．请解释绝对引用单元格和相对引用单元格的区别。

10．举例说明什么时候应该打印工作表中的公式。

11．如何为工作表设置颜色和图案？

12．如何选择并应用不同主题的格式？

13．举例说明什么时候需要使用工作表中的主题功能。

14．为什么需要在工作表中设置背景图案？

15．在工作表中显示网格线和标题有什么好处？

16．Excel 设置有哪几种视图？请举例说明如何使用这些视图？

17．举例说明什么时候适合使用不同的窗口排列方式，如平铺、水平排列、垂直排列和层叠。

18．请解释说明什么时候需要使用"拆分窗格"功能，而不使用"水平排列"功能。

19．举例说明什么时候需要冻结窗格。

20．请解释使用"视图"选项卡中"放大"和"缩小"按钮与使用状态栏中的"显示比例"按钮有什么不同。

21．打印预览为用户提供了哪些方便？

22．解释在不同的视图模式预览下打印页面时有什么差别。

能力训练 3.1

本节"能力训练"的目的是：

① 熟练掌握电子表格软件 Excel 的主要操作，提高数据处理能力。

② 了解和熟悉 Excel 函数，掌握 Excel 函数的基本使用方法。

1．工具/准备工作

在开始本训练之前，请回顾本节的相关内容。

需要准备一台安装有 Microsoft Office Excel 2013 软件的计算机。

2．训练内容与步骤

【训练 1】使用公式，绝对与相对单元格引用，重命名工作簿。

步骤 1： 在"训练素材"文件夹的 Excel 子文件夹中（下同），打开"世界人口"工作簿，另存为"世界人口-学生"。（注：文件名中的"学生"请代入实际完成此操作的学生的姓名，下同。）

步骤 2： 输入公式，计算 1750～2150 年（B～I 列）间的世界人口数。

步骤 3： 输入公式，计算不同年代各大洲人口数增减百分比。公式如下：

$$增减百分比 = \frac{下一年代人口数 - 前一年代人口数}{前一年代人口数}$$

工作表显示如图 3-9 所示。

图 3-9　计算人口增减百分比

步骤 4： 复制工作表 Sheet1 的数据到工作表 Sheet2，并根据需要调整列数据，如图 3-10 所示。

图 3-10　复制数据并调整

步骤 5： 将工作表 Sheet2 的列标题——1750～2150 复制到单元格区域 L3:S3。

步骤 6： 输入公式，计算每个年代各大洲人口占世界人口的百分比，结果以百分比格式显示，如图 3-11 所示。

图 3-11　计算各大洲人口占世界人口的百分比

步骤 7： 重命名工作表 Sheet1 为"世界人口%变化"，重命名工作表 Sheet2 为"%世界"。

步骤 8： 保存并关闭工作簿。

【训练 2】 在公式中使用单元格引用，以及插入、删除、剪切、粘贴行和列。

步骤 1： 打开名称为"滑雪器材销售报告"的工作簿，将其另存为"滑雪器材销售报告-学生"。

步骤 2： 输入公式计算每种商品销货总额：

销货总额	计算
E 列	B～D 列合计
I 列	F～H 列合计
L 列	J～K 列合计
M 列	E、I、L 列合计

15 行   第 6～14 行合计

步骤 3： 在 N 列中输入公式，计算每个地区（第 6～14 行）销货在区域合计销货（M 列）中所占的百分比。同样，在第 16 行中输入公式，计算每个地区销货占世界销货的百分比（第 15 行）。

步骤 4： 输入公式计算平均销货量、最高销货量、最低销货量（第 M 列）。计算中注意排除世界销货量。完成后的工作表显示如图 3-12 所示。

	地区	铜	速降银	金	总计速降	休闲	X地区爱斯基摩	挪威	总计X Country	滑雪板入门级	专业级	总计滑雪板	总计	占全部的份额
	加拿大	10,000	15,000	30,000	55,000	800	200	2,000	3,000	2,000	3,000	5,000	63,000	2%
	美国西部	105,000	150,000	245,000	500,000	54,000	63,000	125,000	242,000	30,000	25,000	55,000	797,000	26%
	美国东部	215,000	305,000	475,000	995,000	75,000	85,000	195,000	355,000	45,000	50,000	95,000	1,445,000	47%
	中美洲	3,000	4,500	5,000	12,500	2,000	2,500	1,500	6,000	0	0	0	18,500	1%
	南美洲	10,000	12,000	7,500	29,500	3,500	2,500	5,500	11,500	0	0	0	41,000	1%
	欧洲	45,000	60,000	80,000	185,000	10,000	12,000	18,000	40,000	10,000	15,000	25,000	250,000	8%
	日本	5,000	7,500	10,000	22,500	3,000	8,000	7,500	18,500	5,000	7,500	12,500	53,500	2%
	中国香港	50,000	70,000	70,000	190,000	20,000	22,000	30,000	72,000	25,000	30,000	55,000	317,000	10%
	东南亚	25,000	30,000	30,000	85,000	8,000	12,000	15,000	35,000	0	0	0	120,000	4%
	全世界总计	468,000	654,000	952,500	2,074,500	176,300	207,200	399,500	783,000	117,000	130,500	247,500	3,105,000	100%
	份额	15%	21%	31%	67%	6%	7%	13%	25%	4%	4%	8%		
	平均值	345,000												
	最大值	1,445,000												
	最小值	18,500												

图 3-12   工作表数据计算

步骤 5： 保存并关闭工作簿。

【训练 3】 打印一个工作表，并更改页面设置、添加分页符。

步骤 1： 打开工作簿"海运快递公司"，另存为"海运快递公司-学生"。

步骤 2： 冻结行、列标题，拖动窗口滚动条浏览工作表。

冻结窗格是指锁定屏幕上的行和列。为此，选定一个活动的单元格（如 B5），然后在"视图"选项卡的"窗口"组中单击"冻结窗格"下拉按钮，并进一步选择"冻结拆分窗格"命令。此时，被选定单元格的上方和左侧的所有行和列都会被冻结。之后，无论屏幕显示工作表中的哪一部分，这些行列都将在工作表中显示，直到取消冻结窗格功能。

步骤 3： 在"页面布局"选项卡的"页面设置"组中将"纸张方向"更改为横向，单击"打印标题"按钮，打开"页面设置"对话框，选择"工作表"选项卡，如图 3-13 所示。在其中设置打印区域为 A5:M198，打印时每页重复打印的顶端标题行为 $3:$4。

图 3-13   设置打印区域

步骤 4： 创建自定义页眉，左侧为"海运快递公司"，右侧为"学生××"，在页眉中间输入标题，文本如下：

　　　　海运快递公司

　　　　船运货物的质量（kg）

　　设置该标题为粗体、14 磅，如图 3-14 所示。

　　步骤 5：创建自定义页脚，左侧为"第 1 页共 10 页"，右侧为"打印日期：2015 年 9 月 27 日中秋节"。

　　步骤 6：还可以添加分页符，合理进行页面设置，调整页边距等。如果这些更改仍不够完善，可以修改页面缩放比例。

　　第 1 页的打印预览效果如图 3-15 所示。

　　步骤 7：保存并关闭工作簿。

图 3-14　设置页眉

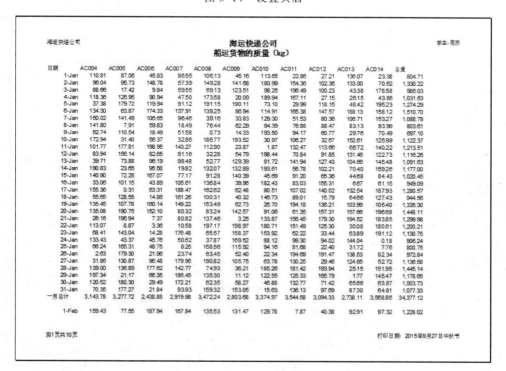

图 3-15　打印预览

【训练 4】使用未来价值金融统计函数。

财务函数可以进行一般的财务计算，如确定贷款的支付额、投资的未来值或净现值，以及债券或息票的价值。其中，未来值（FV）函数是指：在所有付款发生后的投资或贷款的价值。应用 FV 函数需要输入 3 个参数。

步骤 1：打开名称为"退休金"的工作簿，另存为"退休金-学生"工作簿。

步骤 2：输入函数，计算政府每年给退休人员投入的未来资金总额。假设每年投入$500 000，25 年内保证每年盈利 4.5%，计算 25 年后的总值，如图 3-16 所示。

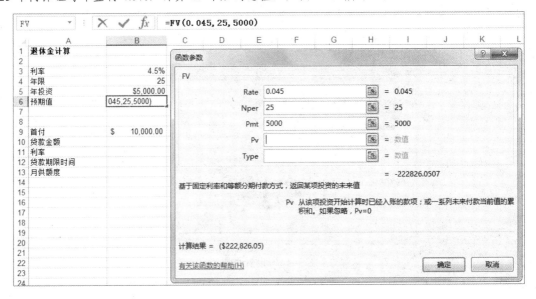

图 3-16 FV 函数

步骤 3：假设某人获得了一份约$10 000 的遗产，他计划分期付款购买一款新车。如果利率为 4.5%，购买的汽车总价为$50 000，还款期限是 3 年，使用付款函数 PMT 计算每月月供，如图 3-17 所示。

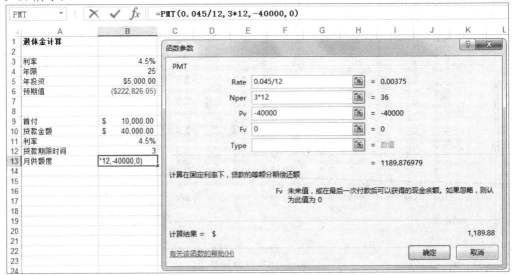

图 3-17 PMT 函数

提示：利率、贷款期限、月供额度等，必须以月份形式给出。

步骤 4： 保存并关闭工作簿。

请记录： 上述各项操作能够顺利完成吗？如果不能，请说明为什么。

_____

3. 训练总结

_____

_____

_____

4. 教师评价

_____

_____

阅读与思考：PC 电子表格与商用软件之父——丹·布莱克林

Apple Ⅱ 的推进器

个人计算机的真正飓风是由 Apple Ⅱ 刮起的，而 Apple Ⅱ 成功的重要推进器就是 VisiCalc 电子

表格软件。售价 3000 美元的 Apple Ⅱ 对家庭并没有多少吸引力，但配备了电子表格的 Apple Ⅱ，足以让人们因为 VisiCalc 这唯一的理由而购买 Apple Ⅱ。在某种程度上，Apple Ⅱ 成了一台 VisiCalc 机器。

VisiCalc 是一个全新的应用软件，它与个人计算机刚好撞到一起，彼此成就对方，引燃这场前所未有的革命。VisiCalc 不但是 Lotus 公司的铺路石，而且是它的指路灯，从此开创了个人计算机商用软件的历史。

VisiCalc 的发明人是丹·布莱克林（Dan Bricklin，见图 3-18）。布莱克林出生于 1951 年，与世界第一台商用

图 3-18　丹·布莱克林

计算机 ENIVAC 诞生于同一座城市——费城。1969 年，他进入 MIT 学习数学，三年级转到了计算机专业。期间还在 MIT 的计算机实验室（LCS）工作，帮助设计在线计算器和 APL 语言的编制。工作中他认识了鲍勃·佛兰克斯通（Bob Frankston）。1973 年毕业后进入 DEC，与人合作编制了 DEC 的第一个字处理软件 WPS-8。1976 年离开 DEC，到 FasFax 工作了一小段时间。此后布莱克林对自己的未来感到伤心，编程已变得越来越容易，他相信今后没有必要有专门的程序员了，那时他就得失业。于是 1977 年秋，26 岁的布莱克林为生计着想，决定进哈佛商学院以开辟新的职业生涯。他在哈佛分时计算机系统上用 BASIC 编写软件，进行财务计算。问题是，要计算不同的题目就得重新编写程序，他开始思考能否用一种通用的计算模式来解决。

一开始他想做的是一套专用硬件，也就是比较高级的计算器，但当时硬件条件不具备。上课时，教授用大黑板来描述一些公司的产品规划。有些黑板，大到横跨好几个教室，被分割成许多行和列，然后用粉笔写上时间、材料、人力和费用等内容。每个单元都有一个二维的地址，而且与其他一些单元有关系。一个单元的数据改变了，相关联的框就得重新计算，这样擦擦写写、算来算去，实在是苦力活。而且一个地方算错，就会牵连到其他单元。因此电子表格从商

学院中诞生，可谓合情合理。

VisiCalc 诞生

布莱克林构想出他的程序，教产品和财会的教授都很欣赏，但教金融的教授则说大型机上已有财务分析软件，布莱克林的小软件没有前途。

布莱克林用一个周末的时间粗略地做出了一个演示版本，是用 BASIC 写成，运行速度很慢，而且行列只能添满一屏。但它已经具备电子表格的许多基本功能。此时已是 1978 年初，Apple Ⅱ Commodore PET 和 Radio Shack TRS-80 等个人计算机产品都已问世，在市场上开始兴风作浪。但布莱克林还从未用过微机。他和 MIT 的老朋友弗兰克斯通（Bob Frankston）一起合作，成立了软件艺术公司（SA），决定为 Apple Ⅱ 开发 VisiCalc。当然并不是因为对 Apple Ⅱ 情有独钟，也没有技术考虑，而完全是因为他们联系的发行人答应只能借给他们 Apple Ⅱ。

发行商是丹·费尔斯塔拉（Dan Fylstra），也毕业于哈佛商学院，当时靠卖微机的棋类游戏维生。他的公司叫 Personal 软件公司（PS），可以说是最早的微机应用软件公司。那时微软的比尔·盖茨和数据研究的 Gary Kildall 都专做操作系统和程序语言，他们还无暇顾及应用软件。产品都属于系统软件，主要出售给硬件厂商而不是直接出售给零售商或最终用户。而费尔斯塔拉则是零售。由于没有先例可循，就只能自己摸索，在错误中学习。

费尔斯塔拉搬出厚厚的哈佛案例教材，想寻找一个与微机软件行业相近的行业。他找来找去，就找到了图书出版行业。作者负责产品设计和完成，出版商负责生产、销售和市场宣传。照搬过来，也就是说布莱克林的 SA 公司负责 VisiCalc 及后续版本的开发，而费尔斯塔拉的 PS 公司负责软盘复制、印制说明书、做广告并将产品分销到各地。SA 公司获得 VisiCalc 零售额的 37.5% 及批发额的 50% 提成，在当时这一比例是公平的。但在今天的硅谷，这类提成比例通常在 15% 左右。

由于布莱克林还在学校学习，于是两人决定分兵两路。布莱克林负责程序设计，设置功能和性能，弗兰克斯通则负责编写实际代码。从 1963 年就开始编程的弗兰克斯通也顺便加入一些新功能。这一开发模式以后也成为业界软件项目开发的标准。

成功与失败

1979 年，两人开发出 VisiCalc 第一个版本。他们用运行在小型机上的 Apple Ⅱ 模拟器编程，与微软的 BASIC 和 CP/M 操作系统的开发方式是一样的。两人的手头都很紧，由于晚上的机时较便宜，而且由于用户较少，机器反应也快，因此弗兰克斯通就在晚上工作。他们原计划在一个月内完成工作，但实际上用了将近一年的时间。这期间费尔斯塔拉已开始拿着预览版向零售商和苹果、Atari 等公司展示。Atari 很感兴趣，但尚未开始销售计算机。而苹果的反应比较温和。

1979 年 10 月，VisiCalc 上市了，定价 100 美元。首批 100 份是在麻省的 Marv Goldschmitt 计算机商店出售。布莱克林亲自出马，为用户演示讲解。但销得很慢，毕竟这样的产品以前从未有过，人们认识它还需要时间。

当时负责苹果小企业市场的特里普·霍金斯（Trip Hawkins）买来一份 VisiCalc，他马上意识到这是一个很重要的软件，对 Apple Ⅱ 的成功将十分关键。他不希望 VisiCalc 出现在竞争对手的机器上，包括即将推出的 IBM 的 PC。因此他想拿出价值 100 万美元的苹果股票买下这个产品。他跟费尔斯塔拉谈过后，向上司马克库拉（Mike Markkula）汇报，但马克库拉却说："不行，太贵了！"结果，"大馅饼"擦肩而过。

很快，VisiCalc 成为最畅销的软件。到 1983 年，销量已达每月 3 万份。此时费尔斯塔拉的公司已改名 Visicorp，当年就要给布莱克林·弗兰克斯通两人支付接近 1200 万美元。费尔斯塔拉有一种大出血般的心痛，37.5% 的提成比例的确太高了。费尔斯塔拉想重新修改协议，但他很难有力量改变这些。布莱克林和弗兰克斯通都是程序员出身，遵循严格的编程规则，当然不可能轻易放弃利益。根据合同，费尔斯塔拉可以让布莱克林随心所欲地折腾，让他们将 VisiCalc 应用到各种不同的计算机平台上。因此 VisiCalc 的版本极多。

可以说，市场营销才是 VisiCalc 成功的关键。"当时，大多数公司擅长软件开发，但很少注意产品检验、质量保证和使用说明书等事情。这成为我们的一个机会。"费尔斯塔拉指出。

布莱克林最大的损失就是他没有为自己的电子表格申请专利。在 1979 年时，软件还只有版权，无法申请专利。直到 1981 年 5 月 26 日，程序员 S. Pal 才为自己的 SwiftAnswer 申请到世界上第一个软件专利。对布莱克林来说，为时已晚。VisiCalc 针对 IBM PC 的版本实际上是从 Radio Shack TRS-80 计算机的版本改编的，而这个版本又是从 Apple Ⅱ 的版本改编的，因此产品性能自然不佳。此时 VisiCalc 已经两岁，已经有点过时。比如 IBM PC 有 640 KB 内存可利用，但 VisiCalc 仍运行在 64 KB 内存下，因此缺乏竞争力。

VisiCalc 的缺陷为卡普尔创造了极佳的条件。卡普尔潜入 Visicorp 公司，学会了软件生意。他为费尔斯塔拉担任产品经理，负责新产品的选定和推广。因此卡普尔对市场了如指掌。IBM PC 一经推出，卡普尔就知道这是一个大好时机。他马上回到波士顿，创办了 Lotus 公司，为 IBM PC 开发电子表格 Lotus1-2-3，同时还挖走了弗兰克斯通，让他担任 Lotus 的首席科学家，并投入大约 100 万美元用于广告宣传，准备在第一年销售 400 万美元的 Lotus1-1-3。结果，1983 年上市，第一年销售额就达到 5300 万美元，1984 年升至 1.57 亿美元，迅速超过 VisiCalc，并将其至于死地。

与此同时，SA 与 VisiCalc 开始陷入一系列诉讼与反诉讼之中。1985 年春，卡普尔与布莱克林在航班上偶然相遇，两人达成协议，将 SA 卖给 Lotus。VisiCalc 从此消失。

艺术至上

电子表格 VisiCalc 单枪匹马将 PC 从业余爱好者手中的玩具变成了炙手可热的商业工具，独立地改变了 PC 业的发展方向，还把 Apple 推到了 PC 厂商头把交椅上。为了价格，Apple 得罪了 Visicorp 公司，结果 Apple Ⅲ 型计算机就不能使用曾使得 Apple Ⅱ 大获成功的 VisiCalc，这也成为 Apple Ⅲ 陷入灾难的原因之一。

可以说，布莱克林创造的不仅仅是一个产品、一家公司，而是整整一个软件产业。他发明了产品，却是卡普尔将这个产品变成了亿万财富，并成为电子表格之王。对此，布莱克林非常坦然，他说："虽然我没有因为自己的发明而致富，但我感到自己已经改变了世界。这种满足是金钱所无法买到的。"

"VisiCalc 引发了真正的 PC 革命，它极大地激励软件开发者，并且从此宣告了 PC 的合法化。"卡普尔也很坦诚，"Lotus1-2-3 的设计受到 VisiCalc 的极大影响。它设定了标准，我们不过是加以完善。我认为他（布莱克林）是业内真正的超级天才之一。"

卡普尔并购了布莱克林的公司，确保了 Lotus1-2-3 的合法化。布莱克林成为 Lotus 公司的顾问，但不久，他又在 1985 年底创办了自己的公司：软件花园（SG）公司。卡普尔也成了布莱克林的朋友，此后为布莱克林的好几个项目出资支持。从早期的软件艺术（SA）到软件花园（SG），公司的名字也反应了布莱克林的个性。他是一个将软件视为艺术的人。

SG 的第一个产品是 Demo Pragramm，售价 75 美元，这款软件使程序开发人员在写完程序之前，就可通过它显示程序的功能。这是商业软件开发的一次突破。1992 年他还担任了另一家公司 Slate 的副总裁，开发笔输入软件。他超前了十年。后来他推出的 Trellix，可使互联网文档的管理变得极为方便。

这些软件显然都不是摇钱树，都是"艺术品"，充满着创新和灵气。在当今软件产品越做越大、越做越复杂的趋势下，布莱克林的软件，如 OverAll、AtHand、TimeLock 等仍然以精巧取胜。

"产品是我的生命。我喜欢探索计算机应用的新方法。如果这个行业还有新的东西待发现，我虽不能找到全部，但我可以发现其中的几样。"

资料来源：方兴东，天极网（http://www.yesky.com/），此处有删改。

3.2　Excel 图 表

Excel 图表用于将工作表数据转换成图片，具有较好的视觉效果，可以快速表达绘制者的观点，可方便用户查看数据的差异、图案和预测趋势等。例如，用户不必分析工作表中的多个数据列就可以立即看到各个季度销售额的升降，或很方便地对实际销售额与销售计划进行比较。如图 3-19 所示。

3.2.1　创建基本图表

用户可以在工作表上创建图表，或将图表作为工作表的嵌入对象使用，也可以在网页上发布图表。

为创建图表，需要先在工作表中为图表输入数据，然后：

步骤 1：选择要为其创建图表的数据，如图 3-19 所示。

步骤 2：单击"插入"选项卡"图表"组中的"推荐的图表"按钮。

步骤 3：在"插入图表"对话框的"推荐的图表"选项卡。如图 3-20　　图 3-19　"图表"组

所示中，滚动浏览 Excel 推荐的图表列表，然后单击任意图表，以查看数据的呈现效果。

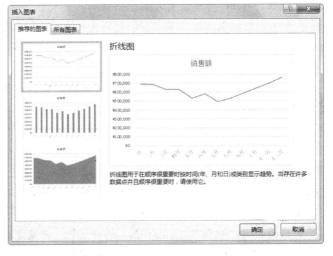

图 3-20　"推荐的图表"选项卡

如果没有看到自己喜欢的图表，可选择"所有图表"选项卡，以查看可用的图表类型，如图 3-21 所示。

步骤 4：找到所要的图表时，单击该图表，然后单击"确定"按钮。

步骤 5：使用图表右上角的"图表元素""图表样式"和"图表筛选器"按钮（见图 3-22）添加坐标轴标题或数据标签等图表元素，自定义图表的外观或更改图表中显示的数据。

步骤 6：若要访问其他设计和格式设置功能，可单击图表中的任何位置，将"图表工具"选项卡添加到功能区，然后在"设计"和"格式"选项卡中选择所需的选项，如图 3-23 所示。

各种图表类型提供了一组不同的选项。例如，对于簇状柱形图而言，选项包括：

① 网格线：可以隐藏或显示贯穿图表的线条。

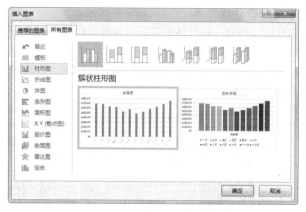

图 3-21　在"所有图表"选项卡中选择图表类型

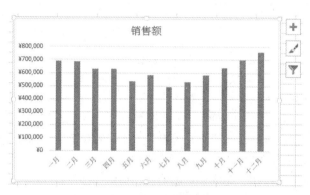

图 3-22　添加图表元素等

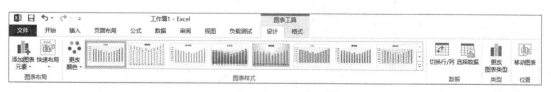

图 3-23　图表工具

② 图例：可以将图表图例放置于图表的不同位置。

③ 数据表：可以显示包含用于创建图表的所有数据的表。用户也可能需要将图表放置于工作簿中的独立工作表上，并通过图表查看数据。

④ 坐标轴：可以隐藏或显示沿坐标轴显示的信息。

⑤ 数据标志：可以在此处使用各个值的行和列标题（及数值本身）为图表加上标签。这里要小心操作，因为很容易使图表变得混乱并且难于阅读。

⑥ 图表位置：如"作为新工作表插入"或者"作为其中的对象插入"。

3.2.2 选择正确的图表类型

工作中经常使用柱形图和条形图来表示产品在一段时间内的生产和销售情况的变化或数量的比较，如上面的柱形图就是显示各个销售人员销售数据的比较和变化。

如果要体现的是一个整体中每一部分所占的比例时，通常使用饼图，如各种饮料市场份额的饼图。此外，比较常用的就是折线图和散点图了，折线图通常也用来表示一段时间内某种数值的变化，常见的如股票价格的折线图等。

散点图主要用于科学计算。例如：可以使用正弦和余弦曲线的数据来绘制出正弦和余弦曲线。

为选择正确的图表类型，可按如下步骤操作：

步骤 1：选定需要绘制图表的数据单元，在"插入"选项卡的"图表"组中单击"推荐的图表"按钮，打开"插入图表"对话框，如图 3-24 所示。

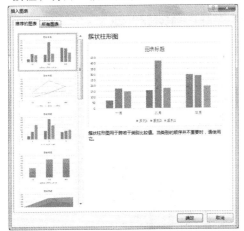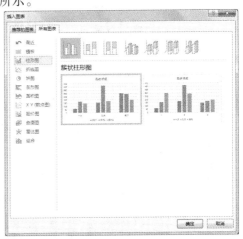

图 3-24 "插入图表"对话框

步骤 2：在"插入图表"对话框"所有图表"选项卡的左窗格中选择"XY（散点图）"项，在右窗格中选择"带平滑线的散点图"，如图 3-25 所示。

步骤 3：单击"确定"按钮，完成散点图绘制，如图 3-26 所示。

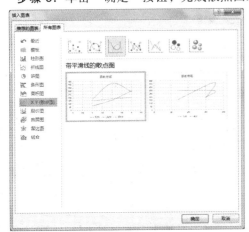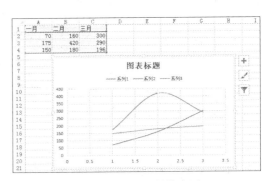

图 3-25 选择散点图   图 3-26 绘制散点图

对于大部分二维图表，既可以更改数据系列的类型，也可以更改整张图表的类型。对于气泡图，只能更改整张图表的类型。对于大部分三维图表，更改图表类型将影响到整张图表。

所谓"数据系列"是指在图表中绘制的相关数据点，这些数据源自数据表的行或列。图表中的每个数据系列具有唯一的颜色或图案并且在图表的图例中表示。可以在图表中绘制一个或多个数据系列。饼图只有一个数据系列。对于三维条形图和柱形图，可以将有关数据系列更改为圆锥、圆柱或棱锥图表类型。

步骤 1： 若要更改图表类型，可单击整张图表或单击某个数据系列。

步骤 2： 在右键快捷菜单中选择"更改图表类型"命令。

步骤 3： 在"所有图表"选项卡中选择所需的图表类型。

步骤 4： 若要对三维条形或柱形数据系列应用圆锥、圆柱或棱锥等图表类型，可在"所有图表"选项卡中选择"圆柱图""圆锥图"或"棱锥图"。

3.2.3 创建具有专业外观的图表

通过一些简单的、内置的格式效果可以使 Excel 图表数据更加引人注意，如图 3-27 所示。

下面学习如何对图表进行自定义、如何增强其外观以及如何更改图表上的任意信息。尝试通过使用颜色、向图表格式添加底纹和阴影以及应用数字格式来自定义图表，颠倒数值在图表上的显示顺序，修改数值轴上的数字，使图表更有说服力。

1. 添加确切的销售箱数

图 3-28 中的图表逐月显示了每个销售人员所销售的巧克力点心的箱数。

设想一下，图中的网格线是必要的吗？从左侧的数值（y）轴横穿图表的水平线可以帮助用户查看每个柱形的数值。但是，在这个图表中，即使没有网格线，其实也可以非常轻松地看出苏术平在三月份大概销售了 300 箱。

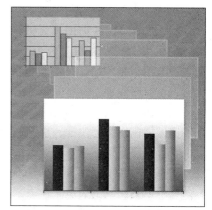

图 3-27 使图表更有说服力

Excel 会自动添加网格线，但如果用户认为它们无关紧要，则可以将其删除，这样可以降低图形可能产生的混乱程度。图 3-29 所示为不带网格线的图表显示效果。

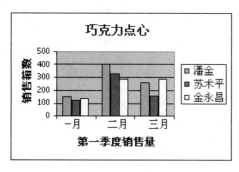

图 3-28 带有网格线的图表

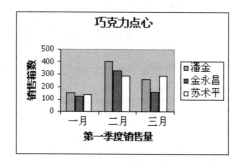

图 3-29 不带有网格线的图表

对图表进行任何更改的第一步是选择该图表或该图表上的特定项目。可在图表中直接单击网格线，然后删除网格线。

删除网格线后，可以通过显示所销售的巧克力点心的确切箱数来达到表达的目的。图 3-30 中的图表每个柱形上都有一个数据标签，显示了每个销售人员每月所销售的点心的箱数。

为减少表达混乱，可以删除其他不需要的信息。因为数据标签显示了每个柱形的确切数字，就不再真正需要左侧垂直数值（y）轴上的数字。图 3-31 所示为没有数值（y）轴时的效果，观众只能看到最重要的数字。当然，如果图表中没有数据标签，一般不会希望删除数值（y）轴。

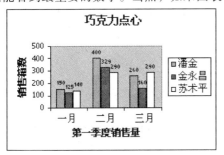

图 3-30　柱形上的数据标签显示了销售箱数

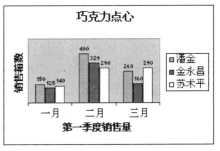

图 3-31　不带垂直数值（y）轴的图表

2. 更改颜色并使用填充效果

Excel 默认将绘图区设置为标准的灰色。用户可以选择其他颜色，可以不使用颜色，或者大胆地对绘图区使用粉红色或紫色。然而，当使用填充效果时，即使使用简单的白色（或任何其他颜色），图表也会具有专业的外观。

在图 3-32 中，绘图区是带有渐变填充效果的白色，这种填充使白色从浅到深渐变。该图表的绘图区周围也没有边框，这是一种很简单的给图表赋予某些特性的方法。

若要使用渐变填充，应选择绘图区并右击，选择快捷菜单中的"设置图表区域格式"命令，选择"填充"选项，然后选择一种颜色。

还可以为图表上表示工作表数值（"数据系列"）的柱形选择其他颜色。在图 3-33 中，新的颜色效果表示了潘金、金永昌和苏术平所销售的巧克力点心的箱数。

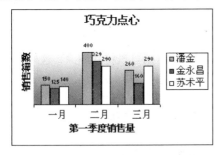

图 3-32　带有渐变填充背景的图表

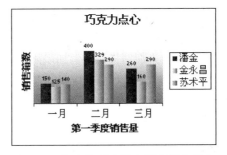

图 3-33　每个柱形中都有渐变填充颜色

渐变填充还可用于每个数据系列，以使颜色具有一些渐变和深度效果。最深的颜色表示潘金（她二月份的销售量是该季度中的最高值），以使人们对她的成就加以关注。渐变填充已足够好地定义了每个柱形，每个柱形周围的边框没有必要存在，因此可以将其删除。

通常情况下，应避免将两种深颜色放在一起。深浅之间的对比会对数据进行额外强调，可以更容易地表现出不同数据系列之间的差异。

3. 添加专业格调

步骤 1：通过删除图例的边框，可以使图表具有整洁、专业的格调。为此可以选择该图例并右击，选择快捷菜单中的"设置图表区域格式"命令。

　　步骤 2：可以通过在图表周围添加阴影，使图表更有风格。也可以在图表和坐标轴标题周围添加阴影，但要确保图表不会显得混乱。

　　为添加阴影，只须选中图表，然后右击，在快捷菜单中选择"设置图表区域格式"命令，然后单击"阴影"选项，进行阴影效果设置。

　　步骤 3：为更改字体（如图表标题），可先单击需要更改的对象，然后单击"开始"选项卡，在"字体"下拉列表框中选择某种字体。还可以通过"字号"来使文本变大或变小，或者可以通过"加粗"或"倾斜"按钮使所选文本变成粗体或斜体，如图 3-34 所示。

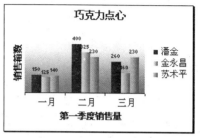

图 3-34　专业格调的图表

4．其他可以更改的格式类型

　　图 3-35 中的图表是一个组合图表，使用了一个柱形图来表示罗德果子酱的实际销售量，同时使用了一个折线图来表示预计销售量。

　　在图 3-36 中，折线图被加宽以更加醒目。折线的颜色也进行了更改，以使其更加鲜明。折线图上表示每个月的标记样式也从正方形更改为圆形，而且标记的颜色也进行了更改。

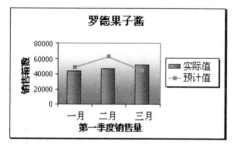

图 3-35　需要进一步加工的组合图表

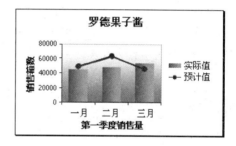

图 3-36　更加漂亮的组合图表

　　柱形也做了更改，增加了柱形的宽度而减小了各个柱形之间的距离。这就是调整分类间距，方法是右击柱形，在快捷菜单中选择"设置数据系列格式"命令。

3.2.4　图表的调整

　　我们经常可以看到有一部分同其他部分分离的饼图，这种图的做法是：单击饼图，饼图的周围出现了一些句柄，再单击其中的某一色块，该色块的周围出现句柄，这时向外拖动此色块，就可以将这个色块移出；用同样的方法可以把其他各个部分分离出来。

　　把它们合起来的方法是：先单击图表的空白区域，取消对圆饼的选取，再单击任意一个色块，按住鼠标左键向内拖动鼠标即可。

　　我们还经常可以见到这样的饼图：把占总量比较少的部分单独拿出做了一个小饼以便看清楚，做这种图的方法是：在"插入"选项卡的"图表"组中，选择"复合饼图"即可。如果图中各个部分的位置不太符合要求，可以调整：首先把图的大小调整一下，然后把右边小饼图中的份额较大的拖动到左边，同时把左边份额小的拖到右边，饼图就完成了。

　　选择"三维饼图"，可以在窗口右侧的格式设置窗格中进行调整，例如修改三维图形的仰角、旋转角度及高度等。

思 考 题 3.2

1. 工作表横向居中和纵向居中有什么区别？

2. 举例说明为工作表添加页眉和页脚有什么用途。

3. "调整为合适大小"和"恰好容纳显示区域"两个有关显示比例的选项有什么不同？

4. 在打印的工作表中显示网格有什么用途？

5. 请举例说明什么时候需要用图表显示工作表中的数据。

6. 请举例说明什么时候需要使用柱形图。

7. 请举例说明什么时候需要使用饼图。

8. 讨论分离型饼图有什么优点和缺点。

9. 请举例说明怎样才能更改图表的布局。

10. 请举例说明哪些图表元素可被更改。

11. 请举例说明如何更改图表中的设计。

12. 请解释什么是函数，举例说明如何使用函数。

13. 请说明如何绘制形状，如怎样选择矩形然后将其绘制在工作表上。

14. 请给出两种以上可对选定对象进行的操作。

15. 请解释为什么需要使用复制选项而不使用插入选项将剪贴画移至工作表内。

16. 请举例说明什么时候需要在工作表中使用 SmartArt 图形。

17. 请举例说明为什么要使用文本窗格编辑 SmartArt 图形。

18. 请举例说明哪些格式可以应用在图形中。

19. 请解释为什么需要使用图形的调整控点。

20. 请简单介绍裁剪图片时能够使用的不同方向。

能力训练 3.2

本节"能力训练"的目的是：熟练掌握电子表格软件 Excel 的多页制表功能、函数应用和统计图表功能。

1. 工具/准备工作

在开始本训练之前，请回顾本节的相关内容。

需要准备一台安装有 Microsoft Office Excel 2013 软件的计算机。

2. 训练内容与步骤

【训练 1】基于不同工作表中的数据创建不同类型的图表，然后加强图表的效果。图表将工作表中的数据以图形的形式显示，使数据的表现方式更具体、更生动。

步骤 1： 在"训练素材"文件夹的 Excel 子文件夹中（下同），打开工作簿"Tommy 服装店"，另存为"Tomlny 服装店-学生"。在"每月销售"工作表中创建每月销货折线图。（注：文件名中的"学生"请代入实际完成此操作的学生的姓名，下同。）

步骤 2： 选择单元格区域 A4:B64。选择区域中包括行、列标题。

步骤 3： 在"插入"选项卡的"图表"组中单击"折线图"下拉按钮，选择"带数据标记的折线图"，图形效果如图 3-37 所示。

步骤 4：修改折线图为面积图。选取折线图形，在"图表工具-设计"选项卡中单击"更改图表类型"按钮，在图 3-38 所示对话框中选择面积图。

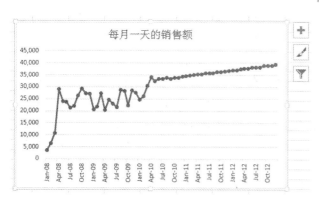

图 3-37 折线图 　　　　　　　　图 3-38 "更改图表类型"对话框

图形效果如图 3-39 所示。

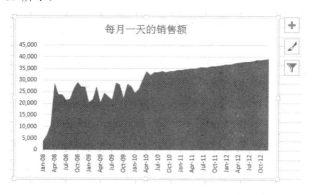

图 3-39 面积图

步骤 5：切换到"每月合计"工作表。在该数据表中，由于 2015 年尚未完成，一些数据是真实的月销货数据，其他数据是预算月销货数据。图表需要区分这两种数据，因此需要在不同的两列中列出。请观察折线图在缺失单元格数据的显示情况。

步骤 6：选择单元格区域 A4:F16。在"插入"选项卡的"图表"组中单击"折线图"下拉按钮，选择"带数据标记的折线图"，图形效果如图 3-40 所示。

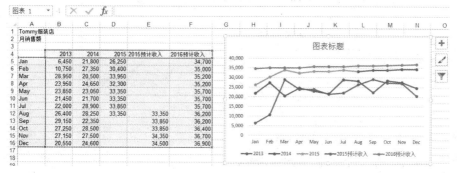

图 3-40 创建带数据标记的折线图

注意，2015 年的实际数据与估算数据折线图是分开的，但是连接在一点上。

步骤 7：切换到"销售及单位"工作表。

步骤 8：使用单元格区域 A4:B64 及 F4:F64，创建柱形图。

为"单位总计"数据系列设置次坐标轴，即在"图表工具-格式"选项卡的"当前所选内容"组的"图表元素"下拉列表框中选择"单位总计"数据系列。

修改"单位总计"数据系列的图表类型为折线图，如图 3-41 所示。

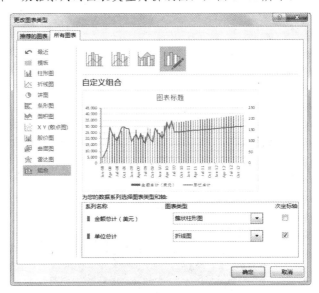

图 3-41　创建并修改图表

步骤 9：保存并关闭工作簿。

【训练 2】为工作表排序，输出数据，使用自动筛选。

步骤 1：打开名称为"管道订购单"的工作簿，另存为"管道订购单-学生"。

步骤 2：将工作表 Sheet1 的数据复制到工作表 Sheet2，在"数据"选项卡的"排序和筛选"组中单击"排序"按钮，对工作表中的数据按日期、公司名称、燃料类型进行排序，要求公司名称按降序排序，如图 3-42 所示。

图 3-42　设置排序条件

排序结果如图 3-43 所示。

步骤 3：复制数据到工作表 Sheet3，按燃料类型、订购数量和日期排序，要求订购数量按升序排序，如图 3-44 所示。

			管道订购单		
日期	单据号	管道数量	公司名称	订购数量	燃料类型
12-Jun	12350	3	Texaco	3212	Jet
12-Jun	12353	1	Texaco	4221	Super
12-Jun	12346	1	Shell	3211	Regular
12-Jun	12348	3	Mohawk	4231	Super
12-Jun	12347	1	Esso	5312	Jet
12-Jun	12345	2	Esso	1234	Oil
12-Jun	12349	4	Esso	3211	Regular
12-Jun	12351	2	Arco	3214	Regular
13-Jun	23458	4	Shell	5431	Oil
13-Jun	23481	3	Shell	3211	Oil
13-Jun	23456	2	Esso	2311	Jet
13-Jun	23451	4	Esso	3211	Oil
13-Jun	23457	2	Esso	3211	Oil
13-Jun	23459	4	Arco	4231	Regular
13-Jun	23452	3	Arco	3212	Super
14-Jun	34567	3	Texaco	3211	Jet
14-Jun	34569	2	Texaco	1234	Oil
14-Jun	34568	2	Shell	3121	Regular

图 3-43 排序结果 1

			管道订购单		
日期	单据号	管道数量	公司名称	订购数量	燃料类型
13-Jun	23456	2	Esso	2311	Jet
14-Jun	34567	3	Texaco	3211	Jet
12-Jun	12350	3	Texaco	3212	Jet
12-Jun	12347	1	Esso	5312	Jet
12-Jun	12345	2	Esso	1234	Oil
14-Jun	34569	2	Texaco	1234	Oil
13-Jun	23481	3	Shell	3211	Oil
13-Jun	23451	4	Esso	3211	Oil
13-Jun	23457	2	Esso	3211	Oil
13-Jun	23458	4	Shell	5431	Oil
14-Jun	34568	2	Shell	3121	Regular
12-Jun	12346	1	Shell	3211	Regular
12-Jun	12349	4	Esso	3211	Regular
12-Jun	12351	2	Arco	3214	Regular
13-Jun	23459	4	Arco	4231	Regular
13-Jun	23452	3	Arco	3212	Super
12-Jun	12353	1	Texaco	4221	Super
12-Jun	12348	3	Mohawk	4231	Super

图 3-44 排序结果 2

步骤 4：在"数据"选项卡的"排序和筛选"组中单击"筛选"按钮，对工作表 Sheet1 中的数据设置自动筛选，仅显示日期为 6 月 12 日、燃料类型为 Regular 的行，如图 3-45 所示。

步骤 5：输出工作表 Sheet2 中的数据到以逗号分隔的格式文件中，该文件名称为"管道订单-逗号分隔-学生"，关闭该文件。

步骤 6：再次打开文件"管道订单-逗号分隔-学生"，如图 3-46 所示。

图 3-46 另存的文件显示效果

			管道订购单		
日期	单据号	管道数	公司名	订购数	燃料类
12-Jun	12346	1	Shell	3211	Regular
12-Jun	12349	4	Esso	3211	Regular
12-Jun	12351	2	Arco	3214	Regular

图 3-45 筛选结果

请注意该文件中有多少个工作表，以及与原来数据文件的其他不同之处，然后关闭该文件。

【**训练 3**】在复杂的数据表中使用 SUBTOTAL 函数。

人造圣诞树商店在冬季卖圣诞树，需要跟踪售货与收入。圣诞树的价格在各季节是不同的，这反映了不同季节的购买需求。总经理需要一份报表，包括每周（从周一到周日）的统计、每月的统计、整个季度的统计及分年的统计等。

步骤 1：打开工作簿"大自然圣诞树超市"，另存为"大自然圣诞超市-学生"。

在"公式"选项卡的"函数库"组中单击"数学和三角函数"按钮，从下拉菜单中选择 SUBTOTAL 命令，"函数参数"对话框如图 3-47 所示。

图 3-47 SUBTOTAL 函数参数

SUBTOTAL 函数返回列表或数据库中的分类汇总。

SUBTOTAL(function_num, ref1, [ref2],…)

其中，function_num 为必需。数字 1～11 或 101～111，用于指定要为分类汇总使用的函数。如果使用 1～11，将包括手动隐藏的行，如果使用 101～111，则排除手动隐藏的行；且始终排除已筛选掉的单元格，如表 3-1 所示。

Ref1 必需。要对其进行分类汇总计算的第一个命名区域或引用。

Ref2,… 可选。要对其进行分类汇总计算的第 2～254 个命名区域或引用。

如果在 ref1，ref2,…中有其他的分类汇总（嵌套分类汇总），将忽略这些嵌套分类汇总，以避免重复计算。

表 3-1   SUBTOTAL 函数的 function_num 参数

function_num 包含隐藏值	function_num 忽略隐藏值	对应的函数
1	101	AVERAGE
2	102	COUNT
3	103	COUNTA
4	104	MAX
5	105	MIN
6	106	PRODUCT
7	107	STAEV
8	108	STDEVP
9	109	SUM
10	110	VAR
11	111	VARP

步骤 2：输入 SUBTOTAL 函数，计算第 11 行与第 19 行。

每周销售数量（C 列），从周六到周五；

每周销售总值（E 列），从周六到周五；

销售单价（D 列）：销售总值/每天销售数量。

步骤 3：输入 SUBTOTAL 函数，计算第 25 行：

（C 列）第 12 月份销售总量；

（E 列）第 12 月份销售总值；

（D 列）销售单价：销售总值/每天销售数量。

步骤 4：输入 SUBTOTAL 函数，计算第 28 行：

（C 列）一周销售总量，12 月 27 日到 1 月 2 日；

（E 列）一周销售总值，12 月 27 日到 1 月 2 日；

（D 列）销售单价：销售总值/每天销售数量。

步骤 5：输入 SUBTOTAL 函数，计算第 29 行：

（C 列）1 月份销售总量；

（E 列）1 月份销售总值；

（D 列）销售单价：销售总值/每天销售数量。

步骤 6：输入 SUBTOTAL 函数，计算第 31 行：

（C 列）合计计算所有销售总量合计；

（E 列）合计计算所有销售总值合计；

（D 列）销售单价：销售总值/每天销售数量。

工作表的显示如图 3-48 所示。

	A	B	C	D	E
1	大自然圣诞树超市				
2					
3	时间	每天销售数量		单价	销售总值
4	Sat Dec 13, 2008	482		35.99	$17,347.18
5	Sun Dec 14, 2008	124		35.99	$4,462.76
6	Mon Dec 15, 2008	342		35.99	$12,308.58
7	Tue Dec 16, 2008	395		35.99	$14,216.05
8	Wed Dec 17, 2008	673		35.99	$24,221.27
9	Thu Dec 18, 2008	867		30.99	$26,868.33
10	Fri Dec 19, 2008	1,074		30.99	$33,283.26
11	一周销售总量	3,957		33.54	$132,707.43
12	Sat Dec 20, 2008	912		30.99	$28,262.88
13	Sun Dec 21, 2008	129		30.99	$3,997.71
14	Mon Dec 22, 2008	321		30.99	$9,947.79
15	Tue Dec 23, 2008	3,932		30.99	$121,852.68
16	Wed Dec 24, 2008	2,382		25.99	$61,908.18
17	Thu Dec 25, 2008			25.99	
18	Fri Dec 26, 2008	1,834		25.99	$47,665.66
19	一周销售总量	9,510		28.77	$273,634.90
20	Sat Dec 27, 2008	1,676		25.99	$43,559.24
21	Sun Dec 28, 2008	572		25.99	$14,866.28
22	Mon Dec 29, 2008	492		25.99	$12,787.08
23	Tue Dec 30, 2008	602		23.99	$14,441.98
24	Wed Dec 31, 2008	527		23.99	$12,642.73
25	08 年 12 月份总计	17,336		29.11	$ 504,639.64
26	Thu Jan 1, 2009			20.99	
27	Fri Jan 2, 2009	5		20.99	$104.95
28	一周销售总量	3,874		25.40	$98,402.26
29	09 年 1 月总计	5		$20.99	$104.95
30					
31	合计	17,341		$29.11	$504,744.59

图 3-48　计算结果

步骤 7：保存并关闭工作簿。

通常，使用 Excel 中的"数据"选项卡"分级显示"组中的"分类汇总"命令可以创建带有分类汇总的列表。一旦创建了分类汇总列表，就可以通过编辑 SUBTOTAL 函数对该表进行修改。

【训练 4】问卷调查图表分析。

图 3-49 的左边是一份关于楼市销售诚信度的市场问卷调查结果（见表 3-2）。请根据图示，画出对应（右边）的统计分析图形，完成 Excel 统计图表，并根据调查数据的含义确定统计图形的类型。

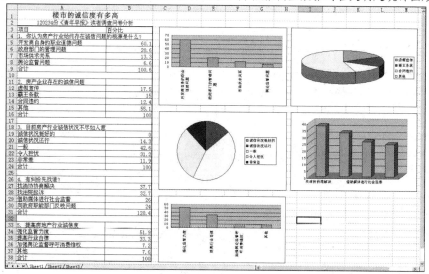

图 3-49　楼市分析

请记录：上述各项操作能够顺利完成吗？如果不能，请说明为什么。

_____

3．训练总结

_____

_____

_____

4．教师评价

_____

_____

表3-2　楼市的诚信度有多高（120234份《青年早报》读者调查问卷分析）

项　目	百　分　比
1．你认为房产行业始终存在诚信问题的根源是什么？	
开发商自身的职业道德问题	60.1
政府部门的管理问题	20.6
市场供求关系	13.3
舆论监督问题	6.6
合计	100.6
2．房产企业存在的诚信问题	
虚假宣传	17.5
霸王条款	15
合同违约	12.4
其他	55.1
合计	100
3．目前房产行业诚信状况不尽如人意	
诚信状况挺好的	0
诚信状况还行	14.3
一般	42.6
令人担忧	31.2
非常差	11.9
合计	100
4．有纠纷先找谁？	
找消协协商解决	37.7
找法院起诉	32.7
借助媒体进行社会监督	26
向政府职能部门反映问题	24
合计	120.4
5．提高房地产行业诚信度	

续表

项　　目	百　分　比
强化监管力度	51.9
提高行业自律	33.3
加强舆论监督呼吁消费维权	7.2
其他	7.6
合计	100

阅读与思考：Google 电子表格会威胁 MS Office？

Google 专门针对微软 Excel 推出一个基于网页的电子表格软件 Spreadsheets，这是 Google 办公家族中关键利器。此前，Google 就推出了针对微软件 Word 的 Writely 和针对 Outlook 的 Google Calendar，有人预测，Google office 即将诞生。

消息传出，互联网业内再次掀起了一场激烈的争论，有人称 Google 推出电子表格，利剑直指微软 Office。尽管 Google 的电子表格仍然在测试阶段，可是对于微软来说毕竟是一种潜在的威胁，何况不久前 Google 收购了字处理程序公司 Writely，大有与微软 Office 一决雌雄的野心？其实不然，Google 的电子表格，目前还远不会威胁到微软的 Office。

微软 Office 以功能强大著称，集成了 Word、Excel、PowerPoint 等多个组件，功能涵盖了文字处理、表格处理、幻灯片制作及数据库，可谓是办公领域的全才。即便是 Office 的单个组件，功能也非常强大，这也是微软 Office 能够赢得用户赞许的优点。尽管一套 Office 专业版的售价高达五百美元，可 Office 仍有数目庞大的用户群，由此不难看出微软 Office 的独特魅力。微软的 Office 之所以如此红火，与其出色的功能是分不开的。Google 的电子表格与微软 Office 的 Excel 相比，逊色不少。

Google 的电子表格没有微软 Excel 那么复杂，功能也相对较少。目前，Google 的电子表格无法创建柱状图，这可是微软 Office 中 Excel 的最基础功能。不过，Google 表格可以支持和导入 Excel 的.xls 格式文件以及.csv 文件，这一功能的设计估计是方便与 Gmail 中的地址本进行数据互换。其实，Google 电子表格的特色，主要体现在网络功能上，因为 Google 的电子表格是基于 Web 页面的。用户通过 Google 表格创建了文件后可以自动保存文件，当用户首次保存文件以后，当表格文件发生变动，程序将自动保存修改。除此之外，Google 电子表格中表格和表格之间的数据传输、插入，表格栏目的删除也相当的方便，它还支持多重表格镶嵌及制表符。非常明显，Google 电子表格的功能特色就是方便、易携带，功能并不出色。

Google 电子表格目前提供的功能，与微软 Office 相比是无法匹敌的，尽管有些功能可以不断完善，但 Google 开发电子表格只是为了方便互联网的用户使用的初衷不会改变。Google 电子表格未来的领地，只能是互联网，这一限制使得 Google 电子表格只能具备电子表格制作软件的最基本功能，Google 电子表格也不会成为微软 Office 的劲敌。尽管目前不排除 Google 除推出电子表格业务外，还有可能推出类似 Word 的电子文档业务，但 Google 绝不是在侵入微软 Office 的版图。

Google 是一家致力于搜索业务的互联网企业，在办公软件领域，Google 的技术并不领先，在搜索市场还有无穷潜力的今天，Google 是断然不会放弃搜索的本业，进军办公领域的。Google 先后推出了 Gmail 邮件服务、日历服务、电子地图服务、本地搜索服务，以及刚刚进入测试阶段的电子表格,仔细审视这些业务,我们不难发现 Google 推出电子表格业务的真正目的。Google 最擅长的是搜索,随着微软、腾讯等搜索新秀的加入,搜索引擎市场急需引入全新的理念。Google 在搜索市场的业绩是可观的,但同样也面临可持续发展的困惑。用户争夺战和搜索精度成为每一家搜索运营商不得不面对的问题,Google 也不例外。

微软在用户群中占据绝对的优势,凭借 Windows 平台和捆绑战略,微软可以用最快的速度占领搜索市场,接入互联网的 Windows 平台未来也会帮助微软提高搜索精度,Google 在微软面前优势尽失。Google 推出电子表格,本质是通过提供各项增值服务,增加 Google 的粘性。Google 的电子表格免费提供给用户,这一策略对电子表格功能需求太苛刻的用户来说是莫大的诱惑,免费的策略也有利于树立 Google 的企业形象。Google 推出免费的电子表格,也会对微软造成一种错误的意识,Office 是微软最利润丰厚的业务。Google 把微软视为搜索领域的劲敌,借免费电子表格打乱正大肆进军搜索领域的微软阵脚,这或许是 Google 的真正本意。

另外还有一些业内人士猜测,Google 推出电子表格的另外一个目的是为创造全新的搜索模式打下基础。目前,搜索正在向个人搜索迈进,目前 Google 已经可以搜索到 Gmail 邮箱中的信件,这是 Google 向个人细化搜索领域迈进的信号。日历服务、Gmail 邮箱、电子表格等服务,表面看似无任何联系,未来 Google 将会用搜索关联起来。Google 新程序部的产品经理 Jonathan Rochelle 表示,他们推出电子制表工具的主要目的是为了让家庭用户,亲友或者同事之间更好的分享表格信息。他说:"我们的全部重点放在分享上面。"由此不难看出,无论是 Gmail 邮件内容,还是 Google 电子表格内容,通过 Google 搜索都能看到,Google 电子表格隐私同样会被 Google 看到。没有安全感的 Google 电子表格,更不会对微软 Office 有任何威胁,毕竟大部分企业用户和个人,不想自己的数据暴露在 Google 的眼皮底下,那时微软 Office 会更具竞争力。

无论是 Google 推出的日历服务,还是电子表格服务,Google 的真正目的一是提高 Google 的粘性;二是试图通过 Google 的各项增值业务,向个人搜索模式转型。Google 推出电子表格服务,威胁的不是微软 Office,而是致力搜索业务的竞争对手!

资料来源:贾敬华,天极网(http://www.yesky.com/),此处有删改。

3.3 Excel 宏的录制与运用

日常工作中常常会碰到一些既需要反复执行而步骤又烦琐的任务。要完成这样的任务,或者手工执行一系列繁冗的步骤,或者通过创建宏或录制一系列操作(录制宏)来完成这些步骤。

简单地说,"宏"就是存储在 Excel 工作簿中的 VBA 语言代码段,是操作指令的集合,是可用于自动执行任务的一项或一组操作。只要事先将操作步骤录制到宏里,再指定该宏名称,即可自动执行该宏中所有的指令。它可以自动处理重复的任务,快速地组织数据。

使用宏可以简化工作流程:

① 重复性高的操作。当需要处理的数据量很大,且需要重复执行 Excel 的某些菜单命令来完成操作时,就可以使用宏功能来简化人工处理的时间。

② 减少错误的发生。用人工方式来处理烦琐的作业流程时,可能会因为一时疏忽而打错字、计算错误甚至误删了某笔记录等,而将这些烦琐的事交由宏去处理,就可避免一些人工的失误。

③ 简化处理流程。假如有一份报告,我们想将这份报告中的所有标题都设置成 16 磅大小、粗体、红色,虽然可以使用不同的方法来完成,但是这些方法都需要经过很多的步骤,若将这

些步骤全部集合起来交由宏去处理，就可以简化很多操作步骤。

"宏"在被创建后，可以根据需要运行、编辑或删除。

3.3.1　录制宏

在录制宏的过程中，Excel 会在用户执行一系列操作步骤时存储记录下该过程的每一步信息，然后，用户可以运行这个记录下来的宏，重复所录制的过程或"回放"这些操作命令。在录制宏时，如果操作出错，则所做的修改也会被录制下来。Visual Basic 在附属于某工作簿的新模块中存储每个宏。

3.3.2　运行宏

可以在"宏"对话框中选择所需要的宏并运行宏。如果希望通过单击某个特定的按钮或按下特定的组合键来运行宏，可将宏指定给某个工具栏按钮、键盘快捷键或工作表中的图形对象。

3.3.3　管理宏

宏录制完成后，可用 Visual Basic 编辑器查看宏代码以进行改错或更改宏的功能。例如，如果希望用于文本换行的宏还可以将文本变为粗体，则可以再录制另一个将单元格文本变为粗体的宏，然后将其中的指令复制到用于文本换行的宏中。

3.3.4　宏的安全性

Excel 对可通过宏传播的病毒提供安全保护。如果与其他人共享某个宏，则可使用数字签名（宏或文档上电子的、基于加密的安全验证戳，此签名确认该宏或文档来自签发者且没有被篡改）来验证其他用户，这样就可保证其他用户为可靠来源。无论何时打开包含宏的工作簿，都可以先验证宏的来源再启用宏。

思 考 题 3.3

1. 如何将 2～3 行或者列的数据添加到图表中？
2. 为什么要在图表中显示图例？
3. 为什么分别为坐标轴和坐标轴标题设置格式？
4. 请举例说明为什么要向图表中增添或者从中删除数据系列。
5. 使用快速样式对图表有什么作用？
6. 为什么要在图表中添加趋势线？
7. 请举例说明为什么要更改趋势线的选项设置。
8. 为什么要使用错误检查工具？
9. 请简述对齐单元格中的对齐方法，除左对齐、右对齐及居中外。
10. 单击"格式刷"按钮和双击"格式刷"按钮在使用上有什么不同？
11. 请举例说明为什么要对工作表中的单元格使用样式。
12. 请简述如何设置自定义数字格式。
13. 请解释什么是条件格式，以及如何通过其条件格式查找或者强调数据。
14. 请解释条件格式规则管理器是如何工作的。

15. 如何在 Excel 中创建数据库？

16. 排序和筛选有什么区别？

17. 请解释"复制"和"自动填充"功能的区别。

18. Excel 可以在工作表中查找哪些内容？

19. 列举至少两个例子说明在什么情况下可以使用"选择性粘贴"功能。

20. 请解释如何检查数据有效性。

21. 请解释如何监控数据中的重复项。

22. 请解释什么是下拉列表框。

23. 请举例说明为什么需要创建自己的模板。

能力训练 3.3

本节"能力训练"的目的是：

① 了解 Excel 宏的基本概念，了解 Visual Basic。

② 掌握 Excel 宏录制、运行宏和编辑宏的基本操作。

1. 工具/准备工作

在开始本训练之前，请回顾教科书的相关内容。

需要准备一台安装有 Microsoft Office Excel 2013 软件的计算机。

2. 训练内容与步骤

【训练 1】使用数据有效性检查和下拉列表框。

步骤 1：在"训练素材"文件夹的 Excel 子文件夹中（下同），打开"中式快餐店"工作簿，另存为"中式快餐店-学生"。（注：文件名中的"学生"请代入实际完成此操作的学生的姓名，下同。）

步骤 2：在单元格 B4 中创建下拉列表框。在"数据"选项卡的"数据工具"组中单击"数据验证"按钮，在打开的对话框中选择"设置"选项卡，如图 3-50 所示。

步骤 3：单击"允许"下拉按钮，选择其中的"序列"选项。

步骤 4：单击"来源"文本框右端的折叠按钮，然后选择单元格区域 J2:J17，单击恢复按钮。

步骤 5：同样，在单元格区域 A9:A18 中创建下拉列表框，选择单元格区域 N2:N19。

步骤 6：在单元格 E5 中创建数据验证，确保不早于今天，从现在起不超过 30 天，如图 3-51 所示。

步骤 7：在单元格 E6 中创建数据验证，保证时间不超出餐馆交货时间，即 17:00～22:00。如图 3-52 所示。

图 3-50　数据验证-设置

图 3-51　数据验证-日期

图 3-52 数据验证-时间

步骤 8：在单元格区域 C9:C18 中创建数据验证，保证数字大于 0，且小于或等于 100。

步骤 9：为每个单元格创建输入信息、出错信息提示。

步骤 10：输入可选数值。工作表的显示如图 3-53 所示。

	A	B	C	D	E
1			中式快餐店		
2			在线预订		
3					
4	客户编号	C0012		交货时间：	
5	姓名	Joe Kostur		日期	September 29, 2015
6	地址	8424 Las Vegas Blvd		时间	
7					
8	货品号	货品名称	数量	单价	金额
9	A0003	Shrimp chow mein	3	$7.50	$22.50
10	A0006	Chop suey	2	7.75	15.50
11	A0007	Lemon chicken	2	7.50	15.00
12	A0014	Hot & sour soup	3	6.50	19.50
13	A0016	Egg roll (2)	6	2.00	12.00
14					
15					
16					
17					
18					
19		5 总计			$84.50

图 3-53 工作表

步骤 11：保存并关闭工作簿。

【训练 2】设置安全级。

为了防止宏病毒的侵袭，Excel 默认将工作簿的宏安全等级设置为"高"，也就是"禁用所有宏"，以免一般使用者误操作打开含有宏病毒的文件。因此，如果需要执行宏的相关操作，就必须先更改安全等级的设置，否则会出现警告信息。

为此，按以下步骤操作：

步骤 1：在"文件"菜单中选择"选项"命令，在"选项"对话框中选择"信任中心"选项，如图 3-54 所示。

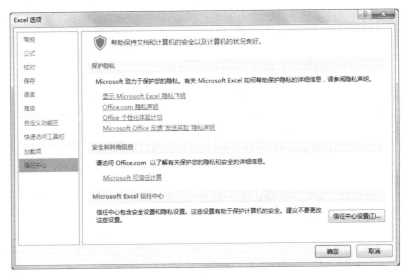

图 3-54 信任中心设置

步骤 2：在"信任中心"窗格中单击"信任中心设置"按钮，并选择"宏设置"选项，如图 3-55 所示。

请了解其中"宏设置"的相关内容。

【训练 3】录制和运行宏

可以通过以下操作来建立（录制）宏。

步骤 1：在 Excel "视图"选项卡的"宏"菜单中选择"宏"命令，弹出"录制宏"对话框，如图 3-56 所示。

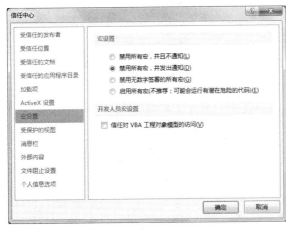

图 3-55 宏设置

图 3-56 录制宏

步骤 2：在"宏名"文本框中输入宏的名称。

宏的名字的首字符必须是字母，其他字符可以是字母、数字或下画线。宏名中不允许有空格；可用下画线作为分词符。宏名不允许与单元格引用重名，否则会出现错误信息显示宏名无效。

如果要通过按键盘上的快捷键（如 Ctrl+A，可用来执行菜单命令）来运行宏，可在"快捷键”文本框中，输入一个字母。可用 Ctrl+字母（小写字母）或 Ctrl+Shift+字母（大写字母），其中字母可以是键盘上的任意字母键。快捷键字母不允许是数字或特殊字符（如@或#）。

当打开包含宏的工作簿时，宏快捷键优先于任何 Excel 的默认快捷键。

步骤 3：在“保存在”下拉列表框中选择要存放宏的地址。如果要使宏在使用 Excel 的任何时候都可用，可选中“个人宏工作簿”。

步骤 4：如果要添加有关宏的说明，请在“说明”文本框中输入该说明。

步骤 5：单击“确定”按钮。

如果要使宏相对于活动单元格位置运行，可用相对单元格引用来录制该宏。在“视图”选项卡的“宏”组中（这时，原先的“录制宏”按钮已经改为“停止录制”按钮）单击“宏”按钮，选择“使用相对引用”命令。Excel 将用“相对引用”继续录制宏，直至退出 Excel 或再次单击“相对引用”以将其取消。

下面以一个简单的例子来示范宏的录制。

将以下的工作制作成宏：

（1）更改单元格 A2:G2 的字体样式（粗体）、大小（14 磅）及颜色（绿色）。

（2）使工作表中的列宽能做自动调整。

（3）利用条件格式功能，将 60 分以下的训练成绩以红色加单线表示，超过 85 分则以蓝色加双线表示。

操作步骤如下：

步骤 1：按图 3-57 所示建立 Excel 表格。

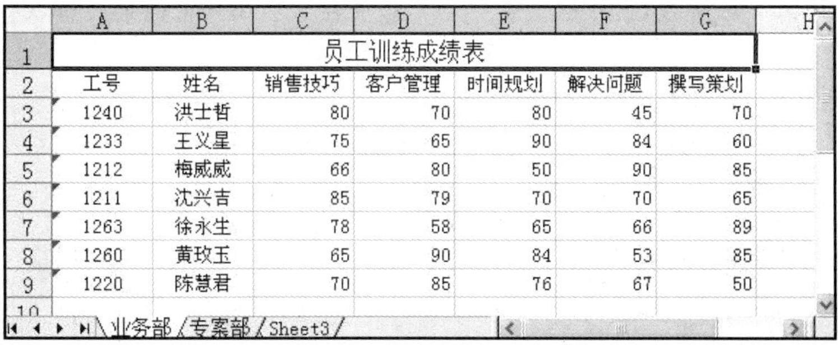

	A	B	C	D	E	F	G	H
1	员工训练成绩表							
2	工号	姓名	销售技巧	客户管理	时间规划	解决问题	撰写策划	
3	1240	洪士哲	80	70	80	45	70	
4	1233	王义星	75	65	90	84	60	
5	1212	梅威威	66	80	50	90	85	
6	1211	沈兴吉	85	79	70	70	65	
7	1263	徐永生	78	58	65	66	89	
8	1260	黄玫玉	65	90	84	53	85	
9	1220	陈慧君	70	85	76	67	50	
10								

图 3-57　宏录制的范例

步骤 2：在“视图”→“宏”菜单中选择“录制宏”命令，针对所要进行的工作为宏命名，选择宏要存放的位置，输入有关这个宏的说明，然后单击“确定”按钮。

此时，“宏”组中的“录制宏”按钮改为“停止录制”按钮，表示进入了录制宏的状态。

步骤 3：选取单元格 A2:G2，然后单击“开始”选项卡，在“字体”组中将字体样式设为“粗体”，大小设为 14，文字颜色改成“绿色”。

步骤 4：按【Ctrl + A】组合键选取整份工作表，然后在“单元格”组中选择“格式”→“自动调整列宽”命令，让列宽大小随单元格内容做调整。

步骤 5：调整好列宽之后，选择 C3:G9 单元格区域，在“样式”组中选择“格式”→“条件格式”命令，设置单元格的值小于 60 时会执行的格式设置，如图 3-58 所示。

图 3-58　设置条件格式

步骤 6：继续添加第 2 项条件。设置当单元格的值大于或等于 85 时，改以"蓝色""双线"显示。完成后。

步骤 7：设置好条件格式之后，单击"停止录制"按钮完成宏的录制。

宏录制完成后，保存文件（例如文件名为 Ch03-3.xlsx），这样才会将宏保存起来。

宏录制完成后，可以执行宏。

步骤 1：打开前面建立的 Ch03-3 文件。由于该文件含有制作好的宏，所以打开时系统会提示是否启动宏。

步骤 2：切换至"专案部"工作表，如图 3-59 所示。

	A	B	C	D	E	F	G	H
1	员工训练成绩表							
2	工号	姓名	销售技巧	客户管理	时间规划	解决问题	撰写策划	
3	2201	沈玉玫	70	46	90	80	65	
4	2234	何慧美	65	90	83	74	70	
5	2241	许琪琪	80	75	75	79	83	
6	2243	林文宣	88	64	82	53	71	
7	2248	张义斌	60	88	50	82	63	
8	2250	陈文辉	83	77	70	61	58	
9	2252	黄家明	92	58	68	70	80	
10								

图 3-59　范例（2）

步骤 3：在"视图"→"宏"菜单中选择"宏"命令，选取前面录制好的宏，单击"执行"按钮。宏将帮助我们完成所要做的工作。

请记录：上述各项操作能够顺利完成吗？如果不能，请说明为什么。

_____

3．训练总结

_____

_____

_____

_____

4. 教师评价

_____

_____

阅读与思考：一切皆 IT

Ray Kurzweil 是一名发明家、作家和未来学家，他也是语音和字符识别、阅读技术、音乐合成、虚拟现实和人工智能的先驱。在这些领域，他先后成立了九家公司，其中包括设在麻省坎布里奇市的 Kurzweil 技术公司。他获奖无数，其中包括美国国家技术奖。在他的著作《奇迹将至：当人类超越生物的时候》中，57 岁的 Kurzweil 预言，人类智能最终将与计算机智能融合而无法区分。他还告诉美国的《计算机世界》，这些将如何以及何时出现。

（1）有关人脑逆向工程的想法还是非常遥远的。

时至今日，我们还没有工具能以足够高的分辨率扫描大脑，但至少已有 5 或 6 种扫描新技术，人类第一次能看到大脑生成思想。

我们收集到的大脑数据的数量每年都要翻一番。利用获得特定区域的数据，就能相当快地建立起有关它们的详细数学模型。到 2020 年，我们将拥有大脑所有区域的非常精确的详细模拟，这还是一个保守的预测。

问题是，我们是不是足够聪明能理解自己的智能？这可能就是复杂系统的特点——它们不能复杂到能理解自身。但实际不是这样的。

（2）为什么我们有了湿件（即人脑）还要再造软件的人脑？

它将非常强大，因为我们能把目前人工智能的优势（尤其是模式识别）与机器已经展现的优异方法结合起来。

（3）计算机本身的未来又是什么样的？

一旦超越了摩尔定律，我们将利用三维的分子计算。到 21 世纪 40 年代后期，1 立方英寸的纳管电路将比人脑强 1 亿倍。在软件方面，21 世纪 30 年代，机器将能访问它们自己的源码，并通过一个不断加速的迭代设计周期对其进行改进。因此，最终这些系统将远远比人类更聪明，能将生物和非生物智能的优势结合起来。我并不认为这是机器智能的外来入侵，它是从我们的文明中产生出来的。

很快，图像就将直接写到视网膜。如何制造实际非常小但同时又非常大的屏幕？将屏幕做进眼镜，再将图像直接射到视网膜。

（4）你说计算机将"消失"，这是什么意思？

它们将做进人们的衣服以及进入环境，它们将非常小。人们也将从目前使用的计算机只是网络的连接物（像车轮的辐条）但不是网络的一部分这样的想法，转移到每个设备都是网络上的结点，意思是说，不仅你能收发自己的信息，还要传送别人的信息。它是连续的、自我组织的，因此所有的通信连接都是在寻找最高效的路径。

资料来源：易水，http://www.csai.cn。此处有删改。

3.4　Excel 应用技巧

作为一个传统的办公软件，Excel 的应用近年来得到迅速普及，也积累了丰富的应用技巧，通过网络搜索，可以从这些应用技巧中得到启发，得到提高。

3.4.1　在 Excel 中打印不连续区域的数据

如果遇到一个较大的 Excel 工作表，需要打印其中一些不连续区域的数据，可以按下列步骤操作：

步骤 1：启动 Excel，打开相应的工作簿文件。

步骤 2：调整好需要打印区域的列宽和行高等要素。

步骤 3：按住【Ctrl】键，然后用鼠标分别选择需要打印的单元格区域。

步骤 4：在"文件"菜单中选择"打印"命令，在"设置"下拉列表框中选择"打印选定区域"选项，然后按正常的打印进行操作即可。

3.4.2　快速录入数据，让数量单位自动补全

用 Excel 制作表格时，经常遇到需要在某一列使用同一单位的情况。如果先在第一个单元格输入对应单位的名称，然后用"拖动"的方法使其他行复制这一单位，达到的效果并不尽如人意。

实际上，通过预先设置某一列的格式，可以让这些单位"自动补全"。

这里，以将某一列的单位设置为厘米（cm）为例，最终的效果是在该列任一单元格中输入数字后，按【Enter】键或选中其他单元格时，在输入的数字后会自动补齐"cm"。

步骤 1：运行 Excel，选中需要设置格式的列。右击选中的列，在弹出的快捷菜单中选择"设置单元格格式"命令。

步骤 2：在"设置单元格格式"对话框的"数字"选项卡（见图 3-60）中，选中"自定义"选项，在右侧"类型"文本框中输入"0.00"cm""（不含外侧引号），最后单击"确定"按钮。

图 3-60　设置单元格格式

其中"0.00"表示该列单元格保留两位小数，小数点后面有几个"0"就代表几位小数，可根据需要自行设置。如果是其他单位符号，只要更改英文双引号中的 cm 为相应的字符即可。

经过这样设置之后，在该列单元格中输入数据时，不用再考虑单位问题，直接输入数字即可。

3.4.3 Excel 公式错误值的解决方法

使用 Excel 时经常会遇到一些看起来似懂非懂的错误值信息，例如#N/A!、#VALUE!、#DIV/0! 等，出现这些错误的原因有很多种。下面介绍几种常见的错误及其解决方法。

（1）#####!

如果单元格所含的数字、日期或时间比单元格宽，或者单元格的日期时间公式产生了一个负值，就会产生出错信息#####!。

解决方法：修改列宽。如果使用的是 1900 年的日期系统，那么 Excel 中的日期和时间必须为正值。如果公式正确，也可以将单元格的格式改为非日期和时间型来显示该值。

（2）#VALUE!

当使用错误的参数或运算对象类型时，或者当公式自动更正功能不能更正公式时，将产生错误值#VALUE!。这其中主要原因有 3 点。

① 在需要数字或逻辑值时输入了文本，Excel 不能将文本转换为正确的数据类型。

解决方法：确认公式或函数所需的运算符或参数正确，并且公式引用的单元格中包含有效的数值。例如：如果单元格 A1 包含一个数字，单元格 A2 包含文本，则公式=A1+A2 将返回错误值#VALUE!。可以用 SUM 函数将这两个值相加（SUM 函数忽略文本）：=SUM(A1:A2)。

② 将单元格引用、公式或函数作为数组常量输入。

解决方法：确认数组常量不是单元格引用、公式或函数。

③ 赋予需要单一数值的运算符或函数一个数值区域。

解决方法：将数值区域改为单一数值。修改数值区域，使其包含公式所在的数据行或列。

（3）#DIV/0!

当公式被零除时，将会产生错误值#DIV/0!。在具体操作中主要表现为以下两种原因：

① 在公式中，除数使用了指向空单元格或包含零值单元格的单元格引用（如果运算对象是空白单元格，Excel 将此空值当作零值）。

解决方法：修改单元格引用，或者在用作除数的单元格中输入不为零的值。

② 输入的公式中包含明显的除数零，例如：公式=1/0。

解决方法：将零改为非零值。

（4）#N/A

当函数或公式没有可用数值时，将产生错误值#N/A。

解决方法：如果工作表中某些单元格暂时没有数值，可在这些单元格中输入"#N/A"，公式在引用这些单元格时，将不进行数值计算，而是返回#N/A。

（5）#REF!

当单元格引用无效时将产生错误值#REF!。例如，删除了由其他公式引用的单元格，或将单元格粘贴到由其他公式引用的单元格中。

解决方法：更改公式或者在删除或粘贴单元格之后，立即单击"撤销"按钮，以恢复工作表中的单元格。

（6）#NUM!

当公式或函数中某个数字有问题时将产生错误值#NUM!。

① 在需要数字参数的函数中使用了不能接受的参数。

解决方法：确认函数中使用的参数类型正确无误。

② 由公式产生的数字太大或太小，Excel 不能表示。

解决方法：修改公式，使其结果在有效数字范围之间。

（7）#NULL!

使用了不正确的区域运算符或不正确的单元格引用。当试图为两个并不相交的区域指定交叉点时将产生错误值#NULL!。

解决方法：如果要引用两个不相交的区域，请使用联合运算符：逗号（,）。公式要对两个区域求和，请确认在引用这两个区域时，使用逗号。如果没有使用逗号，Excel 将试图对同时属于两个区域的单元格求和，由于 A1:A13 和 C12:C23 并不相交，它们没有共同的单元格，所以就会出错。

3.4.4　隐藏 Excel 中显示的错误标识

可以通过设置使 Excel 的错误值标识，如 "#DIV/0!" "#N/A" 等，不显示出来。

（1）使用 IF 函数和 ISERROR 函数

例如，要用公式 "=B2/A2" 来计算 B2 单元格除以 A2 单元格所得的商。如果 A2 单元格为零或空值，就会显示 "#DIV/0!" 错误标识。可以将该公式修改为 "=IF(ISERROR(B2/A2),"", B2/A2)"，这样就不会有错误标识出现了。

ISERROR(B2/A2) 的作用是判断 B2/A2 是否为任意错误值。如果是，就返回 True，否则就返回 False。

IF 函数的语法规则是 IF(条件是否成立,条件成立时显示的结果,条件不成立时的显示结果)。所以，上例中=IF(ISERROR(B2/A2), "", B2/A2)其含义就是判断 B2/A2 是否返回错误值，如果是，就不显示任何内容，如果不是，就显示 B2/A2 所得的结果。

（2）使用 IFERROR 函数

与上面的方法相比，IFERROR 函数更为简单。假定仍然计算 B2/A2。把公式写成 "=IFERROR(B2/A2, "")"。那么，如果没有错误出现，就会显示 B2/A2 的结果；如果有错误产生，就不会显示任何内容。

第 4 章

演示文稿制作软件 PowerPoint 高级应用

　　演示文稿制作软件 PowerPoint 已经广泛应用于商业宣传、科学演讲以及各级各类的教学环境中。虽然说 PowerPoint 的技术集中于幻灯片制作与播放这两个环节，但要完成一个优秀的演示文稿，读者仍需积极努力，通过对多媒体技术的理解和应用，着力提高 PowerPoint 演示文稿的开发水平与技巧。

4.1　PowerPoint 制作的提高

　　PowerPoint 软件提供了能将文本、照片、剪贴画、图片、动画和声音结合成一组电子幻灯片的工具，而用户可以在计算机屏幕或投影幕上展示这些幻灯片。热门的演示文稿软件产品包括 Microsoft PowerPoint、iWork Keynote、LibreOffice Impress 和 Google Docs Presentations。

　　演示文稿软件的亮点通常包括：

- 带项目符号的列表，总结演示文稿中的要点；
- 图形，让用户的演示文稿有更丰富的视觉效果；
- 幻灯片间的过渡效果，保持听众的注意力；
- 备注，协助演讲者记住要讲的内容；
- 主题和模板，为用户提供样式专业的幻灯片；
- 转换程序，将演示文稿打包成 PDF 文件和 YouTube 视频。

　　Microsoft Office PowerPoint 是一种演示文稿软件，它可以协助用户独自或联机创建良好的视觉效果。其界面如图 4-1 所示。

　　PowerPoint 具有多媒体支持功能，可以将用户的演示文稿保存到移动存储介质（如 U 盘、光盘）中予以分发，并可在幻灯片放映过程中播放音频流或视频流。PowerPoint 2013 对用户界面进行了改进并增强了对智能标记的支持，可以更加便捷地查看和创建高品质的演示文稿。

　　在设计演示文稿时，用户可以应用设计模板来赋予幻灯片某种外观，包括选择字形、幻灯片背景图像、配色方案、徽标或其他剪贴画，以及幻灯片版式。尽管 PowerPoint 附带了一系列设计模板供用户选用，但用户也可能需要专门的模板来更好地体现个人、组织或特定事件的特点。

　　PowerPoint 的幻灯片母版可以帮助用户高效地更改字体、文本位置以及版式等演示文稿的元素，用户还可以在具有多个设计模板的演示文稿中使用若干个母版。

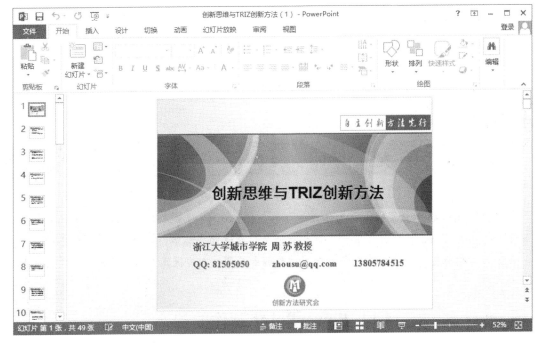

图 4-1　PowerPoint 2013 主界面

4.2　应用幻灯片母版

　　PowerPoint 母版分幻灯片母版、讲义母版及备注母版。母版可用来制作统一标志和背景，设置标题和主要文字的格式，包括文本的字体、字号、颜色和阴影等特殊效果，也就是说，母版用来为同一演示文稿的所有幻灯片设置默认版式和格式。修改母版就是在创建新的模板，如果不想套用系统提供的现成模板，可以自己设计制作一个模板，以创建与众不同的演示文稿。模板是通过对母版的编辑和修饰来制作的。

　　无论何时，为幻灯片应用设计模板的操作都会向演示文稿文件中添加一组母版（包括一个幻灯片母版和一个标题母版），这些幻灯片包含各种样式和后台操作。

　　如果希望某些文本或图形出现在每张幻灯片上，如公司的徽标和名称，就可以将它们放在母版中，这只需编辑一次即可。例如，可以在"视图"选项卡中单击"幻灯片母版"按钮（见图 4-2），在"幻灯片母版"编辑环境中，单击"插入"选项卡中的"图片"按钮，以加入徽标。

　　在母版中加入图片时一定要注意颜色的搭配，因为在母版上插入的除文本框外的对象都会在一组幻灯片上出现，会被看作背景，如果颜色太浓，可能会与前景中的对象出现冲突。

　　插入图片后单击该图片，将出现"图片工具"选项卡（见图 4-3）。母版对象设置完成后，单击"关闭母版视图"按钮，回到当前幻灯片视图中，我们会发现每插入一张新的幻灯片，指定位置都会出现在母版上插入的图片内容。

图 4-2　编辑幻灯片母版

图 4-3　"图片工具"选项卡

当然，还可以给单张的幻灯片设置背景，如果要使个别的幻灯片外观与母版不同，可以直接修改该幻灯片。而且幻灯片上的文字不会遮住背景。这是因为每一张幻灯片都会有两个部分，一个是幻灯片本身，另一个就是幻灯片母版。就像两张透明的胶片叠放在一起，上面的一张是幻灯片本身，下面的一张就是母版。在放映幻灯片时，母版是固定的，更换的是上面的一张。

在进行编辑时，一般修改的是上面的幻灯片，只有在"幻灯片母版"视图中才能对母版进行修改。除了可以修改幻灯片母版外，还可以修改讲义母版及备注母版。

在幻灯片母版中，还可以在幻灯片文本内容的下方添加页脚信息，如日期、时间、编号和页码等。一旦更改了母版，所做的更改将保留在幻灯片放映中。但所应用的设计模板的原始文件保持不变。

4.3　预设和自定义动画

所谓动画，是指给文本或对象添加特殊视觉或声音效果。例如，可以使文本项目符号逐字从左侧飞入，或在显示图片时播放掌声。在 PowerPoint 中，可以使幻灯片上的文本、图形、图示、图表和其他对象具有动画效果，以突出重点、控制信息流，并增加演示文稿的趣味性。

4.3.1　自定义动画

在 PowerPoint 功能区中单击"动画"选项卡（见图 4-4），其中动画方案以效果罗列显示，可以在运行演示文稿的过程中控制项目在何时以何种方式出现在幻灯片上。

自定义动画可应用于幻灯片、占位符（一种带有虚线或阴影线边缘的框，绝大部分幻灯片版式中都有这种框。在这些框内可以放置标题及正文，或者是图表、表格和图片等对象）或段落中的项目。例如，可以将飞入动画应用于幻灯片中所有的项目，也可以应用于项目符号列表中的单个段落。除预设或自定义动作路径之外，还可使用进入、强调或退出选项。同样，可以对单个项目应用多个动画，这样就使项目呈现多种动画效果。

图 4-4　"动画"选项卡

大多数动画选项包含可供选择的相关效果。这些选项包含：在演示动画的同时播放声音，在文本动画中可按字母、字或段落应用效果（例如，使标题每次飞入一个字，而不是一次飞入整个标题）。可以对单张幻灯片或整个演示文稿中的文本或对象动画进行预览。

动画效果为幻灯片上的文本、图片和其他内容赋予动作，此外，还可以起到吸引观众注意力、突出重点、在幻灯片间切换以及通过将内容移入和移走来最大化幻灯片空间等作用。如果使用得当，动画效果将带来典雅、趣味和惊奇。

4.3.2　预设动画方案

添加动画的最简单方法，是使用预设（现成）的动画方案。所谓动画方案，是指给幻灯片中的文本或对象添加预设的一种精致的视觉效果序列，其范围可以从微小到显著，每个方案通常包含幻灯片标题效果和应用于幻灯片的项目符号或段落的效果。若要简化动画设计，可将预设的动画方案应用于所有幻灯片中的项目、选定幻灯片中的项目或幻灯片母版中的某些项目。

动画方案还提供了一致性，相同的动画方案被用于每张幻灯片中可以出现相同的效果。并且，方案不是一成不变的，它易于删除、替换或自定义。

预设动画方案将几类互补的动画效果连接起来，只需应用一个方案就可以得到整个效果。应用动画方案的操作步骤包括单击按钮和从列表中选择方案。单击"动画"选项卡中的"添加动画"按钮，如图 4-5 所示。

图 4-5　预设动画方案

典型的动画方案一般使用的几类效果（可以采用不同的组合）是：

（1）切换，其中幻灯片以擦除或棋盘式图案的效果展示。

（2）进入，如文本淡入或飞入。

（3）强调或变暗。强调通过使文本突出来引起观众的注意；变暗则在继续前进后不再强调项目。

（4）退出。如飞出、淡出、弹出之类。

（5）动作路径，它指定对象运动的路径。如直线、转弯、形状等。

对于项目符号列表，其典型动画方案是使文本一行接一行地进入，并且在新的行进入时使上一行变暗。PowerPoint 中两个这样的方案被称为"淡入和变暗"和"出现和变暗"。

4.4　PowerPoint 中优化图片

在 PowerPoint 演示文稿中插入图片有助于强化主题，突出重点，丰富表达效果，但是，图片会让文件变得很大，我们希望优化图片以减少演示文稿文件所占空间，并减少下载时间。方法是使用"图片工具"选项卡中的"压缩图片"功能。通过该功能提供的选项，可以降低图像分辨率，在不损害质量的情况下进行压缩，丢弃不需要的信息（如图像的裁剪部分），如图 4-6 所示。

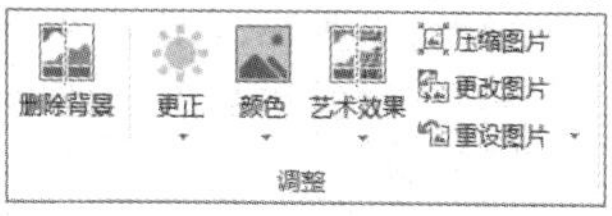

图 4-6　"调整"组

4.4.1　可以优化的图片

只有某些图像类型可以进行优化，并且必须以特定方式将这些图像插入到幻灯片上，以使其可以通过 PowerPoint 进行编辑。不要将图像复制并粘贴到幻灯片中，也不要将其拖到幻灯片中。

（1）使用"图片"命令插入图像，而不是使用复制并粘贴或拖动功能。

使用"插入"选项卡中的"图片"命令，从文件、扫描仪或照相机插入。这样会将图像存储为 PowerPoint 所固有的图像；相反，如果执行复制并粘贴操作，PowerPoint 会将图像视为无法进行优化的对象。

（2）矢量类型图像（如剪贴画）不能进行优化，具有如下文件扩展名：WMF、EMF、CDR 和 EPS 等。

（3）照片非常适合进行优化。可以进行优化的文件类型主要是高分辨率图像，如照片等，包括 PNG、JPEG、TIFF、BMP 和 GIF 等格式。

4.4.2　分辨率和压缩

当在"图片工具"选项卡中单击"压缩图片"按钮时，屏幕上显示对话框如图 4-7 所示。

（1）针对"电子邮件"将分辨率优化为 96 点/英寸（ppi）。

（2）针对"打印"将分辨率优化为 220 ppi。

（3）针对"屏幕"显示将分辨率优化为 150 ppi。

更改分辨率可能影响图像质量。在降低图像分辨率之后，可在"幻灯片放映"模式下观察图像，如果对降低以后的分辨率不满意，可在普通视图中选择该图片，并使用"图片工具"选项卡中的"重置图片"按钮恢复原始分辨率。

图 4-7　压缩图片

思 考 题 4

1. PowerPoint 是什么？
2. "幻灯片"选项卡的功能是什么？
3. 在 PowerPoint 中，创建演示文稿的五种不同方法是什么？
4. 为什么创建演示文稿常用到模板？
5. 什么是主题？
6. 上移一层和置于顶层有何区别？
7. 为何要将形状组合？
8. 在演示文稿中为何常使用 SmartArt 图形？
9. 如何创建幻灯片母版？
10. 如何隐藏指定幻灯片中的图形？
11. 如何对演示文稿中的幻灯片进行自动编号？
12. 如何在演示文稿中的每一张幻灯片上插入自动更新的日期？
13. 如何在幻灯片版式上插入占位符？
14. 如何添加动画？
15. 可以添加到对象上的四种自定义动画效果是什么？
16. 如何添加强调动画？
17. 什么是动作路径？
18. 如何添加任意多边形动作路径？
19. 如何为动画添加声音文件？
20. 在讲义上最多可以打印多少张幻灯片？
21. 如何将切换效果应用到全部幻灯片？
22. 如何从文件插入影片？
23. 如何创建自定义放映？
24. 如何停用鼠标单击切换幻灯片？

能力训练 4

本节"能力训练"的目的是：
① 熟悉 PowerPoint 多媒体设计的基本概念与主要内容。
② 熟悉演示文稿的制作和应用技巧，掌握 PowerPoint 多媒体制作工具软件的基本应用能力。

1. 工具/准备工作

在开始本训练之前，请回顾教科书的相关内容。

需要准备一台安装有 Microsoft PowerPoint 2013 软件的计算机。

2. 训练内容与步骤

（1）PowerPoint 作品欣赏与分析

《新加坡的多元化民族》（见图 4-8）是新加坡的廖秋燕同学在中国进修时创作的 PowerPoint 多媒体作品，作品篇幅不大（18 张幻灯片），但内容丰富，表现生动。从颇具代表性的语言、音乐、风俗、服饰和饮食等方面分别介绍了由华人、印度人、马来西亚人和其他民族组成的新加坡多民族社会。

下面从内容组织、多媒体处理等方面来学习和欣赏 PPT 作品《新加坡的多元化民族》。

① 内容组织。如图 4-8 所示，作品的全部幻灯片分成以下各部分：

- 封面：第 1 页。
- 引言：第 2 页，新加坡民族的基本组成。
- 华人：第 3～6 页。
- 印度人：第 7～10 页。

（1）

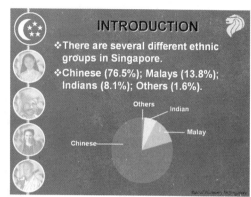

（2）

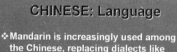

（3）

（4）

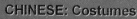

（5）

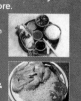

（6）

图 4-8　PPT 作品《新加坡的多元化民族》

（7）

（8）

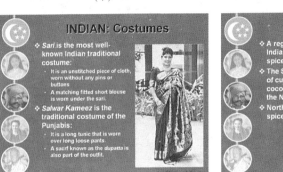

（9）　　　　　　　　　　　　　　（10）

（11）

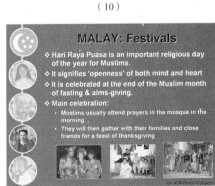

（12）

（13）

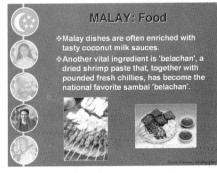

（14）

图 4-8　PPT 作品《新加坡的多元化民族》（续）

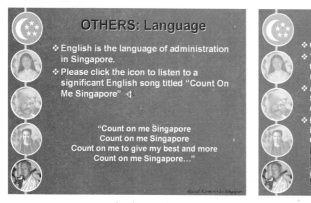

（15）

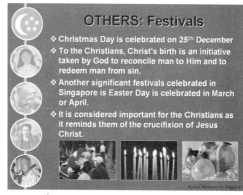

（16）

（17）

（18）

图 4-8　PPT 作品《新加坡的多元化民族》（续）

- 马来人：第 11～14 页。
- 其他民族：第 15～17 页。
- 结束页：第 18 页。

② 内容链接。启动 PowerPoint 软件，运行该作品，播放至第 2 页，这一页实际上是一个主菜单。

- 幻灯片左侧的 5 个图标中，有 4 个图标可以分别链接到作品对应的各个部分。除了第一张封面幻灯片外，其余各张幻灯片均有此功能。
- 第 2 页幻灯片右上方的图标设置了至结束页的超链接。

请分析：

a. 各张幻灯片左侧的图标是用来实现链接还是仅用于提示？

b. 如何实现图标上蒙罩的虚化功能（对象的半透明）？

c. 如何设置超链接功能？

- 请在 PowerPoint 的“幻灯片浏览”视图中观看第 2、6、10、14、17 页。

步骤 1：打开幻灯片文件“新加坡的多元化民族”。

步骤 2：单击 PowerPoint 屏幕左下角的"幻灯片浏览视图"按钮，在排列的幻灯片中单击上述幻灯片之一，再在"幻灯片浏览"选项卡中单击"切换"按钮。

步骤 3：在屏幕右侧出现的"幻灯片切换"窗格中，你会发现"换片方式"栏的"单击鼠标时"项没有被选中。

请分析：此项设置的意义何在？

_____

_____

③ 内容特点。请观察分析，作品"新加坡的多元化民族"是通过哪些内容来表现各民族的不同特点的。

_____

_____

④ 声音效果的处理。在幻灯片第 3、7、11、15 页中，你会发现其中加入了音乐对象。

步骤 1：打开幻灯片文件"新加坡的多元化民族"。

步骤 2：以"普通视图"方式显示第 3 张幻灯片（以此为例），以右击该幻灯片中的声音对象（喇叭图标），选择快捷菜单中的"编辑声音对象"命令，屏幕上显示"声音选项"对话框。

可以通过"声音选项"对话框来了解声音的有关信息。注意，以插入方式加入的声音文件（一般适用于 MP3 和 MID 文件）需要保持该文件所处的存储位置不变。

步骤 3：返回幻灯片，如果在编辑状态双击该声音图标不能正常播放，则通常是因为文件查找路径有问题，可以重新查找和插入该声音文件。

请分析：该作品中的声音对象能正常播放吗？如果不能，请查明原因并改正。

_____

⑤ 其他特点。通过对作品《新加坡的多元化民族》的观察分析，你还有哪些感兴趣的功能？

_____

_____

你感觉该作品存在哪些问题？

_____

_____

（2）自选项目 PowerPoint 多媒体制作

自选内容主题，用 PowerPoint 作为多媒体开发工具，制作一个 PowerPoint 多媒体作品。制作过程中请注意以下要求：

① 为该作品建立一文件夹，保存与之相关的所有素材和文件等。作品以源文件（PPT）形式保存，并为作品正确命名。

你作品的名字是：_____

② 加入作品的视频文件应保存在作品文件夹中。如果 PPT 文件中的音乐对象是利用 PowerPoint 的"插入"功能加入的，则该音乐素材文件也应该保存在作品文件夹中。

③ 设计中注意作品的科学性（不出现逻辑错误）、教育性（有利于理解）、艺术性（画面美观，声音清晰）和技术性（操作简便、合理应用超链接等功能）。

④ 编写说明文件（PPT_Readme），保存为 .txt 或者 .doc 格式。在 Readme 文件中简单说明作品的制作思路，所用软件工具的版本信息，使用中的操作须知（如果有的话），制作人的专业、班级、学号和姓名等信息，以及作品制作中的收获和体会。

请记录：请简单描述你在操作过程中所遇到的问题（如果有的话）。

3. 训练总结

4. 教师评价

阅读与思考：鼠标之父、人机交互大师——恩格尔巴特

图 4-9　道格·恩格尔巴特

计算机奇才道格·恩格尔巴特（Douglas Engelbart，见图 4-9）是"人机交互"领域的大师。自 20 世纪 60 年代初以来，他在人机交互方面做出了许多开创性的贡献。他一生研究计算机，憧憬着建造一套可以为人类增加智慧的计算机。他出版著作 30 余本，并获得 20 多项专利，其中大多数是今天计算机技术和计算机网络技术的基本功能。虽然他发明的视窗、文字处理系统、在线呼叫集成系统、共享屏幕的远程会议、超媒体、新的计算机交互输入设备、群件等已经遍地开花，却很少有人提及他。人们提起他，仅仅是因为他创造发明的一个边角料：鼠标。如今数亿只鼠标遍布全球，而这位鼠标之父却仍然默默无闻。

被忽略的天才

1968 年，旧金山秋季联合计算机会议（FJCC），恩格尔巴特的演示震惊了同行。他利用远在 25 英里之外的一台仅仅是 192 KB 的原始大型机，将鼠标这项发明集成在一起。当时，"鼠标"被很雅致地称为"显示系统的 X-Y 位置指示器"。

恩格尔巴特的发明太超前了。直到 1984 年，苹果 Mac 的推出才让鼠标流行起来。Windows 95 取得巨大成功后，证明了恩格尔巴特原始视窗的概念是多么英明。1996 年 6 月，比尔·盖茨对恩格尔巴特开拓性的研究大加赞扬。著名的 *Byte* 杂志将其列入对个人计算机发展最具影响的 20 人之列，并评价说："将他比作爱迪生并不牵强"，"无法想象没有恩格尔巴特，计算机技术将会怎样"。

寻梦之路

恩格尔巴特 1925 年 1 月 30 日生于俄勒冈州的波特兰市。1942 年，他考上俄勒冈州立大学，次年应征入伍，进入海军，从事雷达工作。

1945 年夏末，日本刚刚投降，20 岁的恩格尔巴特是美国海军雷达技术员。一个闷热的日子，他踱进红十字会图书馆。里面安静、凉爽，在那里他邂逅了 Vannevar Bush 的文章。这是有关将信息处理技术用于扩大人类记忆和思想的论文。从此，一个梦想植入他的大脑。

战争结束后，他续完学业。1948 年获俄勒冈州立大学的电机工程学学士学位，毕业后去旧金山的阿梅斯实验室（美国国家宇航局 NASA 的前身）当了三年电气工程师，期间没有很大收获，却认识了一个人，并成为他的妻子。就在订婚的那个星期一，　恩格尔巴特突然意识到他的

三个目标：一个学位、一份工作、一个妻子，全部都实现了。他成了一个没有目标的人。他在路上认真思考：这一生还剩下 550 万分钟的工作时间，有什么事值得他投入呢？

1951 年，他着手设计基于计算机的问题解决系统，试图通过机器增加人类的智慧。这一工程一拉开，他就沉迷于其中。

开始造梦

1951 年，恩格尔巴特辞去工作，进入加州伯克利大学的研究生院。这里正在建造最早的冯·诺依曼架构的计算机。这时他开始注意到，人们不但不懂他所谈论的东西，而且一些科学家对他极度不友好。但这位年轻人仍表示质疑："我们造出了计算机，但我能用他教导别人吗？我能给它挂上键盘让人和计算机相互交流吗？或者让它教人打字？"这些问题如果讲给学心理学的人听，或许不错，但工程人员却认为莫名其妙。

1955 年拿到博士头衔后，恩格尔巴特又在斯坦福研究所工作，他还想继续实施他的梦想，但系里没有人愿意听他谈论远大计划。年轻的恩格尔巴特不得不重新踏入社会，去寻找新的机会，使他能够做成可以增加人类智慧的电子系统。他带着自己奇妙的想法去推销自己。HP 创始人威廉·雷丁顿休利特（William Redington Hewlett）、戴维·帕卡德（David Packard）和公司研发负责人巴尼·奥利弗（Barney Oliver）对恩格尔巴特的计划非常热心，协议达成了。恩格尔巴特兴高采烈地驾车回家。走到半路，恩格尔巴特典型的风格又发作了。他停车找到电话亭，给 Oliver 打电话，说下午谈论的建议只是向数字电子的一个过渡，他认为象 HP 这样的电子仪器公司，最好的路是全面迈向数字技术和计算机。Oliver 说 HP 还没有做计算机的计划。恩格尔巴特就说："很抱歉，我得去寻找数字的道路。"满怀鸿鹄之志的他就这样取消了刚刚与 HP 达成的协约，继续寻找他的理想之地。

1957 年 10 月，苏联人造卫星上天，让美国人大为吃惊，对前瞻性的科研也突然重视起来。一天，恩格尔巴特忽然得到一个机构的邀请。这就是斯坦福研究学院（SRI），他们对计算机在科学、军事和商业应用方面的长远研究深感兴趣。

恩格尔巴特对面试的人谈论了能与人相互交流的计算机构想。

"这些内容你跟多少人谈过？"那人问。

"还没有，你是我告诉的第一个人。"他回答。

"好，现在你不要再告诉别人。这个设想听起来很离奇，会引起别人的反对。"

于是，恩格尔巴特闭上了嘴。这样工作了一年半，他又蠢蠢欲动，想把他的设想付诸书面。他向主管谈了他的打算，虽遇到点阻力，但最后居然通过了。美国空军的科研部给他提供了一小笔经费。恩格尔巴特终于可以着手他的研究了。但是他孤军作战，没有人可以交换想法。1962 年，他终于写成了文章，并于 1963 年发表，这篇论文的题目是"增加人类智慧的概念性架构"。

自然，人们对恩格尔巴特的构想和工作了十年的概念性框架毫无反应。但还是吸引了几个人的注意。一代伯乐——NASA 掌管部分研究经费的鲍伯·泰勒（Bob Taylor）是其中之一，他没有被恩格尔巴特超前的设想所吓到，并为他的项目提供了最早的资金资助。还有另外一个人也能理解他的设想，这就是刚刚进入 ARPA 的 Licklider。他们都对恩格尔巴特被主流计算机界所忽视的设想十分感兴趣。

1964 年，鲍伯·泰勒告诉恩格尔巴特和 SRI，NASA 准备投入 100 万美元的启动资金开发新的分时计算机系统，其中每年有 50 万美元用来支持恩格尔巴特的"智慧增加"项目的研究。对恩格尔巴特来说，可谓恰逢其时。此时他的概念性框架已经完成，所需的技术也已具备，下一步就是组建班子，建造第一台样机。恩格尔巴特的"增智研究中心"（ARC）立马红火起来。十年中，有几十位天才般的人物为恩格尔巴特的梦想工作后，成为其他大学和研究机构的项目领导人。

鼠标之父

鼠标最早于 1963 年开始研究，早期的鼠标只是一个其貌不扬的纯机械结构的小木盒（见图 4-10），精度低，反应迟钝，且功能极其有限。1967 年 6 月 21 日，恩格尔巴特为他的显示系统用 "X-Y 定位器" 申请了专利，为了这种装置，他已冥思苦想、辛勤工作了十几年。发明的目的不是赚钱或制造产品，恩格尔巴特希望 "找到更好的方式，让人们共同使世界变得更美好"。Netscape 通信公司的创始人之一马克·安德森（Marc Andreessen）这样谈及恩格尔巴

图 4-10　木质鼠标

特及其同事："恩格尔巴特那样的发明家最大的与众不同之处在于，他们心目中最注重的是对人类的影响，这是一种今天不复存在的社会理想主义。"

随着 Windows 操作系统的不断普及和升级，鼠标作为计算机一个最不起眼的输入设备身价陡升，在某些场合它的重要程度甚至超过了键盘。鼠标从发明之初的一个木盒子向着实用和多功能的方向不断发展。经过几十年的发展，鼠标科技得到了长足的进步，出现了光学式、光机式鼠标，轨迹球、特大轨迹球，以及衍生到笔记本式计算机上的指点杆和手指感应式鼠标，还有红外线鼠标等等，鼠标家族可谓人丁兴旺，并且向着多功能、多媒体、符合人体工程学的方向继续发展。

恩格尔巴特的功绩终于得到公众的承认，他受之无愧。1997 年，恩格尔巴特荣获麻省理工学院颁发的 50 万美元莱梅尔逊奖（Lemelson-MIT Prize），这是为美国人的发明和革新技术颁发的现金数额最大的奖金。

资料来源：方兴东等，新浪科技（http://tech.sina.com.cn），有删改。

第5章

绘图工具 Visio

作为一个功能强大、使用方便的工程图形绘制软件，Visio 是微软 Office 家族的后起之秀。如今的 Visio 软件，不仅独立工作能力强，也能很好地与 Office 家族的其他软件协同作业、整合应用，是办公应用的重要工具软件。

5.1　Visio 与工程绘图

Visio 系列产品大约从 1990 年开始研发，它秉承了"模块化"和"可重用性"的设计思想，通过提供许多应用领域的基本图形模块，允许用户通过拖放图件来组合出自己所需要的图形，使用十分简单，大大简化了用户的工作。1995 年，这家研发 Visio 软件的公司干脆更名为 Visio，并于同年完成了上市。

1999 年，Microsoft 以股票交易方式并购了 Visio 公司，不久之后，便推出了新版本的 Visio 软件。至此，和大家熟悉的 Word、Excel、PowerPoint、FrontPage、Access 等软件一样，Visio 也成为 Microsoft Office 家族的一员，得到了 Microsoft 强大的技术支持。目前，Visio 的最新版本是 2013 标准版和专业版。

在目前已有的各类绘图软件中，Visio 是建立流程图、组织图、日程表、行销图、布置图等各种图形图表最快速、最简便的工具之一。Visio 带有一个绘图模板集，包含了用于各种商业和工程应用的符号。其中的软件和系统开发模板提供了流程图、数据流图、实体–联系（E–R）图、UML 图及其他许多图形符号。模板提供了一个用于存储图表元素的定义和描述信息的有限资料库，并且这些模板还在不断地补充和发展中，其使用范围也将越来越广泛。

Visio 软件的核心功能包含了智慧图元技术、智慧型绘图和开发式架构，它的最大特色就是"拖放式绘图"，这也是 Visio 与其他绘图软件的最大区别之处。用户只需用鼠标把相应的图件拖动到绘图页中，就能生成相应的图形，可以对图形进行各种编辑操作。通过对大量图件的组合，能绘制出各种图形。

说 Visio 功能强大，是由于它不但能绘制各种各样的专业图形，还可以绘制丰富的生活图形，无论是办公用户还是工程技术人员，都可以用它来绘制自己的图形，包括程序流程图、工艺流程图、企业机构图等。

Visio 提供的模板包括：

- Web 图表
- 地图
- 流程图
- 软件
- 电气工程
- 工艺工程
- 数据库
- 图表和图形
- 机械工程
- 建筑设计图
- 网络
- 项目日程
- 框图
- 灵感触发
- 业务进程
- 组织结构图

图 5-1 显示了其中的"软件"和"网络"模板选项，用户也可以根据自己的需要建立个性化的新模板。因此，Visio 的应用范围几乎是没有限制的。

（a）"软件"模板　　　　　　　　　　　　　　　　（b）"网络"模板

图 5-1　Visio 的模板

Visio 与 Microsoft 的 Office 系列软件等有着很好的整合性，同时，用户也可以轻松地利用局域网和 Internet 来分享他们的图表，沟通想法等。

Visio 的安装过程十分简单，并且不同版本的安装过程大同小异，其间需要输入作为产品密钥的产品序列号。安装过程中，Visio 安装文件被复制到硬盘上，安装完成后可删除这些文件，以节省磁盘空间。

5.2　Visio 的文件类型

Visio 文件主要有 4 种类型，即绘图文件、模具文件、模板文件和工作环境文件。

（1）绘图文件（.vsd）：用于存储绘制的各种图形。一个绘图文件中可以有多个绘图页，它是 Visio 中最常用的文件。

（2）模具文件（.vss）：用来存放绘图过程中生成各种图形的"母体"，即形状（图件）。Visio 自带了大量对应于不同绘图场合的模具文件，给绘图带来了很大的方便。用户还可以根据自己的需要，生成自己的模具文件。

（3）模板文件（.vst）：同时存放了绘图文件和模具文件，并定义了相应的工作环境。Visio 自带许多模板文件。用户可以利用 Visio 自带的或者自己生成的模具文件，对操作环境加以改造，进而生成新的模板文件。

（4）工作环境文件（.vsw）：用户根据自己的需要将绘图文件与模具文件结合起来，定义适合个人的工作环境，生成工作环境文件。该文件存储了绘图窗口、各组件的位置和排列方式等。在下次打开时，可以直接进入预设的工作环境。

此外，Visio 还支持其他多种格式的文件，可以在 Visio 的打开或保存操作中使用这些文件类型。

5.3 Visio 的工作环境

Visio 的工作环境包括工作窗口、菜单、工具栏、定位工具及帮助等内容。

5.3.1 工作窗口

根据所打开 Visio 文件的不同，工作窗口也会有所差异，但其基本样式类似。图 5-2 是一个新建的 Visio 基本框图的工作窗口。

- 功能区：可以快速执行各项功能和操作。
- 绘图页面：相当于一张图纸，可以在它上面生成并编辑图形。一个绘图文件可以产生多个绘图页面，可以通过页面标签来切换。
- 网格：在绘图时对图形的位置进行校正，但打印时一般并不显示。
- 标尺：用于对图形进行更为精确的定位。
- 绘图窗口：相当于一个工作台，在上面放置绘图页面等其他组件。
- 形状（也称图件）：是 Visio 中最核心的部分。通过鼠标的拖放而在绘图页面中产生对应的图形副本。将鼠标指针在图件上停留片刻，可以看到对该图件的注释，即对该图件功能和使用范围的说明。
- 模具：存放各种图件的仓库。

图 5-2 Visio "基本框图" 的工作窗口

5.3.2 视图的调整

主要依靠功能区中的 "视图" 选项卡来实现。视图调整中常见的操作包括：

（1）缩放操作：利用该操作可以调整页面的显示比例，以便更有效地进行绘图操作，且该功能改变的只是页面在屏幕上的显示效果，对实际大小并无影响。

（2）显示方式调整：当有多个文件同时打开时，可以用"全部重排"和"层叠"等排列方式来显示视图。

5.3.3　任务窗格

在"视图"选项卡中单击"任务窗格"按钮，Visio 的任务窗格功能主要有形状、形状数据、平铺和缩放、大小和位置等。

思 考 题 5

1. 下面关于 Visio 中的形状的说法哪一个是正确的？（　　　）

　　A. 必须从头开始创建形状

　　B. Visio 形状已经制作好了，用户不必自己制作

　　C. Visio 中已经制作好了一些基本形状，但如果确实需要某些细部形状（例如，一个计算机设备的形状），则需要自己制作

　　D. Visio 标准版不提供已经制作好的形状，但 Visio 专业版提供

2. 可以使用 Visio 将图表中的数据和形状关联起来。这种数据被称为什么？（　　　）

　　A. 自定义属性　　　　　B. 特殊数据　　　　C. 形状数据　　　D. 数据属性

3. 当在形状上输入文本时会发生什么情况？（　　　）

　　A. Visio 会询问要使用哪种字体，然后推荐一种字号

　　B. Visio 会放大

　　C. "文本"对话框会打开。可以在该对话框中指定字体、大小和其他设置格式的选项

　　D. Visio 会将形状移动到文本所在的位置

4. 使用以下哪种工具给形状添加连接符？（　　　）

　　A. 连接线工具　　　　B. 连接符工具　　　C. 线条工具　　　D. 指针工具

5. 大多数 Visio 模板是什么样的？（　　　）

　　A. 模板是用户可以在 Visio 中打开的文件，其中包含了预先制作好的图表。要做全部工作就是填空

　　B. 模板是一种图表类型，模板在打开时会提供一些创建特定图表所需的模具和设置

　　C. 模板是可以拖动到绘图页上的形状的集合

　　D. 模板是可以反复使用的主控形状

6. 什么是 Visio 模具？（　　　）

　　A. 模具是"形状"窗口中提供的形状的集合

　　B. 模具是可以拖动到绘图页上的预先制作的形状

　　C. 模具是可以在 Visio 中打开的包含已经创建的图形的文件。要做全部工作就是填空

　　D. 模具是可以使用任何所需颜色填充的剪样形状

7. 什么是"形状"窗口？（　　　）

　　A. "形状"窗口是包含模板的窗口

　　B. "形状"窗口是包含模具的窗口

　　C. "形状"窗口是包含模板和模具的窗口

　　D. "形状"窗口是包含成形工具的窗口

能力训练 5

本节"能力训练"的目的是：

① 了解 Visio 工具软件的功能特色、安装过程、工作环境和基本操作等各方面的基本知识。

② 掌握应用 Visio 工具绘制软件开发图形的基本操作。

1．工具/准备工作

在开始本训练之前，请回顾教科书的相关内容。

需要准备一台安装有 Microsoft Visio 2013 软件的计算机。

2．训练内容与步骤

本训练中，以 Microsoft Visio 2013 中文版为例，来学习 Visio 的工作界面和基本操作。

【训练 1】Visio 操作界面。

练习：

① 操作并熟悉 Visio 的工作窗口。

② 分别新建几个绘图文件，调整并观察它们的显示方式。

③ 打开并观察三个任务窗格。

【训练 2】功能区。

Visio 的功能区提供了各种绘图命令，包括文件、开始、插入、设计、数据、进程、审阅和视图等 8 个选项卡。通过菜单操作，可以完成几乎所有的图形编辑功能。

Visio 为每个菜单项提供了对应的工具选项，利用它们可以完成对绝大多数对象的操作。

练习：

① 观察和熟悉功能区中的各个命令。

② 观察和熟悉与各选项卡。

【训练 3】定位工具。

作为一种绘图软件，提供必要的工具以进行精确定位是非常重要的。Visio 提供了多种定位工具，主要有标尺、网格、参考线和连接点等四种。可以在"视图"选项卡找到这些工具。

① 标尺：分为垂直标尺和水平标尺两种，分别位于绘图窗口的左侧和上方。标尺的单位可以根据需要，在"设计"选项卡的"页面设置"组中，单击其右下角的按钮，在"页面设置"对话框"页属性"选项卡（见图 5-3）的"度量单位"下拉列表框中进行修改。

图 5-3　设置"页属性"

默认情况下，水平标尺和垂直标尺的坐标零点都位于绘图页面的左下角，而绘图窗口左上角处水平标尺和垂直标尺相交的位置称为"辅助点"，在按住【Ctrl】键的同时，用鼠标拖动"辅助点"，可以改变标尺坐标零点的位置；而双击"辅助点"，可以将坐标原点恢复成默认值（即绘图页面的左下角处），如图 5-4 所示。

② 网格：在绘制图形时网格是必不可少的，它的作用是对齐对象，使图形的整体效果整齐美观。网格只是起到辅助绘图的作用，在实际打印时一般并不出现。

网格的格式设置如网格线的粗细、间距等，可以通过在"视图"选项卡的"显示"组中，单击其右角的按钮，在"标尺和网格"对话框（见图 5-5）中进行修改。

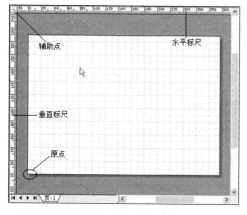

图 5-4　标尺的坐标原点和辅助点

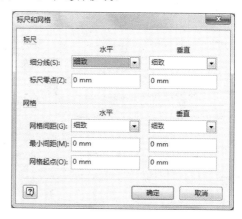

图 5-5　"标尺和网格"对话框

③ 参考线（定位导线）：同样也用于帮助对齐各种图形。与网格不同的是，参考线可以在绘图窗口中随意创建和移动，而且在移动参考线时，所有和它对齐的图形也将随之移动。

将鼠标指针置于水平或垂直标尺上，当形状变为双箭头时，按鼠标左键并拖动，参考线就会自动产生并随鼠标移动。参考线平常为蓝色虚线，而在被选中时变为绿色粗实线。

若在"辅助点"处开始进行拖动操作，最终将会产生一个小型的十字参考线——辅助点。选中参考线，再按【Delete】键即可将其删除。

④ 连接点：这是 Visio 的最大特色之一。Visio 的图形一般都有若干连接点，利用这些连接点，不但可以准确定位，而且通过连接点的"粘合"操作，还能将多个图形连为一体，相当方便快捷。

在 Visio 中，连接点可以根据实际需要随意增加、移动和删除。

练习：使用标尺、网格、定位导线和连接点、体会它们的定位功能。

【训练 4】文件操作。

文件操作通常包括新建、打开、保存和打印等。Visio 中的文件操作同其他软件相比有一定差别。

① 新建文件。在每次进入 Visio 程序时，首先看到的都是模板选择窗口，如图 5-6 所示，按类别列出了 Visio 提供的适用于各种场合的绘图模板。选择新建绘图文件要使用的模板，双击它便可以生成一个新的基于该模板的绘图文件。若不想使用任何现成模板，直接单击"空白绘图"模板即可。

② 打开文件。进入 Visio，在"文件"菜单中选择"打开"命令，可以在"打开"对话框中选择已经存在的 Visio 文件、打开文件的类型等，选定后，单击"打开"按钮即可。

③ 保存文件。在"文件"菜单中选择"保存"命令，或者直接单击快速访问工具栏中的"保

存"按钮,都可以保存文件。如果是第一次保存文件,会弹出"另存为"对话框。

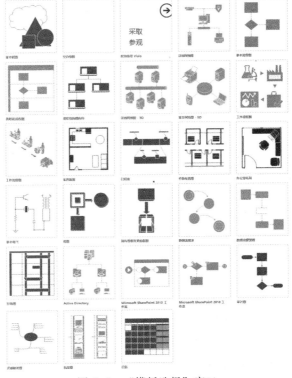

图 5-6 "模板选择"窗口

【训练 5】绘图页面操作。

Visio 为绘图页面提供了强大的编辑功能,利用它们可以完成绘图页面的打印格式、页面设置、绘图页的增加和删除以及背景页的生成等各种操作。

① 页面属性设置。在绘图文件打开的状态下,可以对绘图页面的属性进行设置。在"文件"菜单中选择"打印"命令,在"打印"界面下方进一步单击"页面设置"选项,将弹出"页面设置"对话框(见图 5-7),可在其中进行"打印设置""页面尺寸""绘图缩放比例""页属性"和"布局和排列"等选项操作。

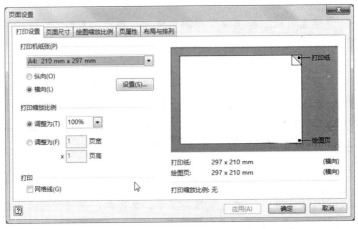

图 5-7 "页面设置"对话框

② 增加新绘图页。当建立一个新的绘图文件时，Visio 已经自动生成了一个新的绘图页，将其命名为"绘图 1"并显示在"页面标签"中。每个绘图文件都可以包含多个绘图页，在每个绘图页中都可以绘制各自的图形。

为增加新的绘图页，可右击绘图窗口下方的"页面标签"，在快捷菜单中选择"插入"命令，此时，将弹出"页面设置"对话框，可在其中设置新绘图页的各项属性，如类型、名称等，当然也可以使用系统默认值，然后单击"确定"按钮即可。

③ 删除绘图页。为删除某个绘图页，可右击绘图窗口下方的"页面标签"上该绘图页上在快捷菜单中选择"删除页"命令即可。

④ 重命名绘图页。右击要重命名的绘图页的"页面标签"，在弹出的快捷菜单中选择"重命名页"命令，可对绘图页名称进行修改。

⑤ 背景页操作。在绘图文件中加入背景页，可以使图形显得更加美观和专业。生成背景页有多种方法，最简单的方法是利用 Visio 提供的"背景"模具。

当打开 Visio 程序时，就是使用某个模具来建立新文件，"背景"模具一般是自动打开的；如果"背景"模具没有自动打开，则可以在"设计"选项卡中单击"背景"按钮。单击"背景"模具中任意一个图件即可设置到绘图页面上。

类似地，可以进行删除背景页的操作。但需要注意的是，在删除背景页之前，需要先将其从所有以它为背景的绘图页面中移除，否则会出现警告对话框，且不能完成背景页的删除操作。

⑥ 页眉与页脚的设置。与 Office 系列的其他软件一样，Visio 的页眉和页脚也是给绘图页面编上页码，加入作者、日期和文件名称等各种附加信息，使得打印出来的图形更美观、更专业和方便读者阅读。页眉与页脚的设置方法是：在"打印"界面单击"编辑页眉和页脚"命令，在弹出的"页眉和页脚"对话框中输入内容即可（见图 5-8）。

图 5-8 编辑页眉和页脚

⑦ 其他设置。Visio 还允许对它的其他一些功能进行设置。这些功能设置主要集中在"选项"对话框中。在"文件"菜单中选择"选项"命令，可在对话框的不同选项卡中对不同类型的功能进行相应的设置。

【训练 6】制作第一个 Visio 图形。

在初步了解 Visio 的基础上，我们制作第一个 Visio 图形，即一个演示程序运行步骤的流程图。

步骤 1：启动 Visio，选择"基本流程图"模板，进入新建文件窗口。Visio 自动启动相关模板，并生成新的空白绘图页。可以看到，窗口左侧是绘图模具，里面放置了绘图所需的大量图件。

步骤 2：在模具中选中一个图件，将其拖放到绘图页面上的合适位置。

步骤 3：重复上述拖动步骤，将进程、判定、顺序数据和终结符等图件拖入页面中并排列，如图 5-9 所示。

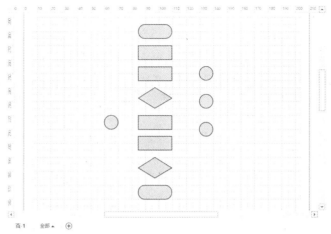

图 5-9　拖动图件构成流程图的基本框架

步骤 4：单击"工具"组中的"连接线"按钮，将鼠标移动到第一个要连接图形的连接点附近，当连上图形时，在连接点处会出现红色方框，表示连接线和连接点已经连上了。

步骤 5：按住鼠标左键，移动到下一个图形的连接点上，待出现红色边框时释放鼠标，此时完成了两图形间的连接。

步骤 6：重复上述步骤，完成其他图形之间的连接，如图 5-10 所示。

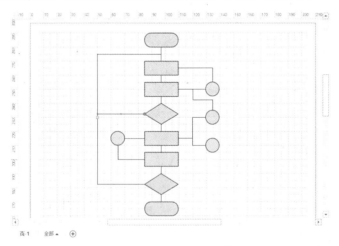

图 5-10　完成流程图的连接

步骤 7：所有图形连接完毕后，单击"工具"组中的"指向"按钮，退出连接状态，恢复到鼠标选取状态。

步骤 8：接着进行线型设置。单击要改变线型的连接线将其选中（若要同时选择多条连接线需在按住【Shift】键的同时进行选取），然后单击"形状样式"组中的"线条"按钮选择线型。

步骤 9：在第一个图形上双击，进入文字编辑模式，输入文字"开始"。如果对文字的字体和大小不满意，可以先将文字选中，然后在"字体"组中选择字体和字号。

步骤 10：重复上述步骤，在图形中输入其他文字。连接线上的文字也可以通过双击连接线进入文字编辑模式来输入。

至此，流程图基本制作完成，为了显得更加美观和专业，还可以给它加上背景页以及页眉和页脚等。

步骤 11： 保存文件。

请记录：

① 操作能够顺利完成吗？如果不能，请说明为什么。

_____

② 请简单描绘此时你对 Visio 工具的使用感受，与你使用过的其他绘图工具相比，有什么方便之处：

_____

_____

【**训练 7**】Visio 应用实践。

通过上述操作，可以对制作一份 Visio 绘图文件，需要经过的主要步骤归纳如下：

① 选择合适的模板建立绘图文件。

② 从模具中向绘图页拖入图件形成图形。

③ 用连接线工具将相互间有关系的图形连接起来。

④ 为图形和连接线加上适当的文字说明。

⑤ 对绘图文件进行美化处理。

⑥ 保存绘图文件。

请根据已经取得的操作经验，制作一份程序流程图，如图 5-11 所示。请注意体会整个过程中对文件和绘图页面的各种操作，并注意总结绘制过程中经历了哪些主要步骤。

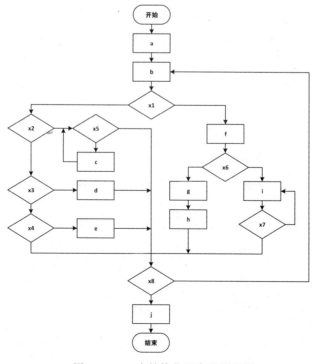

图 5-11　一个结构化程序的流程图

请记录：

① 流程图绘制操作能够顺利完成吗？如果不能，请说明为什么。

_____

② 请按以下文件名格式保存该文件，并以电子邮件方式交给指导老师：

<班级>_<学号>_<姓名>_程序流程图.vsd

【训练8】 绘制基本网络图。

下面通过绘制基本网络图和详细网络图来进一步熟悉 Visio 的专业绘图操作。

使用基本网络图的人员和方式主要有：

① 网络管理员：以图解的方式介绍企业网络的高级视图。

② 网络经理：显示产品在组织内的分布状况。

③ 网络用户：查找要连接的打印机、复印机和其他设备。

Visio 的"基本网络图"模板和形状位于"网络"文件夹中。启动 Visio，在"网络"类别中单击"基本网络图"绘图类型，参照图 5-12 绘制一基本网络图。

图形绘制完毕，请按以下文件名格式保存该图形文件，并以电子邮件方式交给指导老师：

<班级>_<学号>_<姓名>_基本网络图.vsd

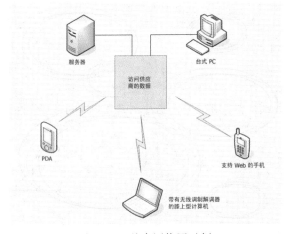

图 5-12　基本网络图示例

【训练9】 绘制详细网络图。

使用详细网络图的人员和方式主要有：

① 网络经理：排除网络连接和数据流问题。

② IT 专业人员：确定并显示远程位置的互连方式。

③ 设施经理：以图解方式阐释灾难恢复计划、布线和公司资产等。

Visio 的"详细网络图"模板和形状位于"网络"文件夹中。启动 Visio，在"网络"类别中单击"详细网络图"绘图类型，参照图 5-13 绘制一详细网络图。

图形绘制完毕，请按以下文件名格式保存该图形文件，并以电子邮件方式交给指导老师：

<班级>_<学号>_<姓名>_详细网络图.vsd

3. 训练总结

_____

_____

4．教师评价

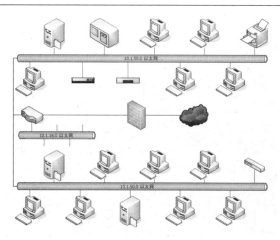

图 5-13　详细网络图示例

阅读与思考：十大默默无闻技术之父

美国知名科技杂志《网络世界》网站（networkworld.com）评出"默默无闻的十大技术之父"。《网络世界》称，与"万维网之父"蒂姆·伯纳斯-李（Tim Berners-Lee）、"互联网之父"文特·赛福（Vint Cerf）等人相比，这次所评出的十大技术之父名气要小得多，但我们有理由记住这些人，原因是他们也在很大程度上改变了我们的生活。值得注意的是，《网络世界》这次也评选出了"垃圾邮件之父"。

（1）手机之父：马蒂·库珀

1973 年，马蒂·库珀（Marty Cooper，见图 5-14）申请了一项名为"无线电通话系统"的专利，当时他正在电信设备制造商摩托罗拉工作。他是全球首位通过移动设备拨打电话的人（他第一次手机通话是打给正在贝尔实验室工作的一名竞争对手）。库珀称，他发明手机的灵感来自于当时的热门电视连续剧《星际旅行》（Star Trek），在该剧中，考克舰长使用了一种无线通话设备。目前库珀是科技创业公司 ArrayComm 的创始人兼首席执行官（CEO）。

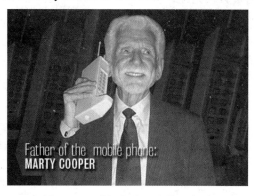

图 5-14　手机之父：马蒂·库珀

（2）黑莓手机之父：迈克·拉扎里迪斯

拉扎里迪斯（Mike Lazaridis，见图5-15）的父母是希腊人，他出生在土耳其，5岁时随父母迁居加拿大。12岁时，拉扎里迪斯获得了一项大奖，原因是他读完了自己居住地公共图书馆里的所有科技类藏书。1984年，他中途辍学，并创建了加拿大RIM（Research in Motion）公司，该公司后来开发出了著名的黑莓（Black Berry）智能手机。2000年，他出资1亿美元创建了一家研究所，使该研究所专门致力于理论物理学研究。

图5-15　黑莓手机之父：迈克·拉扎里迪斯

所谓黑莓手机（Blackberry）是指由RIM公司推出的一种无线手持邮件解决终端设备。因其使用了标准的QWERTY英文键盘，看起来像是草莓表面的一粒粒种子，所以得名"黑莓"；同时，该设备在后期的产品中，也加入了手机的功能，所以国内普遍称之为"黑莓手机"。但是一般俗称的黑莓机，指的却不单单是一部手机，而是由加拿大RIM公司所推出，包含服务器（邮件设定）、软件（操作接口）以及终端（手机）大类别的Push Mail实时电子邮件服务。

"黑莓"（Black berry）移动邮件设备基于双向寻呼技术。该设备与RIM公司的服务器相结合，依赖于特定的服务器软件和终端，兼容现有的无线数据链路，实现了遍及北美、随时随地收发电子邮件的梦想。这种装置并不以奇妙的图片和彩色屏幕夺人耳目，甚至不带发声器。"9·11"事件之后，由于Blackberry及时传递了灾难现场的信息，而在美国掀起了拥有一部Blackberry终端的热潮。

黑莓赖以成功的最重要原则——针对高级白领和企业人士，提供企业移动办公的一体化解决方案。企业有大量的信息需要即时处理，出差在外时，也需要一个无线的可移动的办公设备。企业只要装一个移动网关、一个软件系统，用手机的平台实现无缝链接，无论何时何地，员工都可以用手机进行办公。它最大方便之处是提供了邮件的推送功能，即由邮件服务器主动将收到的邮件推送到用户的手持设备上，而不需要用户频繁地连接网络查看是否有新邮件。

（3）iPod音乐播放器之父：托尼·法德尔（Tony Fadell）

托尼·法德尔（Tony Fadell，见图5-16）开始有一项技术创意，然后四处推销，最后被苹果招至麾下。他最初在苹果的职务是外部技术顾问，2001年成为iPod硬件团队首名成员。目前他担任苹果iPod部门高级副总裁。或许有人疑惑，为何自己很少听说法德尔这个人？其中道理很简单，苹果公共事务部门更愿意宣传另一名耀眼人物——不用说大家也都明白这人是谁，苹果CEO史蒂夫·乔布斯。

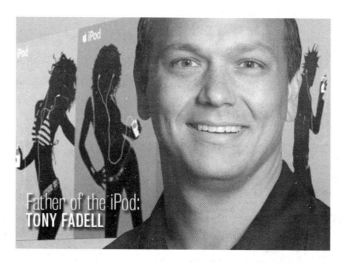

图 5-16　iPod 音乐播放器之父：托尼·法德尔

（4）FORTRAN 编程语言之父：约翰·巴库斯

20 世纪 50 年代，前 IBM 计算机科学家约翰·巴库斯（John Backus，见图 5-17）开发了 FORTRAN 编程语言（英文 Formula Translator 的缩写，即"公式翻译"之意）。FORTRAN 是全球首款应用最为广泛的计算机编程语言。在巴库斯年轻时，即被诊断为患有脑肿瘤。在进行手术后，医生在他的脑子里放置了一块金属板。不久后，所更换的第二块金属板就由他本人亲手设计。

图 5-17　FORTRAN 编程语言之父：约翰·巴库斯

（5）远程办公之父：杰克·尼尔斯

20 世纪 70 年代，杰克·尼尔斯（Jack Nilles，见图 5-18）在南加州大学工作时，率先提出了远程办公（Telecommuting，指企业员工利用计算机和网络设备在家上班）理念。1980 年，他创建了企业管理咨询公司 JALA 国际，并于 1989 年离开南加州大学，以全身心投入 JALA 国际的各项业务。虽然远程办公并不是新型火箭技术，但尼尔森本人确实是一名火箭专家，并为美国空军部门及美国国家航空航天局（NASA）设计过航空飞行器。

（6）鼠标之父：道格·恩格尔巴特

道格·恩格尔巴特（Douglas Engelbart，见图 5-19）也是早期互联网领军人物之一。1969年，ARPA 计算机网络（即 ARPANET，美国国防部高级研究计划局建立的计算机网络，该网络允许其成员使用相关设备，并对大批不同计算机存取数据）首次的数据传输，就是在美国加州大学洛杉矶分校（UCLA）莱纳德·克莱恩洛克实验室与斯坦福大学恩格尔巴特实验室之间进行。

图 5-18　远程办公之父：杰克·尼尔斯　　　图 5-19　鼠标之父：道格·恩格尔巴特

恩格尔巴特的身份较多，集哲学家、科学家和发明家等头衔于一身，但他最为知名的发明应属计算机鼠标。他于 20 世纪申请了鼠标专利权，但未能从该专利中拿上一分钱。原因是他的鼠标专利于 1987 年期满，而当时个人计算机还没有普及。更详细的介绍见第 4 章的"阅读与思考"。

（7）垃圾邮件之父：加里·瑟尔克

1978 年，美国数字设备（DEC）公司一名销售代表向 ARPANET 早期邮件列表中的数百名收件人发去了商品促销邮件，此举不但使发送邮件的加里·瑟尔克（Gary Thuerk，见图 5-20）一夜成名，而且运营 ARPANET 的美国政府对此大为光火，并威胁将把瑟尔克送入监狱。时至今日，在全球所发送的邮件中，80%～90%为垃圾邮件，人们很难完全弄清这些垃圾邮件来自何处，对治理垃圾邮件事宜并无良策。

图 5-20　垃圾邮件之父：加里·瑟尔克

（8）DSL 之父：约翰·西奥菲

DSL 即高速宽带互联网接入技术，英文全称是 Digital Subscriber Line（数字用户线路），其中包括 HDSL、SDSL、VDSL、ADSL 等技术。西奥菲（John Cioffi，见图 5-21）为人一向低调，他曾担任斯坦福大学教授，为电话线宽带接入互联网做出了巨大贡献。1991 年，西奥菲离开斯坦福大学，并创建了 Amati 通信公司。后来他又重回斯坦福大学，以专注于动态频谱管理（DSM）技术的研究。

图 5-21　DSL 之父：约翰·西奥菲

（9）Java 之父：詹姆士·高斯林

詹姆士·高斯林（James Gosling，见图 5-22）出生于加拿大，是一位计算机编程天才。他在卡内基-梅隆大学攻读计算机博士学位时，为 UNIX 操作系统编写了多处理器版本。在服务器制造商和软件开发商 Sun 公司工作期间，他于 1991 年编写了 Java 编程语言。他在 2006 年的一则博客中写道，他的妻子和儿子从来都没有看到他不留胡子；其实每到睡觉时，他首先要做的事情就是刮胡子，以免影响他睡眠过程中的正常呼吸。

图 5-22　Java 之父：詹姆士·高斯林

（10）Wi-Fi 之父：维克·海斯

维克·海斯（Vic Hayes，见图 5-23）出生于荷兰，曾在商用软件开发商 NCR 公司和半导体制造商 Agere 担任技术人员。虽然身为技术专家，外界却更了解他老练的游说手段。作为美国电气和电子工程师协会（IEEE）802.11 工作组的主席，他主持了 802.11 无线局域网标准（即 Wi-Fi 无线高速网络接入）的制定工作。如今海斯担任荷兰代尔夫特理工大学的高级研究员。

图 5-23　Wi-Fi 之父：维克·海斯

资料来源：腾讯科技（http://tech.QQ.com），本文有删改。

第6章

数据库管理软件 Access

在办公数据处理的初期，一般可以通过 Excel 软件来建立基本的表格和完成数据收集，而更深入一步，就是 Access 的用武之地。应用 Access 数据库软件，无须编程就可以完成大多数的办公室数据处理和数据存储。因此，数据处理，在电子表格之后的下一个目标，就是 Access。

6.1 数据库基础

6.1.1 初识数据库

词语"数据库"（DB，Database）已经从一个专门的技术性术语发展成日常词汇的一部分。如今，在讲到其用法时，数据库是指存储在一台或多台计算机上的数据集合。

数据库是一种用于收集和组织信息的工具。数据库可以存储有关人员、产品、订单或其他任何内容的信息。许多数据库刚开始时只是文字处理程序或电子表格中的一个列表。随着该列表逐渐变大，数据中就会开始出现一些冗余和不一致。列表形式的数据变得难以理解，而且搜索或提取部分数据以进行查看的方法也有限。一旦开始出现这些问题，最好将数据转移到由数据库管理系统（DBMS，如 Access 2013）创建的数据库中。

数据库可以包含任何类型的数据，例如，大学里的学生成绩单、图书馆的卡片目录、商店的库存清单、个人的地址簿或一个公共事业公司的顾客。数据库可以存储在个人计算机、网络服务器、Web 服务器、大型机甚至是平板电脑里。

数据库软件，也叫做数据库管理软件（即 DBMS，Database Management Software，或者 Database Management System），它能够帮助用户输入、查找、组织、更新和报告存储在数据库里的信息。如图 6-1 所示。

许多数据库中包含成百上千条记录，如果想找到一条或一组特定的记录，一条条地查看实在是太麻烦了。实际上不用这样做，而只要输入查询进行搜索，计算机很快就可以查找到所要查找的记录。执行查询的形式有以下几种：

① 像 SQL（Structured Query Language，结构化查询语言）这样的查询语言能够提供一组查找和操作数据的命令。要在一个爵士乐歌曲数据库中查找 1990 年前所有 Summertime 的演奏记录，就需要输入这样的查询语句：

Select * from JazzSongs where SongTitle = 'Summertime' and Date < '1990'

② 自然语言查询是用英语这样的自然语言而非深奥的查询语言陈述的问题。例如：

Who performed Summertime before 1990?

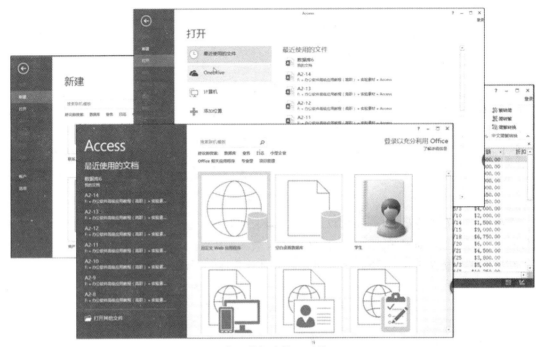

图 6-1　桌面数据库管理系统 Access

③ 用户还经常利用百度、谷歌这样的搜索引擎进行关键词搜索，会得到与搜索内容相关的一些词语或内容。

④ 用户只要在一张表单中填入想要找到的数据类型，就可以利用实例查询（QBE）的功能完成查询。在利用实例进行查询时，数据库软件会在屏幕上显示一张空白表单，用户只要输入想要找到的数据实例即可。

数据库软件通常可以协助用户打印报表，将数据导出至其他程序（如导出到电子表格软件，然后用图表示数据），将数据转换成其他的格式（如转换成 HTML 格式以便在 Web 上发布），还可以将数据传输到其他计算机上。

不管是打印、导入、复制、保存还是传输在数据库中找到的数据，都应该恰当地使用数据，避免将错误的信息输入到数据库中。

在数据库应用中，应该尊重版权，尊重这些数据的编辑人员或组织，此外还应当尊重与数据有关的人员的隐私。除非获得许可，否则不要泄露姓名、社会保障号码和其他可能损害他人隐私的身份信息。

6.1.2　主流的数据库管理软件

Microsoft Access、FileMaker Pro 和 LibreOffice Base 是三种常见的个人计算机数据库软件，IBM DB2、Oracle 和 MySQL 则是常用的服务器数据库软件包，它们各以自己特有的功能在数据库市场上占有一席之地。

（1）Oracle

Oracle 是一个最早商品化的关系型 DBMS，应用广泛，功能强大。作为一个通用的数据库管理系统，Oracle 不仅具有完整的数据管理功能，还是一个分布式数据库系统，支持各种分布式功能，支持因特网应用。作为一个应用开发环境，Oracle 提供了一套界面友好、功能齐全的数据库开发工具。Oracle 使用 PL/SQL 执行各种操作，具有可开放性、可移植性、可伸缩性等功能。从 Oracle 8i 开始，它支持面向对象的功能，如类、方法、属性等，使 Oracle 产品成为一种对象/关系型数据库管理系统。

（2）Microsoft SQL Server

Microsoft SQL Server 是一种典型的关系型 DBMS，它使用 Transact-SQL 完成数据操作。由于 Microsoft SQL Server 是开放式的系统，其他系统可以与它进行完好的交互操作，具有可靠性、可伸缩性、可用性、可管理性等特点，为用户提供完整的数据库解决方案。

（3）MySQL

MySQL 是一个开放源码的关系型数据库管理系统，原开发者为瑞典的 MySQL AB 公司，该公司在 2008 年被 SUN 公司（Sun Microsystems）收购。甲骨文公司（Oracle）2009 年收购 SUN 公司，MySQL 成为 Oracle 旗下的产品。

MySQL 被广泛地应用在因特网上的中小型网站中。由于其体积小、速度快、总体拥有成本低，尤其是开放源码这一特点，许多中小型网站为了降低网站总体成本而选择了 MySQL 作为网站数据库。MySQL 所使用的 SQL 语言是用于访问数据库的最常用标准化语言。

（4）Microsoft Office Access

Microsoft Access 是 Microsoft Office 办公套件中一个极为重要的组成部分。最初 Access 是作为单独的产品进行销售的，从 Office 97（专业版）开始，Access 成为 Office 套件中的一个重要成员，现在，Access 已经成为 Office 办公套件中不可缺少的部分，是世界上最流行的桌面（个人）数据库管理系统。

使用 Access 无须编写任何代码，只需通过直观的可视化操作就可以完成大部分数据管理任务。Access 数据库中包括许多组成数据库的基本要素，如存储信息的表、显示人机交互界面的窗体、有效检索数据的查询、信息输出载体的报表、提高应用效率的宏、功能强大的模块工具等。它不仅可以通过 ODBC 与其他数据库相连，实现数据交换和共享，还可以与 Word、Excel 等办公软件进行数据交换和共享，并且通过对象链接与嵌入技术（OLE）在数据库中嵌入和链接声音、图像等多媒体数据。

6.2　Access 数据库初步

Microsoft Office Access 是微软公司发布的关系型数据库管理系统，它结合了数据库引擎的图形用户界面和软件开发工具的特点，是 Microsoft Office 的成员之一，它能够存取 Access/Jet、Microsoft SQL Server、Oracle，或者任何 ODBC①兼容数据库内的数据。软件设计师利用它开发应用软件，而其他人则可以用来完成简单的数据处理。

Access 以它自己的格式将数据存储在基于 Access Jet 的数据库引擎里，它还可以直接导入或者链接数据（这些数据存储在其他应用程序和数据库）。和其他办公应用程序一样，Access 支持面向对象的编程语言 Visual Basic，可以引用各种对象，包括 DAO（数据访问对象）、ActiveX 数据对象以及许多其他的 ActiveX 组件。

2012 年 12 月 4 日，微软公司发布了最新版本 Office Access 2013。随着不断发展和改进，Access 的新版本功能变得更加强大，使用也变得越来越容易。不管是处理公司的客户订单数据，管理

---

① ODBC，即"开放数据库互连"，这是 Microsoft 提出的数据库访问接口标准。ODBC 定义了访问数据库 API（应用程序编程接口）的一组规范，这些 API 利用 SQL 来完成其大部分任务。这些 API 独立于不同厂商的 DBMS，也独立于具体的编程语言。

自己的个人通讯录，还是记录和处理大量科研数据，都可以利用它来解决。

通过计算机处理的数据库是一个对象容器。一个数据库可以包含多个表。例如使用三个表的库存跟踪系统并不是三个数据库，而是一个包含三个表的数据库。除非经过特别设计以使用其他源中的数据或代码，否则 Access 数据库会将自身的表与其他对象（如窗体、报表、宏和模块）一起存储在单个文件中。以 Access 2013 格式（Access 2007 和 Access 2010 也使用）创建的数据库的文件扩展名为.accdb，以早期 Access 格式创建的数据库文件扩展名为.mdb。可以使用 Access 2013、Access 2010 或 Access 2007 以早期文件格式（如 Access 2000 和 Access 2002–2003）创建文件。

通过使用 Access，用户可以：

① 向数据库中添加新数据，例如库存中的新项。

② 编辑数据库中的现有数据，例如更改某项的当前位置。

③ 删除信息，如果某项已售出或被丢弃。

④ 以不同的方式组织和查看数据。

⑤ 通过报表、电子邮件、内部网或因特网与他人共享数据。

6.2.1　Access 数据库部件

下面对典型 Access 数据库的各个部件做简短描述。

（1）表格

数据库表在外观上与电子表格相似，因为两者都是以行和列存储数据。通常可以很容易地将电子表格导入数据库表中。将数据存储在电子表格中与存储在数据库中的主要区别在于数据的组织方式不同。

为了从数据库中获得最大的灵活性，需要将数据组织到表中，这样就不会发生冗余。例如，在存储有关雇员的信息时，每位雇员的信息只需在专门保存雇员数据的表中输入一次。有关产品的数据将存储在其专用表中，有关分支机构的数据将存储在另外的表中。此过程称为标准化。

表中的每一行称为一条记录。记录用来存储各条信息，每一条记录包含一个或多个字段。字段对应表中的列。例如，有一个名为"雇员"的表，其中每一条记录（行）都包含有关不同雇员的信息，每一字段（列）都包含不同类型的信息（如名字、姓氏和地址等）。必须将字段指定为某一数据类型，可以是文本、日期或时间、数字或其他类型。

另一种描述记录和字段的方法类似于图书馆的旧式卡片目录。目录柜中的每张卡片都与数据库中的一条记录相对应。各卡片上的每条信息（作者、标题等）都与数据库中的一个字段相对应。

（2）窗体

窗体允许用户创建可在其中输入和编辑数据的用户界面。窗体通常包含可执行各种任务的命令按钮和其他控件。只需通过在数据表中编辑数据，就可以在不使用窗体的情况下创建数据库。但是，大多数数据库用户更愿意使用窗体来查看、输入和编辑表中的数据。

可以对命令按钮进行编程来确定在窗体中显示哪些数据、打开其他窗体或报表或者执行其他各种任务。例如用户可能有一个可用于处理客户数据的称为"客户窗体"的窗体，该客户窗体中可能包含一个可以打开一个订单窗体的按钮，用户可在该订单窗体中输入客户的新订单。

使用窗体还可以控制其他用户与数据库数据之间的交互方式。例如，可以创建一个只显示特定字段且只允许执行特定操作的窗体，这有助于保护数据并确保输入的数据正确。

（3）报告

报表可用来设置数据格式、汇总和显示数据。一个报表通常可以回答一个特定问题，例如"今年我们从每位客户那里收到了多少钱？"或者"我们的客户分布在哪些城市？"可以为每个报表设置格式，从而以最易于阅读的方式来显示信息。

报表可在任何时候运行，而且将始终反映数据库中的当前数据。通常将报表的格式设置为适合打印的格式，但是报表也可以在屏幕进行查看、导出到其他程序或者作为附件以电子邮件的形式发送。

（4）查询

查询可以在数据库中执行许多不同功能，最常用的功能是从表中检索特定数据。要查看的数据通常分布在多个表中，通过查询，就可以在一张数据表中查看这些数据。而且，由于通常不需要一次看到所有的记录，因此可以使用查询添加一些条件以将数据筛选为所需记录。

某些查询是"可更新的"，这意味着，可以通过查询数据表来编辑基础表中的数据。如果使用的是可更新的查询，请记住，所做的更改实际上是在表中完成的，而不只是在查询数据表中完成的。

查询有两种基本类型：选择查询和动作查询。选择查询仅仅检索数据以供使用。可以在屏幕中查看查询结果、将结果打印出来或者将其复制到剪贴板中。或者，可以将查询结果用作窗体或报表的记录源。

顾名思义，动作查询可以对数据执行一项任务。动作查询可用来创建新表、向现有表中添加数据、更新数据或删除数据。

（5）宏

可将 Access 中的宏看作是一种简化的编程语言，用于向数据库中添加功能。例如，可将一个宏附加到窗体上的某一命令按钮，这样每次单击该按钮时，所附加的宏就会运行。宏包括可执行任务的操作，例如打开报表、运行查询或者关闭数据库。大多数手动执行的数据库操作都可以利用宏自动执行，因此，宏是非常省时的方法。

（6）模块

与宏一样，模块是可用于向数据库中添加功能的对象。尽管可以通过从宏操作列表中进行选择以在 Access 中创建宏，但是用户还可以用 Visual Basic for Applications（VBA）编程语言编写模块。模块是声明、语句和过程的集合，它们作为一个单元存储在一起。一个模块可以是类模块也可以是标准模块。类模块可附加到窗体或报表，而且通常包含一些特定于所附加到的窗体或报表的过程。标准模块包括与其他对象无关的常规过程。在导航窗格的模块下列出了标准模块，但没有列出类模块。

6.2.2　Access 入门

在 Windows "开始" → "所有程序" → "Microsoft Office 2013" 菜单中选择 "Access 2013" 命令，可打开 Access 的工作界面，如图 6-2 所示。

Access 的窗口界面中：

① 更改窗口尺寸或关闭数据库：单击 Access 图标以调整窗口大小、移动窗口或关闭数据库。

图 6-2　Access 2013 工作界面

② 文件管理：打开、关闭、打印、共享、另存为早期版本、另存为模板以及加密、压缩和修复数据库。

③ 使用快速访问工具栏中的按钮：当窗体或报表在"设计"或"布局"视图中打开时，可以通过单击工具按钮快速向窗体或报表添加控件或更改其中的控件。

④ 对话框启动器：如果在任何功能区命令组旁边看到"对话框启动器"按钮，可以单击该按钮以查看一个提供更多选项的对话框。

⑤ 获取帮助：单击问号以查找帮助内容。

⑥ 折叠（隐藏）功能区：单击向上箭头以隐藏功能区但保留选项卡。

⑦ 状态栏：显示有关当前视图的信息。

⑧ 视图按钮：单击该按钮在当前对象的可用视图之间切换。

（1）账户

在 Access 中选择"文件"→"账户"命令，以管理用户信息，更改背景或主题，查看和添加可用的 Web 服务，显示有关 Office 产品的信息，以及管理产品订阅，如图 6-3 所示。

图 6-3　账户信息

（2）信息

在任意一个打开的数据库中，选择"文件"→"信息"命令，如图 6-4 所示。

图 6-4 数据库信息

"压缩和修复数据库"可以修复数据库问题或压缩文件以节省存储空间。

通常，Access 保存的文件已经加密，但用户还可以单击"用密码进行加密"按钮来添加可选密码以便更好地保护用户的数据。单击"查看和编辑数据库属性"链接，可显示有关数据库中对象的信息、修订跟踪以及数据库大小。用户可以在"摘要"选项卡中更改数据库标题、作者、公司及超链接信息。

（3）备份

备份重要数据非常必要。在 Access 中，要进行备份，可选择"文件"→"另存为"命令（见图 6-5），然后在"数据库另存为"→"高级"下选择"备份数据库"选项。

图 6-5 备份数据库

（4）常用工具和命令的路径

Access 2013 中的一些常用的工具和命令如表 6-1 所示。

（5）Access 应用程序

Access 应用程序类似于 Web 数据库，可以用来在云中查看和共享数据。通过使用 Access 应用程序，可以拥有安全的、集中的数据存储和管理选项。

在 Access 中，用户可以轻松创建和修改某个应用程序的设计。可以使用应用程序模板开始或创建自定义 Web 应用程序。

若要创建 Access 应用程序，用户可以使用任意一个模板。

虽然 Access 应用程序也可以用于跟踪数据，但是不能将桌面数据库转换成 Access 应用程序，反之亦然。但是，可以在 Access 应用程序中使用桌面数据库中的数据。

表 6-1　Access 常用工具和命令

操 作 目 标	单　　击	位　　置
打开、关闭、创建、保存、打印、发布或管理数据库	文件	背景视图（单击左窗格中的链接）
查看对象，剪切、复制或粘贴数据，设置文本格式，添加汇总行，查找数据	开始	视图、剪贴板、排序和筛选、记录、文本格式组
添加应用程序部件、表格、查询、窗体、报表或宏	创建	模板、表格、查询、窗体、报表、宏与代码组
导入文件或者将数据或链接发送到外部	外部数据	导入并链接、导出组
压缩和修复数据库，处理 Visual Basic 代码、宏、关系，以及分析数据或将数据移动到 SharePoint	数据库工具	工具、宏、关系、分析、移动数据组
查看和使用数据库中的对象	导航窗格	所有 Access 对象组
更正文件问题或者向数据库添加密码	文件	信息、压缩和修复、用密码进行加密
创建 Access 应用程序	文件	新建、自定义 Web 应用程序、Web 模板选项

6.2.3　选择模板

Access 模板内置有可以立即使用的表、查询、窗体和报表。当用户启动 Access 时，将会发现第一项操作就是选择模板。用户可以联机搜索更多的模板。

步骤 1：在 Access 中，选择"文件"→"新建"命令，界面如图 6-6 所示。创建联系人数据库，用于管理有关与团队协作的人员（如客户和合作伙伴）的信息。

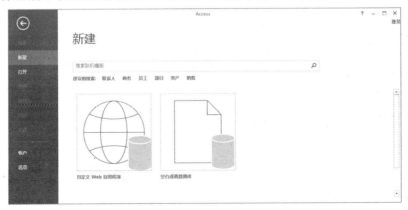

图 6-6　新建界面

步骤 2：选择桌面数据库模板（如"联系人"模板），然后在"文件名"文本框中输入数据库的名称。如果未看到合适的模板，可使用"搜索联机模板"文本框搜索在线资源，如图 6-7 所示。

图 6-7　"联系人"模板

步骤 3：可以使用 Access 提供的默认位置，或单击文件夹图标选择一个位置来创建数据库文件。

步骤 4：单击"创建"按钮。"学生列表"数据库如图 6-8 所示。

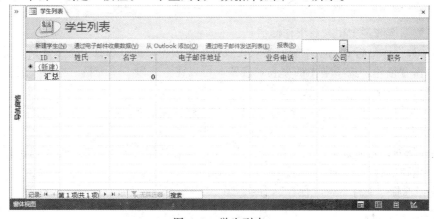

图 6-8　学生列表

根据模板的不同，可能需要执行下列任意操作以便开始：

① 如果 Access 显示一个带有空用户列表的"登录"对话框，请执行下列操作：

a. 单击"新建用户"。

b. 填写"用户详细信息"窗体。

c. 单击"保存并关闭"。

d. 选择刚刚输入的用户名，然后单击"登录"。

② 如果 Access 在消息栏中显示一则"安全警告"消息，并且信任模板的来源，请单击"启用内容"。如果数据库要求登录，请重新登录。

6.2.4　从头开始创建数据库

如果没有满足需要的模板，就可以从空白的桌面数据库开始创建。

步骤 1：在 Access 中，选择"文件"→"新建"命令，单击"空白桌面数据库"图标（见图 6-6）。

步骤 2：在"文件名"文本框中为数据库输入一个名称。

步骤 3：可以使用 Access 显示在"文件名"文本框下面的默认存储位置，或单击文件夹图标选择一个位置来保存数据库。

步骤 4：单击"创建"按钮，结果显示如图 6-9 所示。

图 6-9　新建数据库

可以在数据库的多个相关表中存储信息。

① 新建数据库后将看到一个空白的表在数据表视图中，可以在其中添加数据，要添加另一个表，可单击"创建"选项卡中的"表"按钮。可以在空字段（单元格）中输入数据或从类似 Excel 工作簿的另一个数据源粘贴数据。

② 要添加更多字段，可在"单击以添加"列中输入。

③ 要重命名列（字段），可双击对应的列标题，然后输入新名称。

④ 要移动列，可通过单击列标题选中它，然后将它拖到所需的位置。也可以选择连续列并将它们全部拖到新的位置。

步骤 5：选择"文件"→"保存"命令。

6.2.5　复制并粘贴数据

可以将 Excel 或 Word 等其他程序中的数据复制并粘贴到 Access 表中。此方法最适合按列分隔的数据。如果数据位于 Word 文档中，则可以使用标记分隔列，或者在复制数据之前先将其转换为表格。

步骤 1：如果数据需要编辑（例如，需要将名字分隔成名和姓），应先在源程序中完成操作。

步骤 2：打开数据源并复制数据。

步骤 3：在"数据表"视图中打开要在其中添加数据的 Access 表，然后粘贴这些数据。

步骤 4：双击每个列标题，然后输入有意义的名称。

步骤 5：选择"文件"→"另存为"命令，为新表命名。

Access 将根据粘贴到每一列的第一行中的信息设置每个字段的数据类型，因此，应确保后面行中的信息与第一行相匹配。

也可以从其他源导入数据，或者从 Access 链接到数据，而无须将信息从其存储位置移动。

6.2.6　使用表分析器组织数据

可以使用表分析器向导快速标冗余数据。然后，该向导将提供一种简单的方式来将这些数据组织到单独的表中。Access 会保留原始表作为备份。

步骤 1：打开包含要分析的表的 Access 数据库。

步骤 2：单击"数据库工具"→"分析表"按钮。

该向导的前几页包含一个简短教程（附有示例）。如果到标记为"显示引导页"的复选框，请选中该复选框，然后单击"上一步"按钮两次，即可看到该简介。如果不想再看到引导页，可取消选择"显示引导页"复选框，如图 6-10 所示。

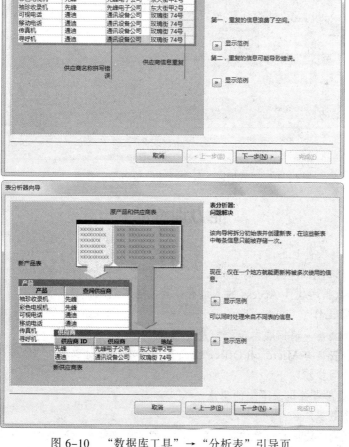

图 6-10　"数据库工具"→"分析表"引导页

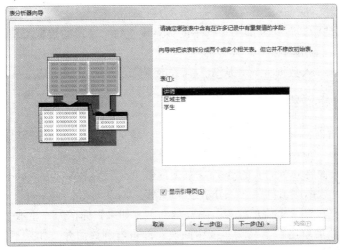

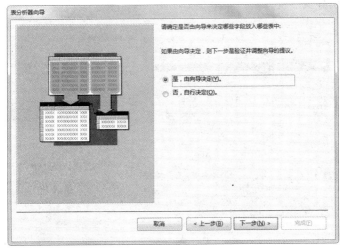

图 6-10　"数据库工具"→"分析表"引导页（续）

能力训练 6.1

本节"能力训练"的目的是：

① 了解数据库的基本概念。

② 了解桌面数据库软件 Access 的基本操作及其应用领域。

1．工具/准备工作

在开始本训练之前，请回顾本节的相关内容。

需要准备一台安装有 Microsoft Office Access 2013 软件的计算机。

2．训练内容与步骤

【训练 1】积极思考并记录下你的想法。

（1）回忆一个数据库

想一想最近遇到的使用数据库的情形并记录。例如，你最近光顾过的某个商店使用了数据库来管理库存，更新客户信息，生成收据或发票。企业也可能使用数据库来管理客户或员工信息。

答：_____

_____

_____

_____

（2）记下数据库的使用方式

记下人们如何使用该数据库：他们是否查找客户信息？他们是否将价签扫描到登记簿或计算机中？他们是否检查过库存中是否还有商品？他们是否打印收据？

答：_____

_____

_____

_____

（3）设想数据库活动

如果你打算创建一个数据库，请记下两三个你有可能使用数据的情形，如创建月状态报表、检查销售数据、发出表格信函或输入学生的作业成绩。

答：_____

_____

_____

_____

【训练 2】在"折扣"报表中，添加"中"控件边距以更改"客户名称""账户日期"和"到期金额"字段。保存该报表。

步骤 1：在"训练素材"文件夹的 Access 子文件夹中（下同），打开练习文档 A1-02.accdb。

步骤 2：选择"折扣"报表。

步骤 3：右击，在弹出的快捷菜单中选择"设计视图"命令。

步骤 4：在设计视图中的"主体"部分按住【Ctrl】键，选择"客户名称""账户日期"和"到期金额"字段。

步骤 5：单击"排列"选项卡。

步骤 6：选择"位置"组"控件边距"下拉菜单中的"中"命令。

步骤 7：单击"保存"按钮或按【Ctrl + S】组合键保存该报表，如图 6-11 所示。

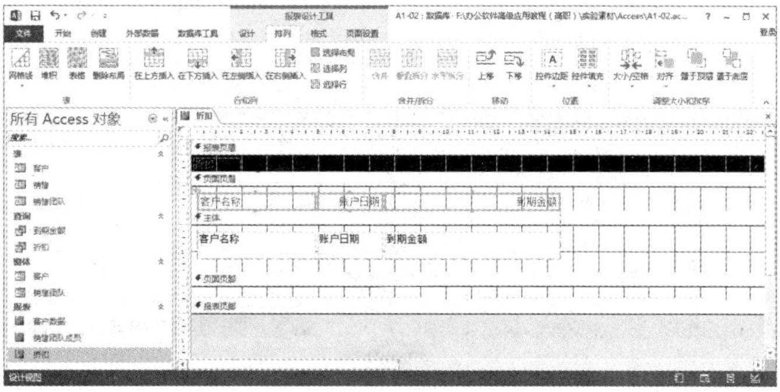

图 6-11　报表效果

完成本操作后，可关闭练习文档。（下同）

【训练3】修改"区域主管"和"讲师"表之间的现有关系，使这些表用"主管ID"连接起来。（注意：接受所有其他的默认设置）

步骤1：打开练习文档A1-03.accdb。

步骤2：单击"数据库工具"选项卡。

步骤3：单击"关系"组中的"关系"按钮。

步骤4：在"关系"视图中双击"区域主管"表和"讲师"表之间的连线。

步骤5：在"编辑关系"对话框中调整"区域主管"表和"讲师"表的查询字段均为"主管ID"，如图6-12所示。

图6-12　编辑表间关系

步骤6：单击"确定"按钮。

【训练4】修改"到期金额"查询，使其包含"销售"表中的"客户ID"字段，并将其作为第一字段。保存该查询。

步骤1：打开练习文档A1-04.accdb。

步骤2：选择"到期金额"查询。

步骤3：右击，在弹出的快捷菜单中选择"设计视图"命令。

步骤4：在设计视图中单击新空白字段处，选择查询字段为"销售"表中的"客户ID"字段，如图6-13所示。

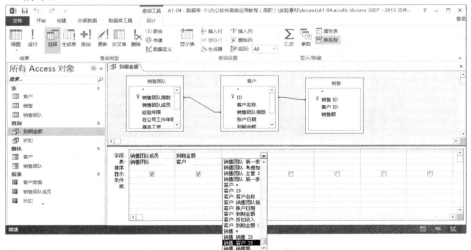

图6-13　选择查询字段

步骤 5：选中该列字段后拖动，将其移动到第一字段，如图 6-14 所示。

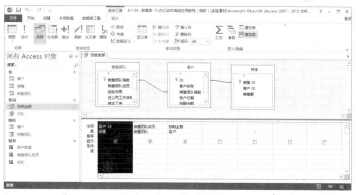

图 6-14　移动字段

步骤 6：单击"保存"按钮，保存该查询。

【**训练 5**】在"客户数据"报表中，将所有元素的字体背景色更改为"浅蓝"。保存该报表。

步骤 1：打开练习文档 A1-05.accdb。

步骤 2：选择"客户数据"报表。

步骤 3：右击，在弹出的快捷菜单中选择"设计视图"命令。

步骤 4：单击"格式"选项卡。

步骤 5：单击"所选内容"组中的"全选"按钮（或按【Ctrl + A】组合键），全选所有元素。

步骤 6：单击"字体"组"背景色"下拉列表中的"浅蓝"，效果如图 6-15 所示。

步骤 7：单击"保存"按钮，保存该报表。

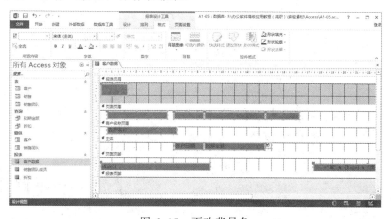

图 6-15　更改背景色

【**训练 6**】在"折扣"查询中，添加"基本工资"加上"工龄工资"的计算字段。将该计算字段放入第 5 列，并将其命名为"下年度工资"。运行并保存该查询。

步骤 1：打开练习文档 A1-06.accdb。

步骤 2：选择"折扣"查询。

步骤 3：右击，在弹出的快捷菜单中选择"设计视图"命令。

步骤 4：在设计视图中第 5 列字段处输入计算字段表达式："下年度工资:[基本工资] + [工龄工资]"（注意表达式中只能出现半角字符）。

步骤 5：单击"设计"选项卡"结果"组中的"运行"按钮，运行该查询，结果如图 6-16 所示。

图 6-16　查询运行结果

步骤 6：单击"保存"按钮，保存该查询。

【训练 7】使用"应用程序部件"创建带表单的"问题"表。创建"销售"表至"难题"表的一对多关系。使用"销售 ID"作为查询字段，将该查询字段命名为"销售员"。（注意：接受所有其他的默认设置）

步骤 1：打开练习文档 A1-07.accdb。

步骤 2：单击"创建"选项卡。

步骤 3：选择"模板"组"应用程序部件"下拉菜单中的"问题"命令。

步骤 4：在"创建简单关系"对话框中选择"'销售'至'难题'的一对多关系"，如图 6-17 所示。

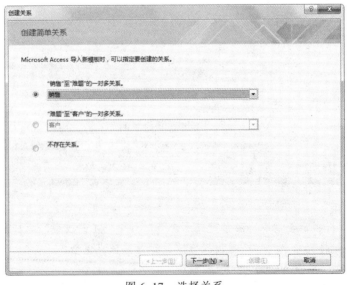

图 6-17　选择关系

步骤 5：单击"下一步"按钮。

步骤 6：在"选择查阅列"对话框的"自'销售'的字段"下拉列表框中选择"销售 ID"作为查询字段。

步骤 7：在"请指定查阅列的名称"文本框中输入"销售员"，如图 6-18 所示。

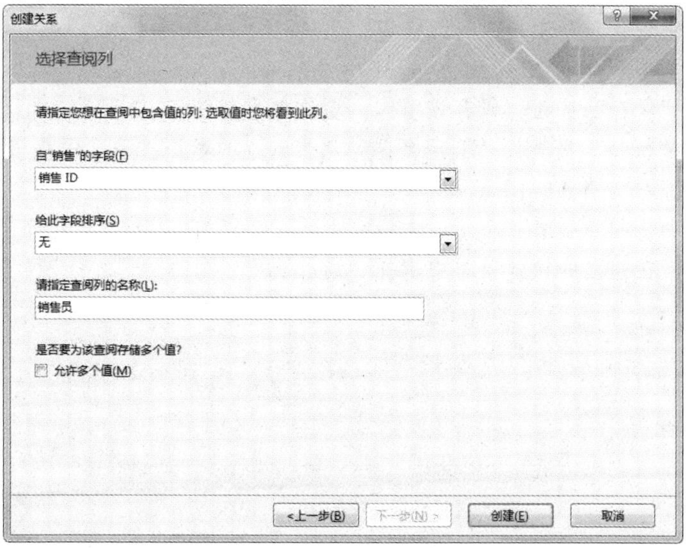

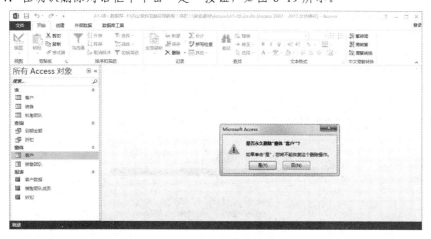

图 6-18　选择查阅到

步骤 8：单击"创建"按钮。

【**训练 8**】从数据库中删除"客户"窗体。

步骤 1：打开练习文档 A1-08.accdb。

步骤 2：选择"客户"窗体。

步骤 3：右击，在弹出的快捷菜单中选择"删除"命令。

步骤 4：在确认删除对话框中单击"是"按钮，如图 6-19 所示。

图 6-19　删除窗体

【**训练 9**】在"用户"窗体中，将"主体"部分的背景色更改为"褐紫红色 2"。保存该窗体。

步骤 1：打开练习文档 A1-09.accdb。

步骤 2：选择"用户"窗体。

步骤 3：右击，在弹出的快捷菜单中选择"设计视图"命令。

步骤 4：单击"设计"选项卡"工具"组中的"属性表"按钮，如图 6-20 所示。

步骤 5：在"属性表"任务窗格的"所选内容的类型"下拉列表框中选择"主体"。

步骤 6：在"背景色"行单击"..."按钮。

步骤 7：选择"褐紫红色 2"，如图 6-21 所示。

步骤 8：单击"保存"按钮，保存该窗体。窗体效果如图 6-22 所示。

【训练 10】将"折扣"报表按"到期金额"从大到小的顺序排序。保存该报表。

步骤 1：打开练习文档 A1-10.accdb。

步骤 2：选择"折扣"报表。

步骤 3：右击，在弹出的快捷菜单中选择"设计视图"命令。

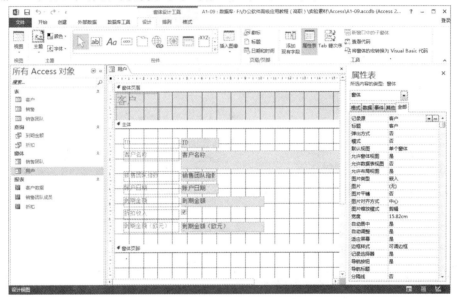

图 6-20　打开"属性表"任务窗格

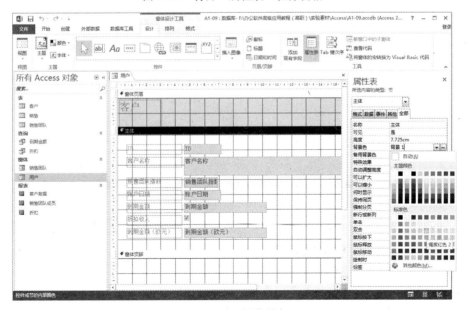

图 6-21　选择背景色

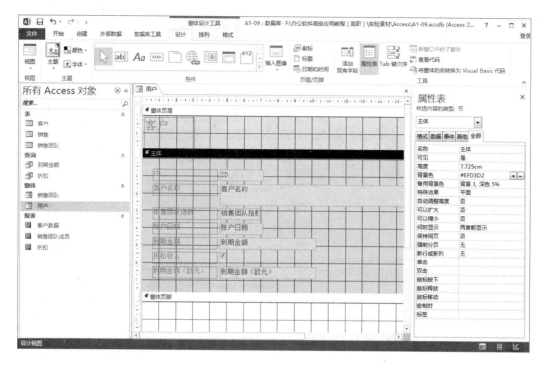

图 6-22 窗体效果

步骤 4：在设计视图中右击"到期金额"字段。

步骤 5：在弹出的快捷菜单中选择"降序排序"命令，如图 6-23 所示。

步骤 6：单击"保存"按钮，保存该报表。

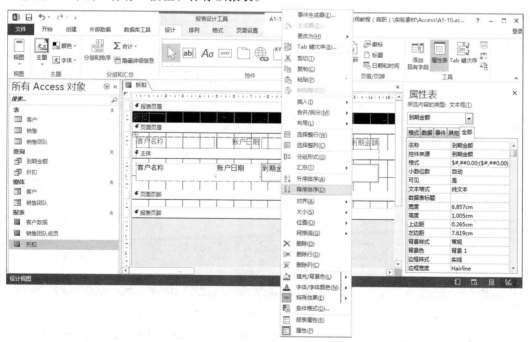

图 6-23 降序排序

【训练11】新建"导航"窗体，使用"垂直标签，右侧"导航类型。在新窗体中添加"客户"窗体和"客户数据"报表作为单独标签。将该窗体保存为"导航"。

步骤1：打开练习文档A1-11.accdb。

步骤2：单击"创建"选项卡。

步骤3：选择"窗体"组"导航"下拉菜单中的"垂直标签，右侧"命令（见图6-24），创建一个导航窗体。

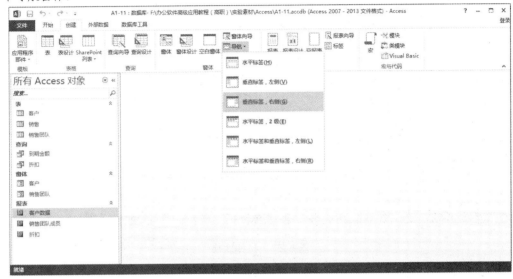

图6-24 创建导航窗体

步骤4：拖动"客户"窗体到"导航"窗体中右侧的导航标签"［新增］"中，如图6-25所示。

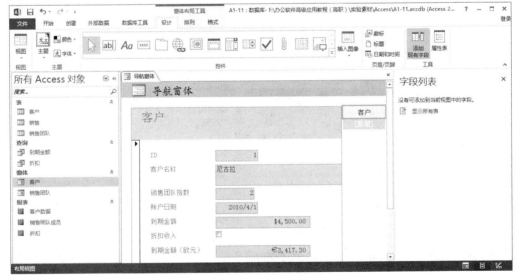

图6-25 新增窗体

步骤5：拖动"客户数据"报表到"导航"窗体中右侧的导航标签"［新增］"中，如图6-26所示。

步骤 6：单击"保存"按钮。

步骤 7：在"另存为"对话框的"窗体名称"文本框中输入"导航"。

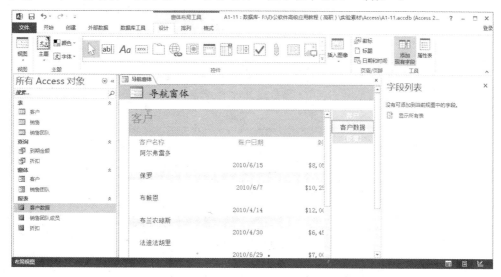

图 6-26　新增报表

步骤 8：单击"确定"按钮。

【训练 12】使用"应用程序部件"创建"批注"表。创建"销售"表至"批注"表的一对多关系。将查询列命名为"客户 ID"，将其设置为显示"客户名称"字段。（注意：接受一所有其他的默认设置）

步骤 1：打开练习文档 A1-12.accdb。

步骤 2：单击"创建"选项卡。

步骤 3：选择"模板"组"应用程序部件"下拉菜单中的"批注"命令，如图 6-27 所示。

步骤 4：在"创建简单关系"对话框中选择"'销售'至'批注'的一对多关系"，如图 6-28 所示。

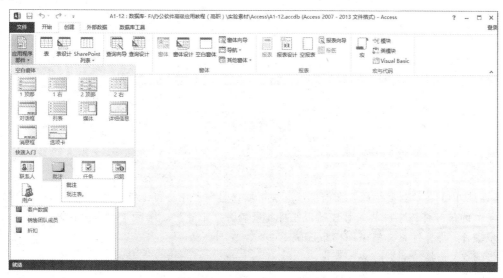

图 6-27　选择"批注"部件

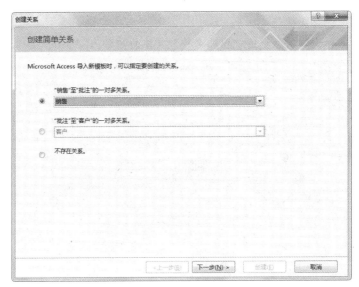

图 6-28　选择关系

步骤 5： 单击"下一步"按钮。

步骤 6： 在"选择查阅列"对话框的"自'销售'的字段"下拉列表框中选择"客户 ID"作为查询字段。

步骤 7： 在"请指定查阅列的名称"文本框中输入"客户名称"，如图 6-29 所示。

步骤 8： 单击"创建"按钮。

图 6-29　选择查阅到

【训练 13】在"到期金额"查询中，添加字段以显示"在公司工作年限"字段中的值再加上一（年）的值。将该字段放入第 3 列，并将其命名为"工龄"。保存并运行该查询。

步骤 1： 打开练习文档 A1-13.accdb。

步骤 2： 选择"到期金额"查询。

步骤 3： 右击，在弹出的快捷菜单中选择"设计视图"命令。

步骤 4：在设计视图第 3 列字段中输入计算字段表达式："工龄：[在公司工作年限] + 1"，如图 6-30 所示。

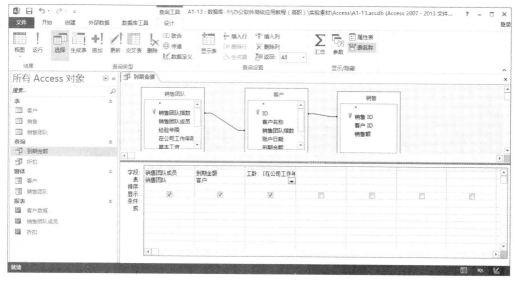

图 6-30　输入计算字段表达式

步骤 5：单击"设计"选项卡中的"运行"按钮，运行该查询，结果如图 6-31 所示。

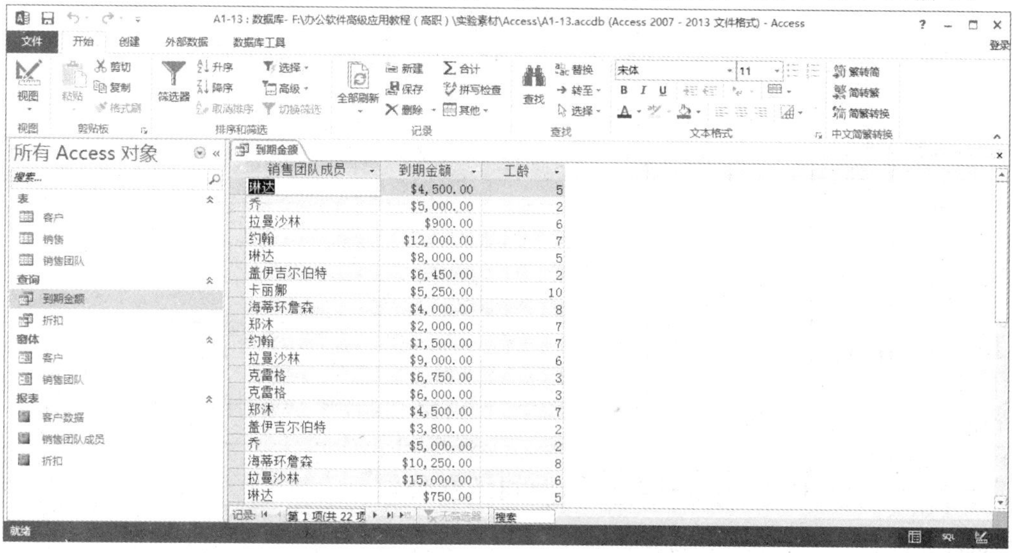

图 6-31　查询结果

步骤 6：单击"保存"按钮，保存该查询。

【训练 14】在"销售团队"窗体中重新调整"销售团队指数"数据库字段的大小，使其与最宽的数据库字段宽度保持一致。保存该窗体。

步骤 1：打开练习文档 A1-14.accdb。

步骤 2：选择"销售团队"窗体。

步骤 3：右击，在弹出的快捷菜单中选择"设计视图"命令。

步骤 4：按住【Ctrl】键单击主体中"销售团队指数"数据库字段和"销售团队成员"字段。

步骤 5：单击"排列"选项卡。

步骤 6：选择"调整大小和排序"组"大小/空格"下拉菜单中的"至最宽"命令，如图 6-32 所示。

步骤 7：单击"保存"按钮，保存该窗体。

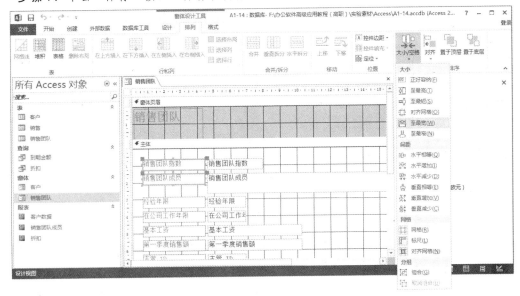

图 6-32　调至最宽

请记录：上述各项操作能够顺利完成吗？如果不能，请说明为什么。

_____

3．训练总结

_____

_____

_____

4．教师评价

_____

_____

阅读与思考：9·11 事件中的摩根斯坦利证券公司

2001 年 9 月 11 日，一个晴朗的日子。

和往常一样，当 9 点的钟声响过之后，美国纽约恢复了昼间特有的繁华。姊妹般的世贸大厦迎接着忙碌的人们，熙熙攘攘的人群在大楼中穿梭往来。大厦的第 97 层，是美国一家颇有实力的著名财经咨询公司——摩根斯坦利证券公司。这个公司的 3500 名员工大都在大厦中办公。

就在人们专心致志地做着他们的工作时，一件惊心动魄的足以让全世界目瞪口呆的事情发生了！这就是著名的"9·11"飞机撞击事件。在一声无与伦比的巨大响声中，世贸大楼像打了一个惊天的寒战，所有在场的人员都被这撕心裂肺的声音和地动山摇的震撼惊呆了。继而，许多人像无头苍蝇似的乱窜起来。大火、浓烟（见图 6-33）、鲜血、惊叫，充斥着大楼的上部。

在一片慌乱中，摩根斯坦利公司却表现得格外冷静，该公司虽然距撞机的楼上只有十几米，但他们的人员却在公司总裁的指挥下，有条不紊地按紧急避险方案从各个应急通道迅速向楼下疏散。不到半个小时，3500 人除 6 人外都撤到了安全地点。后来知道，摩根斯坦利公司在"9·11"事件中共有 6 人丧生，其中 3 人是公司的安全人员，他们一直在楼内协助本公司外的其他人员撤离，同时在寻找公司其他 3 人。另外 3 人丧生情况不明。如果没有良好的组织，逃难的人即便是挤、踩，也会造成重大的死伤。据了解，摩根斯坦利公司是大公司中损失最小的。当然，公司人员没有来得及带走他们的办公资料，在人员离开后不久，世贸大厦倒塌，公司所有的文案资料随着双塔的倒塌不复存在。

图 6-33　充斥大火、浓烟的世贸大楼

然而，仅仅过了两天，又一个奇迹在摩根斯坦利公司出现，他们在新泽西州的新办公地点准确无误地全面恢复了营业！撞机事件仿佛对他们丝毫没有影响。原来，危急时刻公司的远程数据防灾系统忠实地工作到大楼倒塌前的最后一秒，他们在新泽西州设有第二套全部股票证券商业文档资料数据和计算机服务器，这使得他们避免了重大的业务损失。是什么原因使摩根斯坦利公司遇险不惊，迅速恢复营业，避免了巨大的经济和人员损失呢？事后人们了解到，摩根斯坦利公司制定了一个科学、细致的风险管理方案，并且，他们还居安思危，一丝不苟地执行着这个方案。

如今，作为"9·11"事件本身已经成为过去，但如何应付此类突发事件，使企业在各种危难面前把损失减小到最低限度，却是一个永久的话题。

据美国的一项研究报告显示，在灾害之后，如果无法在 14 天内恢复业务数据，75% 的公司业务会完全停顿，43% 的公司再也无法重新开业，20% 的企业将在两年之内宣告破产。美国 Minnesota 大学的研究表明，遭遇灾难而又没有恢复计划的企业，60% 以上将在两三年后退出市场。而在所有数据安全战略中，数据备份是其中最基础的工作之一。

资料来源：老兵网，　http://www.laobing.com.cn/tyjy/lbjy1003.html，本文有删改。

6.3　数据库的主要操作

根据工作环境的不同，"数据文件"可能有不同的含义。例如，可以把数据文件当作包含任何类型数据的文件，如文本、数字、图形、声音，甚至是软件模块等；同样，也可以把数据文件当作任何不可执行或者不是程序的文件，这些定义都是有效的。当然，数据文件也可能指的是某个结构化文件或者数据库，如电子邮件地址簿，其中包含了按照固定格式组织的信息。例如，"数据文件"可以是以统一格式组织信息的文件，这种数据文件可以保存简单地址簿、库存列表、学生花名册、航班时刻表等信息。与维护和访问数据文件中数据相关的任务称为数据管理。

由于数据文件有多种定义，因此，当阅读计算机专业杂志或者文档时，也许应该根据文本的上下文来决定该术语的具体含义是什么。

6.3.1 数据库的基本结构

在数据文件中，字段是有意义数据的最小单元，称为数据文件的基本组成模块。字段有字段名，用来描述字段中的内容。例如，字段 Name 可能描述了一组职工姓名数据。字段可以设置为可变长度或者固定长度。

输入到字段的数据依赖于字段的数据类型。从技术上讲，数据类型定义了数据在磁盘和内存中表示的方式；从用户的角度来说，数据类型决定了操作数据的方式。文件中的每个字段都分配有数据类型，最常用的数据类型是字符和数字。数值类型的字段可以进行数学运算；字符类型的字段包含了那些不需要进行数学操作的数据，如名字、描述、城市、缩写、电话号码和学号等。还有一些其他数据类型，如日期、逻辑和备注类型等。

实体是人、地方、物品或事件等用来存储数据的对象，而记录包括了描述实体的字段。

记录长度表示记录可以存储的最大字节数，计算文件的记录长度是很重要的，因为它有助于确定存储需求。一般情况下，创建数据文件中文件结构的人定义了它所应该包含的字段，这类似于设计手工记录系统或卡片文件的空白格式。记录中字段的个数和字段名依赖于记录所包含的数据，不同的数据需要不同的记录类型，商业或组织机构通常需要许多不同的记录类型来存储数据。

数据库的基本结构分三个层次，反映了观察数据库的三种不同角度（视图）。

① 物理数据层。是数据库的最内层，是物理存储设备上实际存储的数据的集合。这些数据是原始数据，是用户加工的对象，由内部模式描述的指令操作处理的位串、字符和字组成。

② 概念数据层。是数据库的中间层，是数据库的整体逻辑表示。指出了每个数据的逻辑定义及数据间的逻辑联系，是存储记录的集合。它所涉及的是数据库所有对象的逻辑关系，而非物理情况，是数据库管理员（DBA）概念下的数据库。

③ 逻辑数据层。它是用户所看到和使用的数据库，表示了一个或一些特定用户使用的数据集合，即逻辑记录的集合。

6.3.2 数据库的特点

数据库不同层次之间的联系是通过映射进行转换的。数据库具有以下主要特点：

① 实现数据共享。数据共享包含所有用户可同时存取数据库中的数据，也包括用户可以用各种方式通过接口使用数据库，并提供数据共享。

② 减少数据的冗余度。由于数据库实现了数据共享，从而避免了用户各自建立应用文件，减少了大量重复数据，减少了数据冗余，维护了数据的一致性。

③ 数据的独立性。包括数据库中数据的逻辑结构和应用程序相互独立，也包括数据物理结构的变化不影响数据的逻辑结构。

④ 数据实现集中控制。利用数据库可以对数据进行集中控制和管理，并通过数据模型表示各种数据的组织及数据间的联系。

⑤ 数据一致性和可维护性，以确保数据的安全性和可靠性。主要包括如下几点：

- 安全性控制：以防止数据丢失、错误更新和越权使用；
- 完整性控制：保证数据的正确性、有效性和相容性；
- 并发控制：使在同一时间周期内，允许对数据实现多路存取，又能防止用户之间的不正常交互作用；
- 故障的发现和恢复：由 DBMS 提供一套方法，可及时发现和修复故障，从而防止数据被破坏。

6.3.3 数据模型

数据模型用来描述数据库中数据存储的方式。当使用有效的数据模型创建数据库时，就可以按照能够为公司或者组织机构提供有用信息的方式来输入、定位和操作数据。设计数据库结构时，数据模型可以帮助理解实体之间的关系，创建最有效的结构来存储数据。

记录代表着一个实体，并且由一系列字段组成，关系是实体之间的联系。数据模型用来描述实体之间的关系，并且在创建数据库结构时把这些定义作为记录类型之间的关系。

数据库设计者使用如实体关系表等技术来图形化表示数据模型。例如，图 6-34 表示职工和考勤卡之间的关系。

图 6-34　实体–关系图表示

数据图表可用来显示基数，即两个记录类型之间存在的对应关系。有三种可能的基数：一对一、一对多和多对多，如图 6-35 所示。

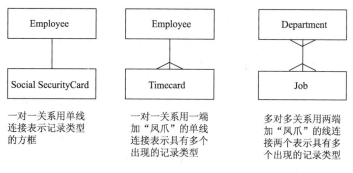

一对一关系用单线
连接表示记录类型
的方框

一对一关系用一端
加"凤爪"的单线
连接表示具有多个
出现的记录类型

多对多关系用两端
加"凤爪"的线连
接两个表示具有多
个出现的记录类型

图 6-35　表示基数

一对多关系意味着一个特定记录类型中的一个记录可以和另外一个记录类型中的多个记录相关联。例如，一个职工可以有多个考勤卡，一个工作需要多个员工等。多对多关系意味着一个特定记录类型中的多个记录可以和另外一个记录类型中的多个记录相关联，反之亦然。例如，一个部门可以提供许多不同的工作，如护士、技术人员等，但同时，某个特定的工作也可能出现在多个部门中，例如，急救中心和门诊都需要护士。

数据模型可以帮助数据库设计者为数据库创建最高效的结构，并且可以决定哪一种数据模型能提供最高效的数据库环境。有四种主要的数据库模型，即层次、网状、关系和面向对象数据库模型，它们采用不同的方式来表示实体之间的关系。对于理解所有的模型来说，记录类型、字段和关系等概念都是很重要的。

6.3.4 数据库检索

从广义上讲，数据库就是存储在一台或多台计算机上信息的集合。在实际应用中，使用数据库 95%都是为了查找信息，而不是创建和增加信息。

1. 结构化和非结构化数据库

有许多数据库技术应用的例子，如图书卡分类、包含账号信息的银行账户、光盘百科全书、公司计算机的文件系统及电子邮件地址簿等。在通过因特网访问股市、人才市场或旅游网站时，本质上也是在访问一个巨大的数据库。

数据库可以分成两种：结构化数据库和非结构化数据库。结构化数据库（又称为结构化数据文件）是使用统一格式的记录和域来组织信息的文件，如图 6-36 所示，其存储的数据通常描述相似实体的集合。例如，医疗数据库存储的数据一般是病人的信息，库存数据库的数据则是存储在仓库的货物和货架信息。

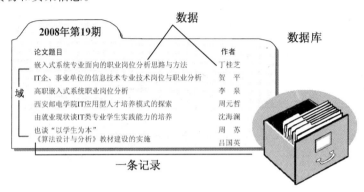

图 6-36　结构化数据库示意

非结构化数据库是信息的松散结构化组合，一般是按照文档而不是记录来存储的。例如，可以把使用文字处理软件生成的文档看成是一个个人作品的非结构化数据库。万维网，在世界范围中存储了数以百万计的各式各样的文档，它也是一种非结构化数据库。无论存储在硬盘、光盘，还是因特网上，非结构化数据库能够为人们存储各种各样的信息。

2．信息检索

当在数据库中检索信息（而不是创建和维护数据库）的时候，通常不需要知道目前访问的数据库是结构化的，还是非结构化的，相关的数据访问软件会隐含这些信息。数据访问软件提供了在数据库中检索信息的界面，只需要告诉它所需要的信息，它就去进行检索。数据访问软件了解数据库的结构，因此用户不需要考虑技术细节。

不同的数据库通常使用不同的访问软件。因此，要在信息时代有效地获取信息，就必须掌握不同数据访问软件的检索过程。根据所使用的访问软件，可能使用菜单、超文本索引、关键字搜索引擎、实例查询、查询语言或自然语言进行检索。

3．菜单和超文本索引

在银行自动账户信息系统中，系统会有"查询信息请按 1，获得帮助请按 2"等提示。这个系统就是用户与银行数据库的界面。由于许多人要使用这个系统，因此访问过程必须简单。银行客户系统的大多数数据访问软件都是基于菜单的。

数据库菜单类似于大多数其他软件中的菜单。访问数据库信息的菜单可以是基于屏幕的，或基于语音提示的。菜单通常是层次化排列的，选择了第一级菜单，第二级菜单才会出来。

使用语音菜单时，要时刻准备着按下自己希望的选项，当听到所需要的选项就立刻按下号码，这样就不需要记住该选项的号码了。当语音菜单完成选项的解释后，无须回忆这个希望按下的号码。

相比之下，基于屏幕的菜单更容易使用，因为所有的选项都可以一目了然。它们可能更加复杂，使用多级菜单显示更多选项。如果经常使用同一个基于菜单的数据访问软件，就可以非常熟练地从菜单中找到需要的选项。

4．关键字搜索

传统上，由于习惯，我们会觉得分类存放信息易于查找，但有些事物不好分类，再加上计算机功能和处理速度的提高，还可以按照关键字而不是分类主题进行搜索。

关键字搜索引擎使我们避免了检索数据时在主题分类菜单中浪费时间。关键字搜索引擎在类似于万维网这样的非结构化数据库中得到了广泛应用。使用关键字搜索引擎检索数据，只需要输入像"数据挖掘"这样的词，搜索引擎就会定位相关信息。通常，它会显示出包含该关键字的文档摘要，可以从中选择认为最有用的文档。关键字搜索引擎的用户界面通常非常简单，但也允许使用更加详细的搜索条件来生成"高级"搜索。

5．实例查询

如果要迅速访问数据库中的信息，最好是把信息存储在结构化数据库中。由于结构规整，计算机的定位速度要比在非结构化数据库中定位的速度快许多。但是，结构会引起一些问题，例如用户可能不知道数据库的记录格式。因此，为了帮助用户搜索结构化数据库，有一种称为实例查询（缩写为 QBE）的方法。

6.3.5　设计 Access 表

表是数据库中的基本对象，因为它们保存所有信息或数据。例如，企业的数据库可以具有一个"联系人"表，用于存储供应商的名称、电子邮件地址和电话号码。在创建表之前，要考虑自己的要求并确定所有可能需要的表。

关系数据库（如Access）通常具有多个相关表。在设计良好的数据库中每个表存储有关特定主题的数据，例如员工或产品。表具有记录（行）和字段（列）。字段具有不同类型的数据，例如文本、数字、日期和超链接，如图 6-37 所示。

图 6-37　表的元素

① 记录：包含特定数据，如有关某员工或产品的信息。

② 字段：包含有关表使用者，如名字或电子邮件地址的某个方面的数据。

③ 字段的值：每个记录的字段的具体值。

（1）表和字段属性

表和字段的特性和行为由属性进行定义和控制。表的属性在表的属性表中设置，例如，可以设置表的"默认视图"属性，以指定在默认情况下如何显示表。字段的属性定义字段行为的某个方面。还可以在设计视图中使用"字段属性"窗格来设置字段属性。每个字段都具有数据类型，用于定义字段中存储的信息类型。例如，多行文本或货币是数据类型。

（2）表关系

虽然数据库中的每个表存储有关特定主题的数据，但是关系数据库（如 Access）中的表存储关于相关主题的数据。例如，数据库可能包含：

① 客户表，列出公司的客户及其地址。

② 产品表，列出所售产品，包括每个产品的价格和图片。

③ 订单表，跟踪客户订单。

要连接不同表中存储的数据，可以创建关系。关系是指具有共同字段的两个表之间的逻辑连接。

（3）键

属于表关系的一部分的字段称为键。键通常包含一个字段，但也可能包含多个字段。有两种类型的键：

① 主键：表只能有一个主键，主键包含唯一标识表中存储的每条记录的一个或多个字段。Access 自动提供名为 ID 号的唯一标识号作为主键。

② 外键：表可以有一个或多个外键。外键包含的值对应于其他表的主键中的值。例如，可能有一个"订单"表，其中每个订单都有一个对应于"客户"表中的记录的客户 ID 号。"客户 ID"字段即为"订单"表的外键。

键字段之间的值的对应关系构成表关系的基础。使用表关系来组合相关表中的数据。例如，假定有一个"客户"表和一个"订单"表。在"客户"表中，每条记录由主键字段 ID 标识。

若要使每个订单与客户关联，可以向"订单"表中添加对应于"客户"表的 ID 字段的外键字段，然后在两个键之间创建关系。在向"订单"表中添加记录时，对客户 ID 使用来自"客户"表的值。每当希望查看有关订单客户的任何信息时，都可以使用关系来识别"客户"表中的哪些数据对应于订单表中的哪些记录，如图 6-38 所示。

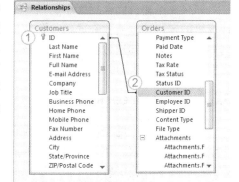

图 6-38　主键与外键

● 主关键字旁边有钥匙图标。

● 外键没有钥匙图标。

使用关系，即按相关表分隔数据的好处是：

① 一致性：因为每项数据只在一个表中记录一次，所以可减少出现模棱两可或不一致情况的可能性。例如，在有关客户的表中只存储一次客户的名字，而非在包含订单数据的表中重复（且可能不一致）存储它。

② 提高效率：只在一个位置记录数据意味着使用的磁盘空间更少。另外，与较大的表相比，较小的表往往可以更快地提供数据。如果不对单独的主题使用单独的表，则会向表中引入空值（不存在数据）和冗余，这两者都会浪费空间和影响性能。

③ 易于理解：如果按表正确分隔主题，则数据库的设计更易于理解。

（4）向数据库中添加表

如果有不属于任何现有表的新数据源，可以创建新表。可以采用多种方法将表添加到 Access 数据库，如创建新数据库、将表插入到现有数据库或者导入或链接另一个数据源中的表，如 Excel 工作簿、Word 文档、文本文件、Web 服务或其他数据库。创建新的空数据库时，会自动插入一个新的空表。然后可以在该表中输入数据来开始定义字段。

在新数据库中创建新表，步骤如下：

步骤 1：选择"文件"→"新建"→"空白桌面数据库"。

步骤 2：在"文件名"文本框中，为新数据库输入文件名。

步骤 3：要将数据库保存在不同位置，可单击文件夹图标。

步骤 4：单击"创建"按钮。

此时将打开新的数据库，以及名为"表 1"的新表，可根据其存储的数据类型重命名该表。

在现有数据库中创建新表的步骤如下：

步骤 1：选择"文件"→"打开"命令，打开数据库。

步骤 2：在"创建"选项卡的"表格"组中单击"表"按钮。将添加新表并在数据表视图中打开。

（5）外部数据

可以通过导入或链接到其他位置存储的数据来创建表。可以导入或链接到 Excel 工作表、XML 文件、其他 Access 数据库、Outlook 文件夹等位置的数据。

导入数据时，将在当前数据库的新表中创建数据的副本，以后对源数据进行的更改不会影响导入的数据，并且对导入的数据进行更改也不会影响源数据。连接到数据源并导入其数据后，可以使用导入的数据而无须连接到源。

链接到数据时，将在当前数据库中创建一个链接表，表示指向其他位置所存储的现有信息的活动链接。更改链接表中的数据时，也会更改源中的这些数据。每当源中的数据更改时，该更改也会显示在链接表中。每当使用链接表时，都必须能够连接到数据源。不能更改链接表的设计。

（6）在桌面数据库中设置表属性

可以设置应用于整个表或全部记录的属性。步骤如下：

步骤 1：选择要设置其属性的表。

步骤 2：在"开始"选项卡的"视图"组中单击"视图"按钮，再选择"设计视图"。

步骤 3：在"设计"选项卡的"工具"组中单击"属性表"按钮。

步骤 4：在属性表中单击"全部"选项卡。

步骤 5：单击要设置的属性的右侧框，然后为该属性输入值或更改设置。

步骤 6：按【Ctrl + S】组合键保存所做的更改。

（7）向数据库中的表中添加字段

将要跟踪的每条数据存储在字段中。例如，在"联系人"表中，可以创建"姓氏""名字""电话号码"和"地址"字段；在"产品"表中，可以创建"产品名称""产品 ID"和"价格"字段。

在创建字段之前，尝试将数据分隔成最小的有用部分，以便以后组合数据，将比分隔数据容易得多。如果计划对某个数据项进行汇总、排序、搜索或计算，应将该项单独放在字段中。

创建字段后，还可以设置字段属性来控制其外观和行为。

6.3.6　了解 Access 查询

使用查询可以更轻松地在 Access 数据库中查看、添加、删除或更改数据。使用查询还可以：

① 通过根据特定条件筛选快速查找特定数据。

② 计算或汇总数据。

③ 自动处理数据管理任务，例如定期查看最新数据。

（1）查询帮助查找和处理数据

在设计良好的数据库中，要通过窗体或报表显示的数据通常位于多个表中。查询可以从不同表中提取信息并组合信息以便显示在窗体或报表中。查询可以是向数据库提出的数据结果请求，也可以是数据操作请求，或两者兼有。查询可以为用户提供简单问题的答案，执行计算，合并不同表的数据，添加、更改或删除数据库中的数据。查询的类型有多种，用户可以根据任务创建某种类型的查询。

（2）创建选择查询

如果要仅从表中的特定字段查看数据，或从多个表同时查看数据，或只根据特定条件查看数据，可使用选择查询类型。

可以选择字段查看数据。例如，如果数据库中某个表包含关于产品的许多信息，而要查看产品及其价格的列表，可执行以下操作来创建选择查询，以便只返回产品名称和相应的价格：

步骤 1：打开数据库，在"创建"选项卡中单击"查询设计"按钮。

步骤 2：在"显示表"对话框的"表"选项卡中双击"产品"表，然后关闭对话框。

步骤 3：在"产品"表中，假设含有"产品名称"和"列出价格"字段。双击"产品名称"和"列出价格"，以将这些字段添加到查询设计网格中。

步骤 4：在"设计"选项卡中单击"运行"按钮，运行查询，显示产品和价格列表。

（3）从多个相关表同时查看数据

例如，如果具有食品销售商店的数据库，并且要查看生活在特定城市的客户的订单。假设关于订单的数据和关于客户的数据分别存储在名为"客户"和"订单"的两个表中。假设每个表都包含"客户 ID"字段，该字段构成这两个表之间的一对多关系。按照下列步骤，可以创建查询以便返回特定城市（例如，天津）中客户的订单：

步骤 1：打开数据库，在"创建"选项卡的"查询"组中单击"查询设计"按钮。

步骤 2：在"显示表"对话框的"表"选项卡中，双击"客户"和"订单"表。

步骤 3：关闭"显示表"对话框。注意将"客户"表中的"客户 ID"字段与"订单"表中的"客户 ID"字段连接起来的连线，该连线显示了两个表之间的关系。

步骤 4：在"客户"表中，双击"公司"和"城市"，以便将这些字段添加到查询设计网格中。

步骤 5：在查询设计网格的"城市"列中，清除"显示"行中的复选框。

步骤 6：在"城市"列的"条件"行中，输入"天津"。

清除"显示"复选框可防止查询在其结果中显示城市，而在"条件"行中输入"天津"可指定只想查看"城市"字段值为"天津"的记录。在此情况下，该查询只返回位于天津的客户。

步骤 7：在"订单"表中，双击"订单 ID"和"订单日期"，以便将这些字段添加到查询设计网格的后面两列中。

步骤 8：在"设计"选项卡的"结果"组中，单击"运行"按钮。该查询将运行，并且显示天津的客户的订单列表。

步骤 9：按【Ctrl + S】组合键保存该查询。

此外，还可以创建参数查询、创建总计查询、显示汇总或聚合数据、创建交叉表查询、创建生成表查询、创建追加查询、创建更新查询、创建删除查询等。

6.3.7　创建 Access 报表

报表是一种数据库对象，可显示数据库中的信息以用于下列用途：

① 显示或分发数据汇总。

② 存档数据快照。

③ 提供单个记录的详细信息。

④ 创建标签。

报表提供了在 Access 数据库中查看、格式化和汇总信息的方式。例如，可以为所有联系人创建一个简单的电话号码报表，或为不同地区和时间段的总销售额创建一个汇总报表。

（1）在 Access 中创建报表

可以按照以下步骤为 Access 桌面数据库创建报表：

步骤 1：选择记录源。

报表的记录源可以是表、命名查询或嵌入式查询。记录源必须包含要在报表上显示的数据的所有行和列。

① 如果数据来自现有表或查询，在导航窗格中选择相关表或查询，然后继续执行步骤 2。

② 如果记录源尚不存在，则执行下列操作之一：

- 继续执行步骤 2 并使用"空报表"工具；
- 创建包含所需数据的表或查询。在导航窗格中选择相关查询或表，然后继续执行步骤 2。

步骤 2：选择报表工具。

报表工具位于功能区"创建"选项卡的"报表"组中。

步骤 3：创建报表。

① 单击与你要使用的工具所对应的按钮。如果使用向导，则按照向导提示的步骤操作，然后单击最后一页上的"完成"。Access 在"布局"视图中显示所创建的报表。

② 格式化报表以获得所需外观：

- 调整字段和标签的大小，方法是选择字段和标签，然后拖动边缘直到达到所需要的大小。
- 选择一个字段及其标签（如果有），然后拖到新位置来移动字段。
- 右击一个字段，使用快捷菜单中的命令合并或拆分单元格、删除或选择字段以及执行其他格式化任务。

此外，还可使用一些功能使报表更加美观易读。

（2）添加分组、排序或汇总

在数据库报表中添加分组、排序或汇总的最快方法是右击所要对其应用分组、排序或汇总的字段，然后选择快捷菜单中的所需命令。

在布局视图或设计视图中打开报表时，还可使用"分组、排序和汇总"窗格来添加分组、排序或汇总：

步骤 1：如果"分组、排序和汇总"窗格尚未打开，则在"设计"选项卡的"分组和汇总"组中，单击"分组和排序"按钮。

步骤 2：单击"添加组"或"添加排序"按钮，然后选择要在其上执行分组或排序的字段。

步骤 3：在分组或排序行上单击"更多"，以设置更多选项和添加汇总。

（3）使用条件格式突出显示数据

Access 包含用于突出显示报表上数据的工具。用户可为每个控件或控件组添加条件格式规则。在客户端报表中，还可以添加数据栏以比较数据。

在控件中添加条件格式：

步骤 1：在导航窗格中右击报表，然后选择"布局视图"命令。

步骤 2：选择所需控件，在"格式"选项卡的"控件格式"组中单击"条件格式"按钮。

若要选择多个控件，可按住【Ctrl】键并单击这些控件。

步骤 3：在"条件格式规则管理器"对话框中，单击"新建规则"按钮。

步骤 4：在"新建格式规则"对话框中，在"选择规则类型"列表中选择一个值：

- 若要创建单独针对每个记录进行评估的规则，则选择"检查当前记录值或使用表达式"。
- 若要创建使用数据栏互相比较记录的规则，可选择"比较其他记录"。

步骤 5：在"编辑规则描述"下，执行何时应用格式及应用什么格式的规则，然后单击"确定"按钮。

步骤 6：若要为相同控件或控件集创建附加规则，可重复步骤 4～5。

（4）预览和打印报表

步骤 1：在导航窗格中右击报表，然后选择"打印预览"命令。

可以使用"打印预览"选项卡中的命令来执行下列任一操作：

① 打印报表；

② 调整页面大小或布局；

③ 放大或缩小，或一次查看多个页；

④ 刷新报表上的数据；

⑤ 将报表导出到其他文件格式。

步骤 2：单击"关闭打印预览"按钮。

可以在不预览报表的情况下直接打印：

① 在导航窗格中右击报表，然后选择"打印"命令，报表将被发送到默认打印机进行打印。

② 如果在导航窗格中选择报表并从"文件"选项卡选择"打印"命令，则可以选择附加打印选项，如页数和份数，并指定打印机。

思 考 题 6

请完成下列自测（单选题，在选定的答案上打"√"），检查对这一部分课文及实验的学习情况。

1. 下列哪一项不是数据库对象？（　　　）

　　A. 表　　　　　　　　B. 报表　　　　　　　C. 查询　　　　　　　D. 工作表

2. 下列哪一项描述的是关系数据库？（　　　）

　　A. 它提供整数之间的关系　　　　　　B. 它由相关数据的多个独立表组成

　　C. 它检索与其查询相关的数据

3. 数据库的主要构造块有哪些？（　　　）

　　A. 列表　　　　　　　B. 查询　　　　　　　C. 表　　　　　　　D. 以上全部

4. 将数据组织到表中的依据是（　　　）。

　　A. 字段属性　　　　B. 与数据关联的主题　　　　　　　C. 字符长度

5. 表中的行又称为（　　　）。

　　A. 字段　　　　　　B. 记录　　　　　　　C. 数据类型

6. 主键是（　　　）。

　　A. 可用来对表进行关联的唯一标识符

　　B. 辅助键前面的键　　　　　　C. 用来验证数据库的密码

7. 以下哪一项是对查询的最佳说明？（　　　）

　　A. 查询允许人们在数据库中轻松输入或查看数据

　　B. 查询可以汇总和打印数据　　　　　　C. 查询检索满足所设条件的数据

8. 在报表中可以执行下列哪项操作？（　　）

    A. 对数据执行计算   B. 向数据添加标题和格式

    C. 对数据分组   D. 以上全部

9. 使用窗体为何通常比使用表效率高？（　　）

    A. 因为窗体总是以行和列的形式显示数据   B. 因为窗体总是采用打印形式

    C. 因为窗体简化了数据的输入或查看

能力训练 6.2

本节"能力训练"的目的是：

① 熟悉数据库的基本概念，理解"数据独立性"与"数据安全"的含义及其应用。

② 区分结构化数据库和非结构化数据库，熟悉数据库检索技术及其应用。

③ 掌握桌面数据库软件 Access 的主要操作。

1. 工具/准备工作

① 在开始本训练之前，请认真阅读课程的相关内容。

② 需要准备一台安装有 Microsoft Office Access 2013 软件的计算机。

2. 训练内容与步骤

【训练 1】在"客户数据"报表中，将标题更改为"客户数据的详细信息"。以"第 N 页，共 M 页"格式将页码添加到所有页面底端内侧位置。

    步骤 1：在"训练素材"文件夹的 Access 子文件夹中（下同），打开练习文档 A2-1.accdb。

    步骤 2：右击"客户数据"报表，在弹出的快捷菜单中选择"设计视图"命令。

    步骤 3：修改标题为"客户数据的详细信息"，如图 6-39 所示。

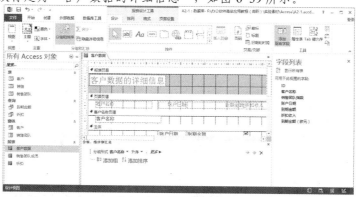

图 6-39　修改报表标题

    步骤 4：单击"设计"选项卡"页眉/页脚"组中的"页码"按钮，在"页码"对话框中选择"第 N 页，共 M 页"单选按钮。

    步骤 5：在"位置"区域选择"页面底端（页脚）"单选按钮。

    步骤 6：在"对齐"下拉列表框中选择"内"选项，如图 6-40 所示。

    步骤 7：单击"确定"按钮。

    步骤 8：单击"保存"按钮，保存该报表。

【训练 2】对"客户"表应用过滤，仅显示"到期金额"大于或等于 5000 的记录。

图 6-40　"页码"对话框

步骤 1：打开练习文档 A2-2.accdb。

步骤 2：双击"客户"表，打开"客户"表。

步骤 3：选中"到期金额"列。

步骤 4：单击"开始"选项卡"排序和筛选"组中的"筛选器"按钮。

步骤 5：在弹出的窗口中选择"数字筛选器"下拉菜单中的"大于"命令，如图 6-41 所示。

图 6-41　选择"大于"命令

步骤 6：在"自定义筛选"对话框的文本框中输入 5000，如图 6-42 所示。

图 6-42　设置数值

步骤 7：单击"确定"按钮，效果如图 6-43 所示。

图 6-43　筛选结果

【训练 3】在"计算客户数量"查询中，将查询更改为显示"地区主管姓名"和"客户姓名"的数量。运行并保存该查询。

步骤 1：打开练习文档 A2-3.accdb。

步骤 2：右击"计算客户数量"查询，在弹出的快捷菜单中选择"设计视图"命令。

步骤 3：单击"设计"选项卡"显示/隐藏"组中的"汇总"按钮。

步骤 4：在"客户姓名"字段下的"总计"行选择"计数"，如图 6-44 所示。

步骤 5：单击"设计"选项卡"结果"组中的"运行"按钮，运行该查询，结果如图 6-45 所示。

步骤 6：单击"保存"按钮，保存该查询。

【训练 4】移除"客户"和"销售团队"表之间的参照完整性。（注意：接受所有其他的默认设置）

步骤 1：打开练习文档 A2-4.accdb。

步骤 2：单击"数据库工具"选项卡。

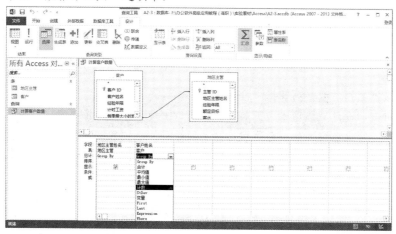

图 6-44　选择"计数"汇总类型

图 6-45　查询运行结果

步骤 3：单击"关系"组中的"关系"按钮，打开"关系"对话框。

步骤 4：在"关系"对话框中双击"客户"和"销售团队"表之间的连接线，弹出"编辑关系"对话框。

步骤 5：在"编辑关系"对话框中取消选择"实施参照完整性"复选框，如图 6-46 所示。

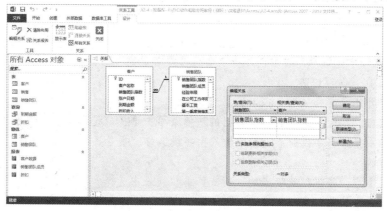

图 6-46　编辑关系

步骤 6：单击"确定"按钮。

【**训练 5**】创建一个新表，使用"学生 ID"作为主键，并将其设为"自动编号"。创建文本字段"学生姓名""地址"和"电话"，将该表保存为"学生信息"。

步骤 1：打开练习文档 A2-5.accdb。

步骤 2：单击"创建"选项卡。

步骤 3：单击"表格"组中的"表设计"按钮。

步骤 4：在表设计窗口中的"字段名称"列输入"学生 ID"。（注意："学生"和"ID"之间有一个空格）

步骤 5：在"数据类型"列选择"自动编号"。

步骤 6：单击"设计"选项卡"工具"组中的"主键"按钮，将该字段设为主键。

步骤 7：在"字段名称"列第 2 行输入"学生姓名"，"数据类型"选择"短文本"。

步骤 8：在"字段名称"列第 3 行输入"地址"，"数据类型"选择"长文本"。

步骤 9：在"字段名称"列第 4 行输入"电话"，"数据类型"选择"短文本"，如图 6-47 所示。

步骤 10：单击"保存"按钮。

图 6-47　设计表

步骤 11：在"另存为"对话框的"表名称"文本框中输入"学生信息"。

步骤 12：单击"确定"按钮。

【**训练 6**】在"学生信息"表中创建一个名为"报名日期"的新字段，使用"长日期"格式，并默认为当前日期。保存该表。

步骤 1：打开练习文档 A2-6.accdb。

步骤 2：右击"学生信息"表，在弹出的快捷菜单中选择"设计视图"命令。

步骤 3：在紧接原有字段的下一行中输入新字段名称"报名日期"，"数据类型"选择"日期/时间"。

步骤 4：在下方"常规"选项卡的"格式"下拉列表中选择"长日期"。

步骤 5：在"默认值"文本框中输入"= Date()"，代表返回当前系统日期的日期变量，如图 6-48 所示。

图 6-48 设置字段默认值

步骤 6：单击"保存"按钮，保存该表。

【训练 7】从"文档"文件夹中的"学校.accdb"数据库导入"讲师"表作为新表。（注意：接受所有其他的默认设置）

步骤 1：打开练习文档 A2-7.accdb。

步骤 2：单击"外部数据"选项卡。

步骤 3：单击"导入并链接"组中的"Access"按钮，弹出"获取外部数据-Access 数据库"对话框。

步骤 4：在"文件名"文本框右侧单击"浏览"按钮，在训练素材文件夹中选取"学校.accdb"数据库文件，如图 6-49 所示。

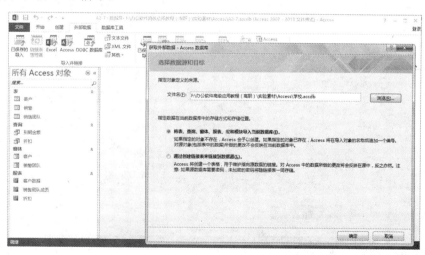

图 6-49 选取数据源

步骤 5：在"选择数据源和目标"对话框中单击"确定"按钮。

步骤 6：在"导入对象"对话框中单击"表"选项卡。

步骤 7：选择"讲师"表，如图 6-50 所示。

图 6-50　选择表

步骤 8：单击"确定"按钮。

步骤 9：在"保存导入步骤"对话框中单击"关闭"按钮。

【**训练 8**】创建一个新表，使用"教师 ID"作为主键字段，并将其设为"自动编号"。创建一个名为"备注"的文本字段和一个名为"雇佣日期"的日期/时间字段。将该表保存为"教师管理"。

步骤 1：打开练习文档 A2-8.accdb。

步骤 2：单击"创建"选项卡。

步骤 3：单击"表格"组中的"表设计"按钮。

步骤 4：在表设计窗口中的"字段名称"列输入"教师 ID"（注意："教师"和"ID"之间有一个空格），在"数据类型"下拉列表中选择"自动编号"。

步骤 5：单击"设计"选项卡"工具"组中的"主键"按钮，将该字段设为主键。

步骤 6：在"字段名称"列第 2 行输入"备注"，"数据类型"选择"长文本"。

步骤 7：在"字段名称"列第 3 行输入"雇佣日期"，"数据类型"选择"日期/时间"，如图 6-51 所示。

图 6-51　设计表

步骤 8：单击"保存"按钮。

步骤 9：在"另存为"对话框的"表名称"文本框中输入"教师管理"。

步骤 10：单击"确定"按钮。

【**训练 9**】更改 Access 选项，以在关闭数据库文件时对其进行压缩。

步骤 1: 打开练习文档 A2-9.accdb。

步骤 2: 单击"文件"选项卡。

步骤 3: 选择"选项"命令,弹出"Access 选项"对话框。

步骤 4: 在"Access 选项"对话框中选择"当前数据库"选项。

步骤 5: 选中"关闭时压缩"复选框,如图 6-52 所示。

步骤 6: 单击"确定"按钮。

步骤 7: 在弹出的"必须关闭并重新打开当前数据库,指定选项才能生效"对话框中单击"确定"按钮。

图 6-52　"Access 选项"对话框

【**训练 10**】更改"折扣"查询,使"账户日期"字段为第 1 列,"客户名称"为第 2 列。然后添加"折扣收入"作为最后一列。运行并保存该查询。

步骤 1: 打开练习文档 A2-10.accdb。

步骤 2: 右击"折扣"查询,在弹出的快捷菜单中选择"设计视图"命令。

步骤 3: 在设计视图中选中第 2 列"账户日期"字段,将其拖动到第 1 列的位置,使其原来的第 1 列"客户名称"列变为第 2 列。

步骤 4: 在空白列第 4 列字段行选择"折扣收入"字段,如图 6-53 所示。

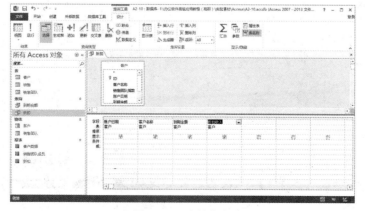

图 6-53　选择字段

步骤 5：单击"设计"选项卡"结果"组中的"运行"按钮，运行该查询，结果如图 6-54 所示。

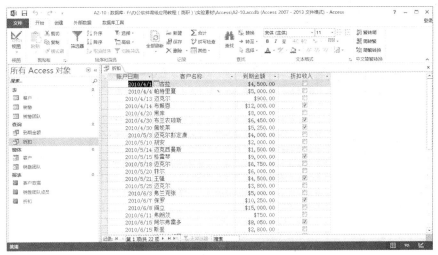

图 6-54　查询运行结果

步骤 6：单击"保存"按钮，保存该查询。

【训练 11】创建新的查询，仅显示"讲师"表中取得"高级讲师资格"的讲师。显示"讲师姓名""经验年限"和"计时工资"，包含"高级讲师资格"字段，但将其隐藏。运行该查询，将其保存为"讲师查询"。

步骤 1：打开练习文档 A2-11.accdb。

步骤 2：单击"创建"选项卡。

步骤 3：单击"查询"组中的"查询设计"按钮。

步骤 4：在"显示表"对话框中单击"表"选项卡。

步骤 5：选择"讲师"表。

步骤 6：单击"添加"按钮，如图 6-55 所示。

图 6-55　添加表

步骤 7：单击"关闭"按钮，关闭"显示表"对话框。

步骤 8：在设计视图中依次添加"讲师姓名""经验年限""计时工资"和"高级讲师资格"字段。

步骤 9：取消选择"高级讲师资格"字段下方的"显示"选项复选框（代表隐藏该字段）。

步骤 10：在"高级讲师资格"字段下方的"条件"行输入"Yes"（表示仅显示取得高级讲师资格的教师的数据），如图 6-56 所示。

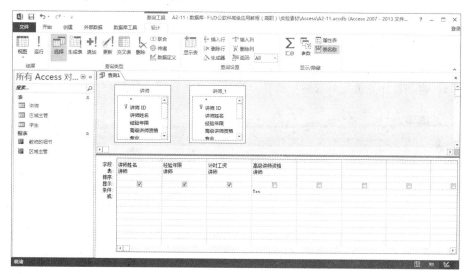

图 6-56 更改条件

步骤 11：单击"设计"选项卡"结果"组中的"运行"按钮，运行该查询，结果如图 6-57 所示。

图 6-57 查询运行结果

步骤 12：单击"保存"按钮，保存该查询。

步骤 13：在"另存为"对话框的"查询名称"文本框中输入"讲师查询"。

步骤 14：单击"确定"按钮。

> **提示:**
> 　　也可以在查询窗口中右击"高级讲师资格"字段,在弹出的快捷菜单中选择"隐藏字段"命令,隐藏该字段。

　　【**训练 12**】使用查询向导创建一个名为"高薪主管"的"简单查询",包含"主管薪水"查询中的所有字段。然后编辑该查询标准,使其仅显示"薪水"高于 55 000 的记录。运行并保存该查询。

　　步骤 1: 打开练习文档 A2-12.accdb。

　　步骤 2: 单击"创建"选项卡。

　　步骤 3: 单击"查询"组中的"查询向导"按钮。

　　步骤 4: 在"新建查询"对话框中选择"简单查询向导",如图 6-58 所示。

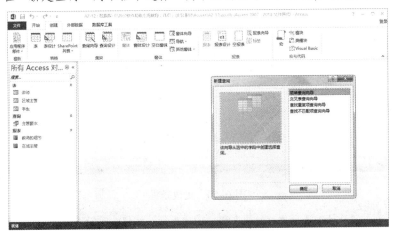

图 6-58　选择"简单查询向导"

　　步骤 5: 单击"确定"按钮。

　　步骤 6: 在"简单查询向导"对话框"表/查询"下拉列表框中选择"查询:主管薪水"。

　　步骤 7: 在"可用字段"列表框右侧单击">>"按钮,添加所有字段到"选定字段"列表框,如图 6-59 所示。

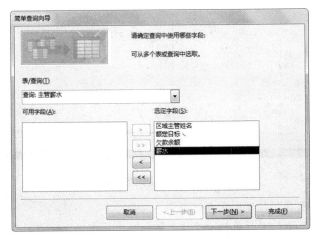

图 6-59　选择字段

步骤 8：单击"下一步"按钮；

步骤 9：在"请确定采用明细查询还是汇总查询"处保持默认选项"明细（显示每个记录的每个字段）"，如图 6-60 所示。直接单击"下一步"按钮。

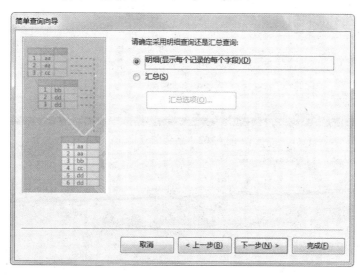

图 6-60　选择采用明细查询

步骤 10：在"请为查询指定标题"文本框中输入"高薪主管"，如图 6-61 所示。

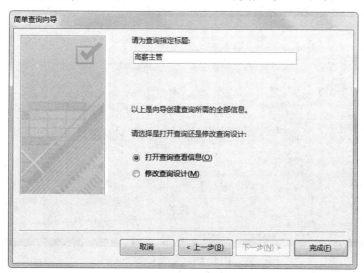

图 6-61　指定查询标题

步骤 11：单击"完成"按钮，效果如图 6-62 所示。

步骤 12：在"查询"窗口中选择"薪水"列。

步骤 13：在"开始"选项卡"排序和筛选"组中单击"筛选器"按钮。

步骤 14：在弹出的列表中选择"数字筛选器"→"大于"，如图 6-63 所示。

步骤 15：在"自定义筛选"对话框的"薪水大于或等于"文本框中输入"55000"。

步骤 16：单击"确定"按钮，使其仅显示"薪水"高于 55 000 的记录，如图 6-64 所示。

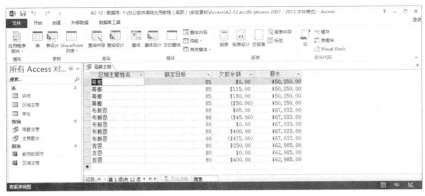

图 6-62　新建的查询

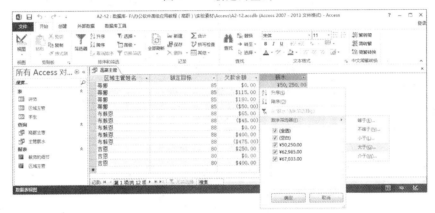

图 6-63　指定筛选条件

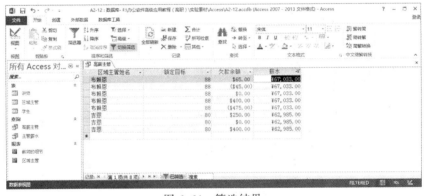

图 6-64　筛选结果

步骤 17： 单击"保存"按钮，保存该查询。

【训练 13】 创建报表并添加位于"学生"表中的以下字段：学生姓名、报名时间、每月辅导小时数、教师 ID，将该报表保存为"学生报表"。（注意：接受所有其他的默认设置）

步骤 1： 打开练习文档 A2-13.accdb。

步骤 2： 单击"创建"选项卡。

步骤 3： 单击"报表"组中的"报表向导"按钮。

步骤 4： 在"报表向导"对话框的"表/查询"下拉列表框中选择"表：学生"。

步骤 5： 在"可用字段"列表框中选择"学生姓名"。

步骤 6：单击 ">" 按钮，将其添加到 "选定字段" 列表框。

步骤 7：同理，依次添加 "报名时间" "每月辅导小时数" "教师 ID" 字段到 "选定字段" 列表框，如图 6-65 所示。

步骤 8：单击 "下一步" 按钮。

步骤 9：在 "是否添加分组级别" 对话框中接受所有其他的默认设置，单击 "下一步" 按钮。

步骤 10：在 "请确定明细信息所用的排序次序和汇总信息" 对话框中接受所有其他的默认设置，单击 "下一步" 按钮。

步骤 11：在 "请确定报表的布局方式" 对话框中接受所有其他的默认设置，单击 "下一步" 按钮。

步骤 12：在 "请为报表指定标题" 文本框中输入 "学生报表"，如图 6-66 所示。

步骤 13：单击 "完成" 按钮，完成该报表，如图 6-67 所示。

图 6-65　选择字段

图 6-66　指定标题

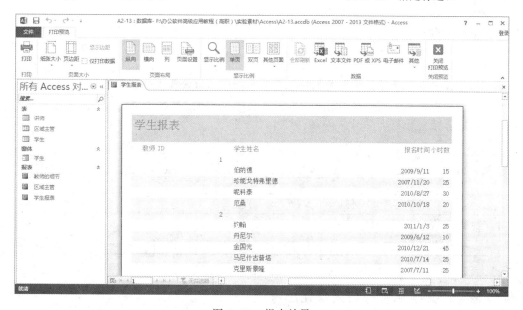

图 6-67　报表效果

【训练 14】将数据库备份到 "文档" 文件夹，并命名为 "备份"。（注意：接受所有其他的默认设置）

步骤 1：打开练习文档 A2-14.accdb。

步骤 2：单击"文件"选项卡。

步骤 3：选择"另存为"命令。

步骤 4：选择"数据库另存为"选项。

步骤 5：选择"备份数据库"选项。

步骤 6：单击"另存为"按钮，如图 6-68 所示。

步骤 7：在"另存为"对话框的"保存位置"处选择"文档"文件夹。

步骤 8：在"文件名"文本框中输入"备份"。

步骤 9：单击"保存"按钮，完成数据库的备份。

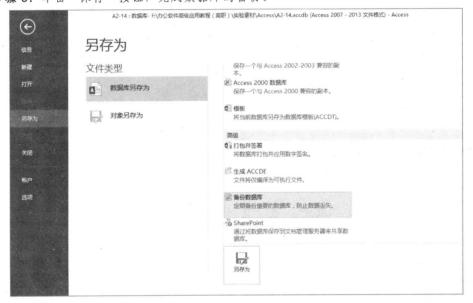

图 6-68　另存数据库

请记录：上述各项操作能够顺利完成吗？如果不能，请说明为什么。

_____

3．训练总结

_____

_____

_____

4．教师评价

_____

_____

阅读与思考：数字化生存与人性化思考

生存与思考，是人类的永恒主题，也是科学家和艺术家使命之所在。

法国南部拉斯科洞穴岩画至今已有一万五千年历史，欧洲先民在岩画上留下的巨大的彩色野牛攻敌图依然使人惊心动魄；非洲东南部加坎斯伯洞穴岩画经过了约九千年的风霜，非洲先民描绘的集体使用弓箭的狩猎场面和白衣妇人的舞蹈姿态仍在召唤后人的加入。

自公元前 3500 年苏美尔人在泥板上书写象形文字以来，生存与思考成为有文字记载的人类文明史的主线。从西方的泥板书、羊皮纸到东方的甲骨文、青铜器，生存状态的改变、科学技术的进步与人类记录思想、保存思想的不懈追求始终联系在一起。埃及金字塔是科学也是艺术；悉尼歌剧院是艺术又是科学。苹果砸出的牛顿地心引力是由生存状态引发的科学思考；罗丹的雕塑精品《思想者》是对科学思考的艺术提炼。

科学家与艺术家是人类文明的代表，他们都关注人类的生存状态。在使命感、责任感的强烈驱动下，科学家和艺术家们所表现的共同点是他们的创新意识。所不同的是：科学家们更多的是通过自己的实践行为直接参与和推动改变外部世界和人类生存状态的过程——研究生命起源、探索外层空间就是这种追求的体现；而艺术家们对人类生存状态表现更多的是强烈的爱憎感情和深刻的哲学思考，他们内心情感的积淀和爆发通常是各种艺术创作源泉之所在——对现实的批判和对理想的追求是大师们作品的共同主题。

科学的参与性、实践性与艺术的思想性、情感性是人所共见的事实。然而，艺术家们对科学实践的探求和科学家们对社会人生的思考是在科学和艺术的创造中更值得我们关注的现象。

深处音乐殿堂的交响乐出现于 18 世纪后半叶。交响乐以其内容深刻、结构完美，能够表现复杂而变化多样的思想感情，被认为代表了人类音乐思维的最高成就。而由铜管乐器组、木管乐器组、弦乐器组和打击乐器组构成的能够演奏交响乐的管弦乐队，则是 18 世纪声学和乐器制造技术水平的最高体现。

摄影艺术和电影艺术均诞生于 19 世纪，是基于科学家对光学原理的深刻理解。在 20 世纪发展过程中，有声电影、彩色电影、立体电影、宽银幕电影、球幕电影等形式的不断出现，更是把艺术创作与科学进步融为一体。当然，艺术家们不仅仅是接受科学成果，他们的艺术创作也在某种程度上推动着科学技术的进步和发展。法国电影大师梅里爱 1902 年在电影《月球旅行记》中，利用现代蒙太奇手法和特技手段讲述了一个科学家登月探险的故事。虽然银幕上的科学家显得那样幼稚，类似炮弹的登月工具显得那样拙劣，但这毕竟是第一次把人类登月的愿望付诸行动的尝试，尽管这种尝试是在银幕上。我们很难说 1969 年美国宇航员阿姆斯特朗等人登上月球的行动不是这种努力的延续。

1905 年爱因斯坦提出的相对论，揭示了空间、时间、物质和运动之间的内在联系。他的相对时空观不仅为科学认识世界提供了思想武器，也为艺术家对现实世界的思考和反馈提供了理论依据。作为科学家的爱因斯坦从小学习小提琴，并经常与身为出色钢琴家的母亲一起演二重奏。爱因斯坦的传记作者巴内什·霍夫曼写道：爱因斯坦的深刻本质藏在他的质朴个性中；而他的科学本质藏在他的艺术性中——他对美的非凡感觉。毕加索的分析立体主义油画作品，把对象分解后重新装配组合，在一个平面上同时表现人物的正面、侧面和斜侧面，在一定程度上是从艺术创作的角度印证了爱因斯坦科学理论中的相对空间概念。

从某种意义上说，艺术家和科学家的共通点是人性的流露。毕加索的大型油画《战争》与《和平》用的是分析立体主义手法，表现的却是人类最直白的呼声；爱因斯坦是最早认识到原子分裂可能释放出可怕的毁灭性力量的科学家之一，他又是积极呼吁废除所有核武器的和平斗士。正是有了这样一个共通的基点，人类才得以生存，社会才得以发展。

计算机出现于 20 世纪 40 年代。计算机是科学技术进步的产物，然而，从计算机诞生的第一天起，科学家们就思考着在计算机的数字化内核中融入人性化元素。从纯数字化的汇编语言到以英语为基本指令的高级编程语言的发展，是计算机与人对话的成功尝试；从占据一栋楼的大型主机到可放在办公桌面上的个人计算机的出现，是计算机与普通人交往的开始。

个人计算机的早期操作系统需要用户记忆 DOS 指令，苹果公司发明的图形界面使没有学过操作系统的用户也能使用计算机。键盘曾经是计算机输入的唯一途径，道格拉斯·恩格尔巴特发明的鼠标却用一个按键动作完成了人机交互的复杂过程。计算机表现的纯文本信息过于单调，立体声和动态视频在计算机信息处理中的应用使人的感官得到了充分的满足。语音识别、远程登录、动态交互、人工智能等，这些与计算机技术相关的科学进步实际上反映的是科学家们在数字化生存中最直接的人性化思考。

20 世纪末，美国麻省理工学院媒体实验室主任尼格拉庞地的《数字化生存》一书给人类的生存与思考打上了新的时代烙印。当人们用计算机、多媒体、互联网等数字化元素重新构建我们的生存环境时，数字化生存与人性化思考就成了当代科学家与艺术家们所必须关照的共同主题。

富有感情的艺术家们是人性化的代表。在 20 世纪的艺术殿堂中我们却常常看到艺术家们的数字化生存方式。

20 世纪 70 年代中期，当个人计算机刚刚从实验室走向公众的时候，美国电影《未来世界》就给我们展现了缺乏人性化的数字化发展将给人类社会带来怎样的灾难。1984 年，从没使用过计算机的加拿大小说家威廉·吉普森在作品《神经漫游者》中，第一次提出了当时科学家们还未能描述的网络虚拟空间的概念。在作品中，作家担心的不是网络空间是否能够形成，而是在融合现实世界和虚拟空间的网络社会中人性的挑战和争斗。

电子音乐是现代电子技术和音乐艺术的结合。以电子振荡为发声原理的电子琴和电子合成器具有以物理发声为基础的传统乐器不可比拟的长处。电子合成器不但能模拟传统乐器和自然界音响，而且能合成自然界不存在的音响。电子计算机音乐的出现使音乐家的创作空间得到拓展，他们可以将音乐的速度、力度、节奏、和声风格、曲式结构按自己的愿望编成计算机程序输入到计算机，实现创作和演奏。截止 2001 年 4 月，在网上设有自己主页、有姓名可考的计算机音乐人有 1105 人之多。目前在世界范围内专业化电子音乐、社会化电子音乐和家庭化电子音乐已经成为音乐艺术创作中不可或缺的有机组成部分。

计算机美术是从计算机界面设计中逐渐分离出来的一个独立艺术门类。早期的计算机美术作者多为从事计算机图像处理或略有色彩和造型基础的计算机软件人员。他们与计算机的天然缘分和工作需求使早期的电脑美术作品带有明显的实用目的。计算机桌面、书籍装帧、设计效果图是最常见的样例。随着专业美术人员计算机水平的提高和介入，计算机美术才真正出现了以艺术创作为目的的作品。近年来，世界各地每年都有国际性的计算机美术作品展示和学术研讨会举行。网上的计算机艺术虚拟展览会更是计算机美术领域的专利。从展示的大量作品中，你除了看到表现计算机长处的线条、色彩、拼接和变形处理的创作手法外，艺术家们将计算机表现能力与传统油画甚至中国画技法结合的作品，已可达到乱真的程度。

计算机交互媒体艺术的出现是艺术家们数字化生存的高级阶段。从二维平面到三维动画，从视觉艺术到视听交互，从虚拟现实空间到可以由用户选取交互点的虚实结合的交互媒体——计算机技术的每一步发展，都为艺术家们提供了更为广阔的创作空间。交互媒体艺术的集中表现是在电子游戏领域。 2001 年 3 月，第 16 届世界游戏开发者大会在美国硅谷附近的圣何塞举行，会议的主题是关于"电子游戏中的人工智能生命"。所有在计算机行业工作的人都知道一个奇怪的事实：最新的计算机软硬件技术一定是在游戏领域最先应用。在电子游戏的创作和开发过程中，计算机科学的最新发展与艺术家的无边想象力得到了完美的结合。声音、光影、色彩与无数个三维模型一起构成了许多令儿童和成人都为之疯狂的生动场景。人们在虚拟世界中赛车、探险、打斗，身不由己地扮演一个有着数字生命的角色去与他人交往，去构建新的社区，甚至去创建自己的帝国。

可以想见，随着计算机在日常生活中的普及与在艺术领域的广泛应用，艺术家的数字化生存与科学家的人性化思考将是未来社会的突出主题。

生存与思考是人生的基本状态，数字化生存与人性化思考则揭示了人生基本状态中现实的矛盾与对立。我们相信，艺术家的数字化生存与科学家的人性化思考将为消除生存矛盾、推动社会发展起到不可替代的决定作用。

资料来源：本文作者为熊澄宇，此处有删改。

第 **7** 章

办公软件综合应用

办公软件应用需要不断发展和与时俱进。办公软件除了单项应用水平不断提高，应用能力不断增强之外，在今天因特网和大数据时代的大背景下，应该积极体现综合应用和协同作业的水平。

除了前面各章所介绍的 Microsoft Office 系列办公软件之外，在因特网上，还能收集到大量的用于办公应用的软件工具，Microsoft Office 系列也还有一些其他的优秀办公软件产品，并且仍在继续发展中。

7.1 PDF 格式及其阅读器软件

PDF（Portable Document Format，可移植文件格式，又称为便携文档格式）由 Adobe 公司发明，现已成为全世界各种标准组织用来进行更加安全可靠的电子文档分发和交换的出版规范。作为电子文档的标准格式，Adobe PDF 在各企业、政府机构和教育工作者中广为使用，以期简化文档交换、提高生产率、省却纸张流程，网络上的大量文献资料，也经常采用 PDF 格式文件。

PDF 阅读器软件 Adobe Reader 是 Adobe 公司开发的一种电子文档阅读软件，专门用于打开 PDF 格式的文档，Adobe 公司提供了免费下载的 PDF 阅读器软件，国内许多软件下载网站也有 PDF 文件阅读器免费下载。PDF 阅读器有时也被称为 PDF 文件阅读器、PDF 浏览器、PDF 电子书阅读器或者 PDF 文件浏览器。

PDF 文件格式的优点在于其文件格式与操作系统平台无关，也就是说，PDF 文件不管是在 Windows、UNIX 还是在苹果公司的 Mac 操作系统中都是通用的。这一特点使它成为在因特网上进行电子文档发行和数字化信息传播的理想文档格式。越来越多的电子图书、产品说明、公司文告、网络资料、电子邮件开始使用 PDF 格式文件，它已成为数字化信息事实上的一个工业标准。

PDF 阅读器仅用于打开 PDF 格式的电子文档，但是要将 Word 等文件转化为 PDF 格式的电子文档，则需要使用 Adobe Acrobat，而 Acrobat 是一个收费软件。安装了可制作 PDF 格式电子文档的 Adobe Acrobat 之后，不必专门安装 Adobe Reader 也可以阅读 PDF 文档。

7.2 商务出版 Publisher

Publisher 的作用是为多种商业和市场出版物准备预先设计好的出版物，也称为出版物向导。Publisher 包括了新闻稿、小册子、网站、名片、明信片、贺卡、媒体标签等数百个专业设计方案作为用户设计的基础。一旦掌握了开始创作和自定义出版物所需的基本技能，即可轻易地将这些技能应用于各种类型的个人出版物和业务出版物的设计创作中。

每种预先设计的出版物都有多种不同的设计可用，用户可以按照出版物类型或设计风格来浏览可以选择的预先设计的出版物。可以选择想要的出版物设计，再添加自己的内容和图形，然后自定义出版物的设计、布局、配色方案和字体方案。

Publisher 中预先设计的出版物主要有：

（1）书面出版物。快捷出版物、广告、奖状、横幅、小册子、名片、业务表、日历、目录、信封、传单、礼品证书、贺卡、请束、标签、信头、菜谱、新闻稿、折纸方案、明信片、节目单、简历、签约单、致意卡。

（2）Web 出版物。简易网站生成器（创建自定义网站）、三页网站、产品销售、专业服务。

（3）电子邮件。新闻稿、信函、事件/发言人、事件/活动、产品列表、特色产品。

7.2.1　使用 Publisher 开展直邮促销业务

直邮促销是吸引新客户以及挖掘最佳业务客户客户的极佳方式。当用户明确了当前促销行为所面向的目标客户、预期的促销效果以及促销内容之后，即可使用 Publisher 来创建直邮出版物。

在 Publisher 中，用户可以在大量出版物中进行选择，包括明信片、传单、贺卡、信函、小册子、新闻稿和商品目录。也可以将多个出版物合并为一个直邮包，向读者发布各种信息。

对于设计方案也有多种选择，包括从预先设计的出版物或模板入手到从头开始创建自己的出版物。

（1）明信片。明信片是可以直接抵达客户的一种最为古老且历史悠久的方法，同时也是生产起来最为经济的一种直邮促销材料。使用明信片可以发布降价信息、邀请客户参加特殊活动、公布变更信息或者提供免费试用或折扣信息。Publisher 提供了 150 多种预先设计的明信片供选择。

（2）传单。如果要向客户发送的信息太多，超出了一张明信片所能容纳的信息量，则可以使用传单。与明信片一样，传单生产起来也是简便而又经济，而且在设计上占据了一整页纸，两面都能够进行打印，可容纳两到四倍的信息量。虽然如此，但切记千万不要提供过量信息而令客户无所适从，应根据直邮目的来选择内容。

如果希望提供地图和说明、突出特价信息或简要介绍新产品，则传单是一种非常理想的方式。可以从 145 种传单设计方案中进行选择，并且可以通过添加赠券、订单、签约单等内容自定义设计方案。

（3）贺卡和信函。亲笔签名的卡片或信件可以表达谢意，并会使客户感觉受到尊重。这种直邮形式非常适合用于数量有限的老主顾。

（4）小册子。若要向新客户介绍公司及其产品和服务，小册子是一种非常理想的选择。无须另外花钱买信封，而只须向背面面板上添加客户通信地址，即可方便地将小册子寄出，而且还不受寄件人所在位置的限制。

使用 Publisher 的小册子设计方案，可以选择将页面分为三或四个版面，也可以通过添加订单、签约单或回单来自定义任何小册子。

（5）出版物包。如果希望发送大量信息并引起尽可能多的客户的兴趣，则可将多份销售材料合并为一个直邮包。

（6）选择出版物设计方案。一旦确定了出版物类型，就可以选择设计方案了。也可以从头开始设计出版物。

（7）使用预先设计的出版物。可以为某个直邮出版物使用独特的设计方案，并保留体现公司标识的配色方案和字体。

7.2.2　将在 Publisher 中创建的商标标识应用到其他 Office 程序中

采用并推广统一的商标标识是任何企业营销策略成功的关键因素。独一无二的商标标识会将企业与其竞争对手明显区分开来。为树立品牌的客户忠诚度和知名度，需要随时随地抓住与客户接触的任何机会，不断向他们灌输有关商标标识的信息。

企业的商标标识一般通过特殊的图形设计元素和词语来表现，包括徽标、公司专用颜色或口号等，这些元素将出现在所创建的营销或广告材料中。使用 Publisher 可以便捷地创建一系列具有统一标识的常用商业出版物和营销出版物。通过使用或修改 Publisher 提供的 45 种"主设计方案集"中的某一方案，可以创建带有商标信息的出版物。或者，可以选择从头开始设计商标标识，并为开展营销宣传创建一系列 Publisher 模板。

但是，有时可能需要在 Publisher 以外的其他程序中创建面向客户的文档或演示文稿。使用 Publisher 的"另存为图片"功能，可保存商标标识的视觉元素，以便在其他程序中重复使用。然后，就可以在其他 Office 程序中创建面向客户的材料了，这些材料将与在 Publisher 中创建的营销材料具有统一外观和设计风格。

可以：

（1）在 Word 中创建带有商标信息的信头。

（2）在 Excel 中创建带有商标信息的报表和图表。

（3）为 PowerPoint 演示文稿创建带有商标信息的模板。

（4）向 Visio 绘图中添加徽标或其他商标元素。

在这些 Office 应用程序的任何程序中创建带有商标信息的材料后，可以将文件另存为模板，这样以后就可以在这些程序中快速、高效地创建其他带有商标信息的材料。

7.3　Office 软件的协同作业

Microsoft Office 套装软件中包含了丰富的办公软件，例如：在 2013 版本中，包括了文字处理 Word、电子表格 Excel、演示文稿 PowerPoint、数据库 Access、笔记本管理平台 OneNote、个人信息管理 Outlook 和商务出版 Publisher 等优秀产品。Office 软件为个人、工作组和组织提供了完善的办公软件工具集，为工作组协作提供了一个功能更为丰富且更为安全的办公协作环境。

下面进一步了解如何将绘制的图形添加到将与同事或客户共享的 PowerPoint 演示文稿或 Word 文档中。

7.3.1　嵌入、链接和粘贴

通常，我们会使用最熟悉的方法，即复制 Visio 中的图形并将其粘贴到目标文件中，但这种方法并不保证总能得到所需的结果。

实际上，将 Visio 绘制的图片添加到演示文稿、文档和出版物中，可以有嵌入、链接和粘贴这三种方法。

（1）嵌入。这是处理所有绘图的最佳方法，当绘图是专为目标文件所创建的时候尤其如此。

嵌入的正式名称为插入嵌入的对象。当在目标文件中嵌入绘图时，该绘图的复本将成为该文件的一部分（嵌入文件）。

嵌入绘图是最容易的方法，如果仅仅是复制 Visio 中的绘图并将其粘贴到目标文件中，所做的就是嵌入图形。

由于嵌入意味着图形的副本成为目标文件的一部分，则在将演示文稿、文档或出版物移动到另一台计算机上时，不必附带绘图文件。得益于 OLE（对象链接与嵌入）技术，我们现在可以使用 Visio 工具和功能在不离开目标文件的情况下编辑绘图副本。

但是，有时候嵌入也不是最佳方法。例如：在文件中嵌入绘图时，将显著增加文件大小；如果要修订原始绘图，则必须嵌入新的副本；没有安装 Visio 的用户无法修订目标文件中的绘图。

（2）链接。对于下列绘图，采用链接绘图是一种不错的方法：

① 频繁变化的绘图，如组织结构图或网络图示。

② 由多个用户或组进行维护和更新的绘图，如工艺流程图。

链接的正式名称为插入链接对象。将绘图链接到演示文稿、文档或出版物中时，绘图将被插入，且绘图和目标文件之间将建立关系。原始绘图被更新后，用户不必考虑是否需要更新目标文件，因为每次打开目标文件时都将检查绘图的状态并询问是否要显示最新的版本。在添加需要进行大量更新的绘图时，这种方法是非常有用的。

但是，如果要将演示文稿、文档或出版物移动到另一台计算机上，则必须记得同时移动绘图文件，否则无法修订绘图。此外，没有安装 Visio 软件的用户将无法修订文件中的绘图。

将绘图插入为链接对象与创建指向绘图的超链接不同。在链接绘图时，绘图自身将显示在演示文稿、文档或出版物中。在创建超链接时，只显示超链接文本，单击它可打开相应的绘图。

（3）粘贴为图片。若要将绘图粘贴为图片，可打开 Visio 绘图文件并复制需要复制的绘图（或绘图的一部分）。然后，在目标文件中，在"编辑"菜单中选择"选择性粘贴"命令。

① 选择 Windows 图元文件（.wmf）或位图（.bmp）格式。选择"图片（增强型图元文件）"格式通常可在 PowerPoint 中产生最干净的图片。

② 选择"Microsoft Visio 绘图对象"格式是另一种在文件中嵌入绘图的方法，如果要将绘图粘贴为图片，则不要选择此选项。

如果将绘图复制为 Windows 图元文件或增强型图元文件，则在 PowerPoint 和 Word 中可以使用绘图工具修订绘图内容。为修订图片，可用右击它，然后选择"编辑图片"命令。

如果要将文件提交专业印刷机印刷，应确保将绘图粘贴为 Windows 图元文件或增强型图元文件格式。

表 7-1 总结出在将 Visio 绘图添加到 Office 程序时所应采用的方法与绘图或文件的目标之间的对应关系。

表 7-1　Visio 绘图的添加方法

文件或绘图目标	方　　法
希望快速将绘图添加到文件并能够使用 Visio 修订它	嵌入
希望将文件大小保持在尽可能小的程度	粘贴为图片
绘图需要频繁更新，而始终希望文件中的为最新版本	链接
将文件用于专业印刷	粘贴为图片

7.3.2 PowerPoint 中的 Visio 绘图

在 PowerPoint 演示文稿中插入 Visio 绘图，其第一步是在嵌入、链接或粘贴中选择一种插入的方法，如表 7-2 所示。下一步，是使绘图取得更佳的放映效果，有时可能需要重新调整绘图的大小，方便在幻灯片放映中阅读；有时可能需要调整位置，使其与幻灯片完美契合。此外，还需要确保绘图与放映使用相同的配色方案。

表 7-2　最佳插入方法

绘图类型和条件	插 入 方 法
绘图不需要进行更新。例如： ● 用于一次性搬迁的办公室布局 ● 完成的流程图 ● 集体讨论图示	嵌入
绘图将被更新。例如： ● 组织结构图 ● 改进工序的流程图 ● 带有变化数据的图表（销售或金融）	链接
绘图不需要进行更新，避免演示文稿的文件大小过度增长，并且除调整大小外不需要其他编辑操作	粘贴为图片（增强型图元文件或位图）
绘图不需要进行更新，并且可由没有 Visio 的用户通过 PowerPoint 直接进行编辑	粘贴为图片（增强型图元文件）

（1）编辑插入的绘图。编辑插入绘图的选项取决于插入绘图的方法。

对于嵌入绘图，编辑嵌入的 Visio 绘图有两种方法：

① 若要在幻灯片环境中使用 Visio 打开绘图，可双击嵌入的 Visio 绘图。它将在适于幻灯片环境的 Visio 窗口中打开。此窗口帮助用户调整绘图的大小以适应幻灯片，并提供使绘图匹配配色方案的选项。此时，还停留在 PowerPoint 编辑窗口中，而功能区是 Visio 的，并且绘图周围也是 Visio 环境。

单击 Visio 窗口以外的任何地方，即可将环境恢复为 PowerPoint 的普通视图。

② 若要在单独的完整 Visio 窗口中进行操作，可右击绘图，再指向"Visio 对象"，然后选择"打开"命令（此时，若选择"编辑"命令，则类似于双击绘图，这将使绘图在 PowerPoint 环境中打开）。工作完成后，关闭 Visio 窗口。

对于链接绘图。编辑链接的绘图始终是在完整的 Visio 窗口中进行的。双击绘图或右击它，指向"链接 Visio 对象"，然后选择"打开"命令。如果更改从 PowerPoint 中打开的链接绘图，在保存时，这些更改将保存到演示文稿中；但如果在关闭 Visio 窗口时将它们保存为绘图，则它们只覆盖原始的 Visio 绘图文件。建议用户对原始的绘图进行更改。

对于粘贴为图片的绘图。通常在不需要编辑时会将绘图粘贴为图片。

（2）调整嵌入绘图的大小。有时，可能需要将嵌入的绘图与幻灯片的水平方向进行协调——调整其大小，即使其变宽变短。建议在与 PowerPoint 协同显示的 Visio 窗口中执行此操作（双击绘图就可以这种方式打开它），因为此视图可使幻灯片及其大小显示在视图中，从而协助用户完成操作。

在 Visio 窗口中，查找围绕于最外侧的黑色尺寸控点。然后，拖动左侧或右侧的尺寸控点以加宽绘图页（带有网格的白色背景）。

如果需要调整链接绘图以使其与幻灯片的定位相协调，则最好在链接之前直接对原始文件进行调整。如果在 Visio 中调整通过 PowerPoint 打开的绘图，有时更改可能会导致整个绘图在

PowerPoint 中变小。另一种方法是直接在 PowerPoint 幻灯片中调整它，而不在 Visio 中打开它。

（3）标题、布局和定位。在实际应用中可能需要调整绘图在幻灯片中的标题和位置。

如果幻灯片中存在标题占位符，但在嵌入的绘图中内置了标题，可删除幻灯片上的标题占位符，或者应用空白的布局。另外，还可以在使用 Visio 窗口时重新放置内置标题。为去除绘图的内置标题，可在 Visio 窗口中打开它，然后按【Delete】键；如果要添加题注式样文本以用作标题，可使用"插入"选项卡"文本"组中的"文本框"按钮。

如果在带有若干占位符（用于其他对象或图片，或用于文本）的幻灯片中插入嵌入绘图，PowerPoint 应该使绘图的定位与幻灯片上的其他元素相协调。如果插入绘图并应用不同的布局，绘图不会总是按照预期进行定位。无论在哪种情况下，重新调整绘图位置的机会都是均等的。

若要将绘图相对于幻灯片居中放置，可使用"绘图工具–格式"选项卡"排列"组"对齐"下拉菜单中的"左右居中"和"上下居中"命令，可以相对于幻灯片居中放置绘图。若要移动绘图，可将指针放在其上，直至指针变为四向箭头，然后将绘图拖到指定位置。

（4）匹配配色方案。

若要将当前幻灯片的配色方案应用于嵌入的绘图，可执行下列步骤：

① 在与 PowerPoint 协同显示的 Visio 窗口中，右击，然后选择"配色方案"命令。

② 在打开的方案列表中，单击"PowerPoint"。然后单击"确定"按钮，再单击 Visio 窗口外的任意处以关闭它，并查看新方案的颜色。

应用 PowerPoint 配色方案的选项只可在通过 PowerPoint 打开的 Visio 窗口中进行编辑时使用；相反，如果在完整的 Visio 窗口中打开绘图进行编辑，则可以更改 Visio 的配色方案，但无法应用当前 PowerPoint 所使用的选项。

即使只是简单地通过复制和粘贴绘图来嵌入它，而没有使用"插入对象"对话框，仍可以获得 PowerPoint 配色方案选项（取决于如何进行复制与粘贴）。如果复制绘图的一部分，则在 PowerPoint 中打开绘图时，无法使用 PowerPoint 配色方案选项。但是，如果只是在 Visio 中打开绘图，并复制绘图，则将绘图复制到 PowerPoint 之后将拥有 PowerPoint 配色方案选项。

7.3.3　Word 中的 Visio 绘图

绘图加入 Word 文档中后，仍然可以对其进行编辑，而所能进行的操作取决于用于插入它的方法。

（1）嵌入绘图。编辑嵌入的 Visio 绘图有两种方法：

可以通过双击嵌入绘图对其进行修订。它将打开一个较小的 Visio 窗口，并且 Word 功能区将由 Visio 的相应对象进行替换。

对于在双击嵌入绘图时打开的小窗口，不要调整其大小。调整窗口大小将调整包含绘图的框的大小，这将搞乱文档设计。

若要在 Visio 中对绘图进行适当的编辑，可右击绘图，指向"Visio 对象"，然后选择"打开"命令。

（2）链接绘图。编辑链接的绘图始终是在完整的 Visio 窗口中进行的。双击绘图或右击它，指向"链接 Visio 对象"，然后选择"打开"命令。如果在关闭 Word 文档时选择将更改保存到 Visio 文件，则原始绘图也将被更新。

在 Visio 中编辑图片时，Word 中的绘图将覆盖有阴影标记，表示它正由另外一个程序使用。

（3）粘贴为图片的绘图。由于绘图是一个纯粹的图片文件，所以无法编辑它。如果发现需要对某些部分进行更新，则需要在 Word 中删除它，在 Visio 中打开原始的绘图进行更改，并重新将其插入 Word 文档。

（4）调整绘图的大小和位置。可以像操作其他图片一样调整插入到 Word 中的 Visio 绘图的大小及其在文本内的位置。

Visio 绘图无法放置在 Word 的绘图画布中。因此，无法组合或旋转它们。如果希望使用这种 Word 功能，则必须使用"选择性粘贴"方法将绘图粘贴为图片。

（5）修改绘图的外观。若要固定绘图的位置，需要清除"高级版式"对话框中的"对象随文字移动"复选框。

对绘图的细节进行准确的编辑需要在 Visio 中，这是因为在 Word 中修改 Visio 绘图的颜色、字体和背景的选项有限。用户只能使用"图片工具"选项卡中的基本选项，例如调整大小、定位、裁剪及添加边框。确定绘图的位置及形态后，可以将其固定在原位。在输入时，文本将围绕绘图移动，而绘图不会随文本移动。

若要将图片（或对象）与文本相互分离，可使用"高级版式"对话框中的选项。

Word 中的标题是根据文档中的标题序列自动进行编号的，不需要手工操作标题的编号。

Visio 绘图很可能已经包含标签或文本，但可能还需要在 Word 中为图形添加标题。标题是非常有用的，特别是在文档中存在几个绘图或图形的情况下。无论使用何种插入方法，标题都可以添加到任何 Visio 绘图中。

有时，可能并不希望绘图以全貌的方式显示。例如，如果绘图位于篇幅很长的文档中并且预计读者将使用"阅读版式"视图进行阅读，或者绘图太大无法正常显示在 Word 文档中。在这种情况下，应该在 Word 文档中将绘图显示为图标，若要查看绘图，只需单击图标。

能力训练 7

本节"能力训练"的目的是：

① 熟悉 PDF 文件格式，掌握 DOC、PDF 文件格式的转换和应用。

② 了解 Outlook 的主要功能，掌握 Outlook 的基本操作。

③ 了解 Publisher 的基本功能。

④ 掌握 Office 软件协同工作的基本操作，例如 Visio 与 Word、PowerPoint、Word 与 Excel 的协同作业等。

1．工具/准备工作

在开始本训练之前，请回顾本节的相关内容。

需要准备一台安装有 Microsoft Office 2013 软件的计算机。

2．训练内容与步骤

【训练 1】在网上搜索和下载 PDF 阅读器软件，并安装该阅读器软件。

请记录：

（1）你下载的 PDF 阅读器软件及其版本是：

_____

（2）除了 Adobe Reader 软件之外，是否还有其他软件可以打开和阅读 PDF 格式的文档？如果有，你找的软件及其版本是：

_____

（3）可以下载到试用版的 Adobe Acrobat 软件吗？你下载的 Acrobat 软件版本是：

_____

【训练 2】Outlook 软件的基本操作。

Microsoft Office Outlook 是个人信息管理和通信软件，它为用户提供了一个统一的界面，以帮助管理电子邮件、日历、联系人及有关其他人和工作组的信息。Outlook 不断增强的一些功能，如邮件自动分组、处理垃圾邮件和全新的阅读视图等，都旨在为用户改进信息的组织和管理方式，提高效率，改善服务器的连接性能。其界面如图 7-1 所示。

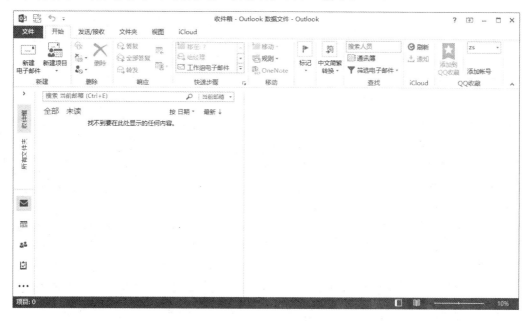

图 7-1　Outlook 2013 收件箱界面

请尝试使用 Outlook 软件，了解其特有的各项功能与操作。**请记录**：你对 Outlook 软件的认识和体会：

_____

_____

3. 训练总结

_____

_____

_____

4. 教师评价

_____

_____

阅读与思考：艺术学生与科学学生

学习艺术的学生具有较强的个性和创造能力，这同艺术和艺术设计这个专业的特点和教学方法有着密切的关系。因为艺术和艺术设计强调的是个性、创新和与众不同，它既不能重复他人又不能重复自己。然而，不重复他人也许还比较容易做到，要想做到不重复自己却很难。于是，艺术设计的教学就要求学生不断地创新，每一个单元的课程、每一个作业都要创新。这是一个十分困难的教学过程，也是学习艺术的困难所在。在这样的教学方式下培养出来的学生创新能力较强，具有以创新为荣，以重复和模仿为耻的精神。

有人曾经做过一个比较形象的比喻："理工科的学生考入大学的时候，学生是千姿百态的，而从学校毕业时却是整齐划一的（缺乏独创精神）；而艺术院校的学生考入院校的时候是整齐划一的（必须经过同一模式的统一考试），而毕业时却是千姿百态的（创造精神较强）。"这句话比较形象地概括了这两类学校学生的基本特点和状况。然而，艺术院校学生的优点有时却正是他们的缺点，即艺术院校的学生个性太强，使得他们比较难于融入一个集体，团体意识和承受批评的能力较差，许多毕业生最后都变成"个体户"。这是艺术院校学生培养的一个误区，也是今后艺术和艺术设计院校在学生培养环节中应该加以调整的地方。

而理工科学生由于其专业的特点，要求是严密的、准确的，1+2既不能等于6，也不能等于2，只能等于3，也许就是这样的理性导致学生严密和机械有余，而创新和想象力不足，这是工科学生应该加以解决的问题。所以，在学科方面应该找到一个科学和艺术的契合点，在教育方面也应该为理工科学生和艺术学生之间找到一个交叉点，那么数字艺术设计也许就是这样一个十分合适的点。

如今，在数字艺术设计领域工作的人员中，学习艺术设计的仅占很小一部分，而大量的是学习计算机的理工科学生，特别是在一些新兴的领域，如网页设计、二维动画、三维动画、视频艺术、界面设计等更是如此。这一现实导致两个问题或者事实的产生：其一，这些新兴艺术领域的艺术效果欠佳；其二，尽管效果欠佳，但实践证明，学习理工科的人同样可以介入视觉艺术设计领域。

其实，每个人在幼年时都具有绘画的素质。每个人在童年都有个"涂鸦期"。原因是婴幼儿时段，人的大脑发育的速度特别快，其通过视觉接受信息的量已经远远大于其用语言表达的能力，这时的孩子们为了表述自己的感受，只好通过绘画来实现。所以，每个孩童都是画家。此后的时间，有的孩子继续喜欢绘画，家长又没有阻拦且培养其绘画兴趣，后来成为艺术工作者；而更多一部分人，过了这个阶段以后就不再继续绘画了，或者家长从中阻拦而无法继续画下去，因而走上了其他学科和专业的路程。但是如同"爱美之心人皆有之"一样，创造美的潜力可谓人人具备。

未来教育将从人的思维方式和认知结构方面，致力于培养学生综合的、系统的、整体的思维方式和能力。分析和综合不仅是科学研究的一种具体方法，而且是具有历史时代性的思维方式。近代以来，生产分工的发达、社会组织的科学化和知识内容的学科分化，表明人类的认识和思维进入了以分析方法为主的时代。与此相呼应的是，教育与教学建立了学科课程和分科教学制度，教学中重视分析方法的传授，分析思维的训练和分析能力的培养，亦即现代教育开始具有分析思维的特征。

应当承认，分析性思维及方法对于人类的进步与发展具有重大的历史意义，因为正是这种思维及方法的成熟和发达，使自然科学知识从古代哲学中分化出来，同时也使教育走出古代历史，进入现代发展阶段。但是必须看到，知识越来越被分割成毫无意义的、互不关联的单元，我们的教育体系深受其害，教育所培养出的人往往具有极大的局限性和片面性，甚至造成人的畸形发展。展望未来，教育必将走向综合的时代，教育必将以整体的观点、综合的方法和系统的课程去培养全面而完整的人才。数字艺术设计课程正是基于这样一个出发点而建立的。

资料来源：林华，计算机图形艺术设计学，清华大学出版社，2005，有删改。

课程能力训练总结

至此，我们顺利完成了本课程有关办公软件高级应用的各个能力训练。为巩固通过能力训练所了解和掌握的相关知识和技术，请就所做的全部能力训练做一个系统的总结。由于篇幅有限，如果书中预留的空白不够，请另外附纸张粘贴在边上。

1. 能力训练的基本内容

（1）本学期完成的办公软件应用能力训练主要有（请根据实际完成的能力训练情况填写）：

能力训练 1.1：主要内容是：＿＿＿＿＿＿＿＿＿＿＿＿＿＿＿＿＿＿＿＿＿

＿＿＿＿＿＿＿＿＿＿＿＿＿＿＿＿＿＿＿＿＿＿＿＿＿＿＿＿＿＿＿＿＿＿＿＿＿

能力训练 1.2：主要内容是：＿＿＿＿＿＿＿＿＿＿＿＿＿＿＿＿＿＿＿＿＿

＿＿＿＿＿＿＿＿＿＿＿＿＿＿＿＿＿＿＿＿＿＿＿＿＿＿＿＿＿＿＿＿＿＿＿＿＿

能力训练 1.3：主要内容是：＿＿＿＿＿＿＿＿＿＿＿＿＿＿＿＿＿＿＿＿＿

＿＿＿＿＿＿＿＿＿＿＿＿＿＿＿＿＿＿＿＿＿＿＿＿＿＿＿＿＿＿＿＿＿＿＿＿＿

能力训练 1.4：主要内容是：＿＿＿＿＿＿＿＿＿＿＿＿＿＿＿＿＿＿＿＿＿

＿＿＿＿＿＿＿＿＿＿＿＿＿＿＿＿＿＿＿＿＿＿＿＿＿＿＿＿＿＿＿＿＿＿＿＿＿

能力训练 2.1：主要内容是：＿＿＿＿＿＿＿＿＿＿＿＿＿＿＿＿＿＿＿＿＿

＿＿＿＿＿＿＿＿＿＿＿＿＿＿＿＿＿＿＿＿＿＿＿＿＿＿＿＿＿＿＿＿＿＿＿＿＿

能力训练 2.2：主要内容是：＿＿＿＿＿＿＿＿＿＿＿＿＿＿＿＿＿＿＿＿＿

＿＿＿＿＿＿＿＿＿＿＿＿＿＿＿＿＿＿＿＿＿＿＿＿＿＿＿＿＿＿＿＿＿＿＿＿＿

能力训练 2.3：主要内容是：＿＿＿＿＿＿＿＿＿＿＿＿＿＿＿＿＿＿＿＿＿

＿＿＿＿＿＿＿＿＿＿＿＿＿＿＿＿＿＿＿＿＿＿＿＿＿＿＿＿＿＿＿＿＿＿＿＿＿

能力训练 3.1：主要内容是：＿＿＿＿＿＿＿＿＿＿＿＿＿＿＿＿＿＿＿＿＿

＿＿＿＿＿＿＿＿＿＿＿＿＿＿＿＿＿＿＿＿＿＿＿＿＿＿＿＿＿＿＿＿＿＿＿＿＿

能力训练 3.2：主要内容是：＿＿＿＿＿＿＿＿＿＿＿＿＿＿＿＿＿＿＿＿＿

＿＿＿＿＿＿＿＿＿＿＿＿＿＿＿＿＿＿＿＿＿＿＿＿＿＿＿＿＿＿＿＿＿＿＿＿＿

能力训练 3.3：主要内容是：＿＿＿＿＿＿＿＿＿＿＿＿＿＿＿＿＿＿＿＿＿

＿＿＿＿＿＿＿＿＿＿＿＿＿＿＿＿＿＿＿＿＿＿＿＿＿＿＿＿＿＿＿＿＿＿＿＿＿

能力训练 4：主要内容是：_____

_____

能力训练 5：主要内容是：_____

_____

能力训练 6.1：主要内容是：_____

_____

能力训练 6.2：主要内容是：_____

_____

能力训练 7：主要内容是：_____

_____

（2）通过能力训练，你认为自己主要掌握的办公软件高级应用的知识点是：

① 知识点：_____

简述：_____

_____

② 知识点：_____

简述：_____

_____

③ 知识点：_____

简述：_____

_____

2．能力训练的基本评价

（1）在全部能力训练中，你印象最深，或者相比较而言你认为最有价值的能力训练是：

① _____

你的理由是：_____

_____

② _____

你的理由是：_____

_____

（2）在所有能力训练中，你认为应该得到加强的能力训练是：

① _____

你的理由是： _____

_____

② _____

你的理由是： _____

_____

（3）对于本课程的能力训练内容，你认为应该改进的其他意见和建议是：

_____

_____

_____

_____

3. 课程学习能力测评

请根据你在本课程中的学习情况，客观地对自己在办公软件高级应用方面做一个能力测评。请在"课程学习能力测评"表的"测评结果"栏中合适的项下打"✓"。

课程学习能力测评

关 键 能 力	评 价 指 标	测 评 结 果					备 注
		很好	较好	一般	勉强	较差	
课程主要内容	1. 了解本课程的主要内容						
	2. 熟悉本课程的全部基本概念，了解相关的基础知识						
	3. 熟悉本课程的网络计算环境						
计算机基础	1. 熟悉软件和 Windows 基础知识						
	2. 熟悉网络应用与网络搜索						
	3. 了解信息安全与病毒防范						
文字处理 Word 电子表格 Excel 演示文稿 PowerPoint	1. 熟悉文字处理并得到提高						
	2. 熟悉电子表格并得到提高						
	3. 熟悉演示文稿并得到提高						
	4. 完成 PowerPoint 多媒体创作						
	5. 熟悉 Office 的综合应用技巧						
绘图工具 Visio 个人数据库 Access	1. 初步掌握 Visio 绘图功能						
	2. 初步掌握 Access 及其基础知识						
办公软件 综合应用	1. 具备办公软件综合应用的认识						
	2. 了解办公软件协同作业的方法						
沟通交流能力	1. 能和他人有效沟通，在团队合作中表现积极						
	2. 能获取并反馈信息						
解决问题与 设计创新	1. 能发现并解决一般应用问题						
	2. 能根据现有的知识与技能创新地提出有价值的观点						
	3. 使用不同的思维方式						

说明："很好"为 5 分，"较好"为 4 分，其余类推。全表栏目合计满分为 100 分，你对自己的测评总分为：＿＿＿＿＿分。

4．办公软件高级应用训练总结

＿＿＿＿＿＿＿＿＿＿＿＿＿＿＿＿＿＿＿＿＿＿＿＿＿＿＿＿＿＿＿

＿＿＿＿＿＿＿＿＿＿＿＿＿＿＿＿＿＿＿＿＿＿＿＿＿＿＿＿＿＿＿

＿＿＿＿＿＿＿＿＿＿＿＿＿＿＿＿＿＿＿＿＿＿＿＿＿＿＿＿＿＿＿

＿＿＿＿＿＿＿＿＿＿＿＿＿＿＿＿＿＿＿＿＿＿＿＿＿＿＿＿＿＿＿

5．训练总结评价（教师）

＿＿＿＿＿＿＿＿＿＿＿＿＿＿＿＿＿＿＿＿＿＿＿＿＿＿＿＿＿＿＿

＿＿＿＿＿＿＿＿＿＿＿＿＿＿＿＿＿＿＿＿＿＿＿＿＿＿＿＿＿＿＿

附　录

思考题参考答案

第1章　计算机基础提高

思考题　1.1

1. 答：CPU（中央处理器）是计算机的主要部件。CPU 的速度用千兆赫兹来量度，CPU 的速度越快，计算机的速度也越快。CPU 的功能主要是解释计算机指令及处理计算机软件中的数据。

2. 答：内存（随机存储器）决定 CPU 每次能有多少数据可以使用。内存用兆字节来量度，计算机的内存越大，计算机完成任务越快。

3. 答：可以在任务管理器中查看 CPU 的使用率。它显示进程的数目、CPU 的使用情况和实际内存容量。

4. 答：当运行多个程序或文件时，通过缩放程序窗口，可以在同一时间查看多个运行在计算机上的程序。

5. 答：脱机帮助是没有连入因特网时可以使用的帮助工具。联机帮助是连入因特网后使用的帮助工具，它提供更全面的访问其他联机帮助资源的选项。

6. 答：固定程序就是将一个程序固定在"开始"菜单的固定程序区域。在这里的项目都显示为粗体并置于一条水平线之上。它意味着经常使用的程序能被快速地找到。

7. 答：如果桌面上有许多图标，可根据名称、大小、类型或修改日期来组织。这将为图标提供一个逻辑编组，用户可以非常容易地在桌面上找到一个想要的项目。

8. 答：可以通过搜索功能来搜索文件。

9. 答：打印机文件夹用于管理打印机和打印作业。例如：可以安装或删除打印机，设置默认打印机和修改打印机属性。

10. 答：当通过 USB 接口把打印机连到计算机上时，大多数打印机都会自动进行安装。

11. 答：本地打印机是在本地连接的打印机，它直接连到计算机上。网络打印机是很多联网的计算机共享的打印机。网络打印机通常在公司使用。

12. 答：如果将一台打印机设置为默认打印机，这就表明当要从 Word 或 Excel 程序打印时，这台打印机会自动被选中。

13. 答：后台打印程序会产生一个包含打印指令的特殊文档副本指示打印机如何工作。如果多个文件都送去打印，后台打印程序会将这些打印作业放入打印队列中。

14. 答：如果使用的是没有连接打印机的笔记本式计算机，应该把打印机状态更改为脱机状态。

15. 答：继续一个打印作业是指打印作业从暂停的地方开始打印，而重启打印作业是从第一页重新打印。

16. 答：可以通过在打印机文件夹中打开指定的打印机，然后从"文档"菜单中选择"删除"命令，删除这一打印作业。

思考题 1.2

1. 答：可用于计算机的设备有打印机、扫描仪、鼠标、键盘和磁盘驱动器。

2. 答：设备驱动程序是 Windows 用来使用户能够使用设备的程序，它处理设备和计算机之间的通信连接。

3. 答：如果需要检查已安装设备的状况以及对这些设备实施维护任务，可以打开设备管理器。

4. 答：设备管理器只是详细描述了所安装设备的信息，没有针对任何软件程序。

5. 答：首先要在设备管理器中检查设备的状态。如果设备不能正常地工作，可以更新驱动程序，将驱动程序回滚至以前的状态，或者在需要时重装驱动程序。

6. 答：在保存文件时，Windows 把文件保存在硬盘的可用空间中，Windows 根据可用空间在什么地方把该文件分成几个部分。在打开一个文件时，Windows 必须在多个位置去寻找所保存的文件碎片并将该文件作为一个文档打开。硬盘驱动器整理碎片，就表示 Windows 把分开的文件整理成一个单一文件了。它也把多数文件移动到驱动器的起始位置，这样存取起来就会更快。

7. 答：首先要删除不用的文件和文件夹，然后检查硬盘错，最后整理硬盘驱动器碎片。

8. 答：远程计算机是连到网络上的计算机，远程资源应该是连到网络上很多用户都可以使用的资源，如打印机、扫描仪等。

9. 答：公司使用计算机网络后能够共享资源，如共享文件、应用程序、打印机、扫描仪和其他外围设备，便于共享信息和集中管理。

10. 答：在安全很重要以及需要集中管理的大单位，应该使用客户端/服务器网络。而少于10 台计算机的单位更常使用对等网络。

11. 答：无线局域网是不用电缆将计算机或资源无线地连接在一起的局域网。假如已经有了建立无线局域网所要求的设备，可以在"控制面板"中的"网络和共享中心"选择"设置连接或网络"来创建无线局域网的连接。

12 答：共享资源是在网络上可供其他用户共享的软件或硬件资源，如打印机或扫描仪这样的资源。

思考题 1.3

1. 答：能将桌面隐藏在登录界面的背后，在操作敏感数据时很有用。这样可以放心离开而不会让任何人看到桌面上的数据。

2. 答：受保护的操作系统文件是那些 Windows 需要用来完成其工作的文件，他们由计算机有效地运行。

3. 答：屏幕保护程序可以有与之相关的密码，因此计算机在规定时间不工作之后，屏幕保护程序将运行，并要求用户输入密码。如果离开了计算机并且忘记锁住计算机，这一功能就会很有用。

4. 答：安全地删除外置设备可以防止外置磁盘在进行设备和计算机之间传递文件的过程中被拔出。

5. 答：连接到 USB 端口的数码相机和其他任何设备是完全一样的，因此，必须谨慎地进行安全删除。

6. 答：不能长期在安全模式下运行 Windows，因为这种模式只提供 Windows 的基本功能。安全模式允许访问某些选项，如设备管理器，使用它可以诊断问题，但很多其他功能在安全模式下是不能使用的。

7. 答：这是不对的，即使 Windows 安全中心的防火墙和恶意软件设置有效，它也不能防止病毒入侵，必须在计算机上安装最新的杀毒软件。

思考题 1.4

1. 答：文档文件夹是可以保存、查看和打开的默认文件夹。图片文件夹是可以保存图片文件的文件夹，音乐文件夹是可以保存音乐文件的文件夹。这一类文件夹可以帮助用户很快地找到所需要的文件。

2. 答：文件夹查看可用超大图标、大图标、中等图标和小图标来显示。这些不同的图标查看方式可通过工具栏上的"查看"按钮来实现。

3. 答：详细信息视图可显示诸如日期、文件大小以及其他信息。

4. 答：在文件夹中排序就是简单地按字母顺序以顺序或倒序排列，而分组则可以将有共同属性诸如类型或日期的文件分组放置。

5. 答：通过文件类型分组可使文件处于同一位置，对于找到像 Word 或 Excel 这样的文件非常方便。只要知道文件类型，对文件分组是个非常好的办法。

6. 答：创建子文件夹可以帮助组织文件以便快速地查找文件。

7. 答：如果需要使用与 Windows 不同的操作系统打开一个文件，可把该文件保存为纯文本，这种文件没有格式限制，因此很容易用其他操作系统读出。

8. 答：当文件被选中后，右击该文件，选择"属性"命令，对话框中就会显示该文件的属性。

9. 答：在控制面板中选择"程序和功能"来卸载软件。

10. 答：程序通过控制面板卸载，所有与之相关的文件均被删除。如果一个软件程序从程序文件夹中被删除，只有可见的文件被删掉，而其他非必需的文件仍被保留在计算机中。

第 2 章 文字处理软件 Word 高级应用

思考题 2.1

1. 答：Word 的功能区是以选项卡来组织的，各个选项卡中会根据任务类型进行分组，每个组又会由执行特定功能的按钮组成。

2. 答：可以使用模板来创建一个包含文本、图片和布局风格的 Word 新文件，这样可以节省重复创建这些相同元素的时间；另外，在创建一些指南类型的文档时，也会极大地提高效率。

3. 答：用 Word 以外的格式存储主要是为了方便与其他没有安装 Word 的用户共享信息。

4. 答：兼容模式主要应用在用 Word 新版本创建的文档存储为 Word 较早版本格式时，Word 新版本的一些功能在早期的版本中可能并不兼容，将文档存储为较早版本时这些功能可能会丢失。

5. 答：用户可以使用这些文件属性中的相关信息来查看一些汇总信息，如文档的关键字（使用哪些关键字可以帮助用户搜索到该文件）、作者、文档状态、备注等，如果文件已被分类，还可以查看到文档的分类信息。

6. 答：使用文档属性的高级选项可以查看文档页数和字数的统计信息，以及该文档所使用的模板、文档的创建时间、编辑时间和位置等信息。

7. 答：改变文档视图通常用于在想看到文档更多或更少的内容时，或者仅想专注于编辑文档的纯文本部分或页面布局（如栏、图片、页眉和页脚等）时。此时，可通过将文档视图改变为不同的视图模式，以方便对文档的操作或阅览。

8. 答：显示比例在不同的显示器上可能会有所不同，这是由于不同显示器的大小和视频性能有所不同，从而导致文档以相同的比例显示时，在某些显示器上看到的文档可能会更大一些。

9. 答：在需要对多个文档的内容或格式化选项进行比较时，就需要对文档窗口进行分割，以显示多个窗口。分割时，既可以对一个文档进行，也可以对多个文档进行窗口分隔的操作。

10. 答：当输入一段文本后，如果需要对这些文本进行更改，需要先选择文本。用户必须在执行实际的操作前将文本选中，然后才能执行对选中文字的操作。

11. 答：在单击"撤销"按钮时，仅仅撤销最后一次执行过的操作。如果单击"撤销"按钮旁的下拉按钮，就可以按顺序撤销最后一次操作到所选择项代表的操作之间的所有操作。

12. 答："粘贴"允许用户从剪贴板中将项目以原有的格式粘贴到同一文档或另一文档中，而"选择性粘贴"允许用户以不同于源格式的格式来粘贴并插入粘贴板项目。

13. 答：字符排版是指改变或增强文本的外观。

14. 答："字体"对话框包含更多字体格式化的命令，"开始"选项卡和浮动工具栏上的命令是"字体"对话框命令的子集。

15. 答：常用的格式化命令包括粗体、斜体、下画线，以及改变字体样式、改变字体大小、改变字体颜色、清除字体格式等。

16. 答：在类似于处理文稿的各级标题的操作中，常常需要改变（例如加大）文字间距等格式编辑操作。

思考题 2.2

1. 答：如果不想让别人知道用户已经在文档中输入的文本，可以隐藏文本。将文本隐藏后，隐藏文本的位置就像从来没有输入过文字一样。

2. 答：段落排版是指在文档中改变文本或其他对象的位置或者对齐方式的过程。

3. 答：文本对齐指的是文本相对于页边空白的位置。左对齐使得左边的空白是一致对齐的，而右边可能参差不齐；居中对齐指的是使文本内容在页面上居中对齐，即文本左右两边可能参差不齐；两段对齐指的是文本左右两边空白都对齐；右对齐指的是对齐右边的文字，而左边可能是参差不齐的。

4. 答：缩进主要有四种方式：首行缩进是指每个段落的首行是从左面空白起一个特定的位置开始，而下面的行是从左面的空白开始的缩进方式；左缩进是指段落的所有行都从左面空白的一个特定位置开始排版；右缩进相对于左缩进、段落的所有行都对齐于右面空白一定距离的特定位置；而悬挂缩进指的是除了首行之外的所有行，从左面空白位置对齐的缩进方式。

5. 答：选中文本后，可通过按【Tab】键或者在"段落"组单击"增加缩进量"按钮的方式来增加缩进；同样，也可以按【Shift+Tab】组合键来减少缩进或者单击"减少缩进量"按钮的方式来减少缩进。

6. 答：改变行间距可以增加或减少垂直方向上每行的空白距离。

7. 答：制表符是一项功能，可以让文本横向定位在每行的特定位置。按【Tab】键可以将光标移动到特定的位置，在每一行都可以通过这样的方式来使用制表符。

8. 答：有五种不同类型的制表符："左对齐制表符"设置文本的起始位置，在输入时文本将移动到其右侧。"居中制表符"设置文本的中间位置，在输入时，文本以此位置为中心显示。"右对齐制表符"设置文本的右端位置，在输入时，文本移动到其左侧。"小数点对齐制表符"使数字按照小数点对齐，无论位数如何，小数点始终位于相同位置。"竖线对齐制表符"不定位文本，它在制表符的位置插入一条竖线。

9. 答：在"页面布局"选项卡的"页面设置"组中单击"页边距"按钮。此时，用户可以使用一些内置的页边距值，这个列表显示了经常被使用的页边距设置，选择其中的某项可以将这些值应用于当前文档。

10. 答：孤行是指一个段落的第一行在一页，而其他的行却在下一页。或者段落的最后一行在下一页，但其他部分却在前一页。防止文档出现孤行是常见的商业惯例。大部分公司规定需要避免孤行的出现，并尽可能地将统一段落的文字聚集在一起。

11. 答：页眉或页脚是文档中出现在每一页顶部或底部的文字和对象，它们在每一页上都会重复出现，直到插入一个新的页眉或页脚，或者停止使用页眉或页脚。

12. 答：拼写错误通常是指错误的拼写或者在字典中不存在的词，如人名。语法错误是指不符合语法结构的错误，如缺少词语或者词语冗余。上下文错误是指错误使用了具有相同或相似发音但不同拼写和含义的英文词汇。

13. 答：在打印之前使用打印预览可以帮助确认文档最终打印出来的页面布局，也可以帮助确定文档设置了与所使用打印机吻合的页边距设置。

14. 答：在另外一台打印机上打印文档或者需要打印多份文档副本时，可更改要打印的数量和打印部分，改变缩放选项时，需要更改打印机设置。

15. 答：要创建一整页具有相同名称的标签，可打开"信封和标签"对话框，在"标签"选项卡的文本框中输入内容，选中"全页为相同标签"单选按钮，然后选择输出到打印或新建文档。

16. 答：样式是字符段落格式的结合，并使用唯一的名称保存。用户可以方便地将样式应用到想要使用相同格式的字符上。

17. 答：当单击"格式刷"按钮时，可以将格式从源文本应用到另一段文本；当双击"格式刷"按钮时，可以将格式从源文本应用到多段文本。

18. 答：用分栏符来结束一栏并强制文字从下一栏开始；当想要将所有内容从一页移到下一页中时可使用分页符。

思考题　2.3

1. 答：用户可以设置背景为单色、图案或者图片。此外，还可以设置带预设计颜色主题或者图片主题。如果用户想要文档在文字后面有个浅色背景，可以使用水印。

2. 答：手柄是出现在对象周围并能用来改变对象大小的八个控制柄。手柄还表明此对象当前是被选中的，如有需要，可以移动或者调整图片的大小。当想要更精准地调整图片大小时，还可用规定的比例调整图片。

3. 答：内嵌图片和文本字符相似，用和文字字符相同的方式进行移动（如按【Tab】键来缩进它，左对齐、居中等）。浮动型图片可以放置在文档的任何位置，在文档中使用特殊类型的文本环绕方式可以得到不同的效果。

4. 答：引述文本框是预先格式化好并可以在其中输入内容的文本框。这种类型的文本框可以用在文档的特定区域，用来补充一些信息或者显示需要多加注意的信息。

5. 答：SmartArt 图形功能允许用户以图表的方式来显示流程或过程相关的信息。Word 提供了多种图表，可以在其中插入文本框，然后修改 SamrtArt 对象的外观。

6. 答：向 SmartArt 图表输入文本时，文本窗格允许连续输入文字，并可直接调整图表中的文本。

7. 答：快速表格是由微软公司预先设计，基于一些常规格式和布局来实现的表格，一般用于特定类型文档，可以作为创建新表格的向导。

8. 答：当用户想把两个或者更多的单元格结合成为一个大的单元格时，如建立标题、列标题、签名栏时，要合并单元格。当用户想把一个单元格转换为多列或多行时，如将一个评论单元格拆分为两栏，一栏用于容纳评论的说明文本，另一栏用于供查阅者填写评论内容，这时就要拆分单元格。

9. 答：网格线是表格中用于在视觉上指引行、列以及单元格的边界，不会被实际打印，而添加边框会改变表格的实际呈现效果，并会在表格打印时得到体现。

10. 答：使用"表格"选项卡来修改表格，如调整表格中所有行中单元格的上边距或下边距；"行"选项卡作用于表格中被选中的行，如设置某行不允许跨页断行；"列"选项卡中的选项作用于被选中的列，如设置选中列的宽度；"单元格"选项卡中的选项作用于当前单元格或选中的单元格，如设置单元格中的文本是否自动换行。

11. 答：模板决定了文档的基本格式。模板包括文档设置，如字体、样式、页面布局、特殊格式、快捷键、宏命令及菜单。所有的 Word 文档都基于模板。

模板可以通过将文档另存为 Word 模板格式（.dotx）来创建。

12. 答：邮件合并功能使用户可以通过把一系列的不同信息（如姓名和地址）合并到文档（如一封正式信件或一系列标签）来创建大型邮件。这使得每个用户的邮件"个人化"了，并且消除了反复输入相同字符的需要。

13. 答：书签对于导航非常方便，因为它们可以使读者跳跃或者快速移动到书签所在位置，或者当设置交叉索引时使用。

14. 答：创建一个交叉索引的两个步骤时，在交叉索引被插入的位置输入引言或者伴随性文字，然后在"交叉索引"对话框中选择合适的信息。

15. 答：索引是一个带页码的字母列表，显示在文档的末尾，帮助读者寻找一个特定的主题。

16. 答：创建目录的步骤包括指定被包含在目录中的标题，选择目录的格式或样式，然后生成或者编辑目录。

17. 答：对索引条目的修改应该发生在文档内容上，以确保它们被索引识别；另一方面，对索引的修改将在索引被更新时丢失。

对于目录也是一样，不过可以使用添加文字功能直接向目录添加信息。

第 3 章　电子表格处理软件 Excel 高级应用

思考题　3.1

1. 答：电子表格在财务数据处理方面非常有用，可完成数据分析，绘制折线图、饼图、散点图等功能。

2. 答：工作表是划分行、列的数据文件，而工作簿是一个 Excel 文件，包含了一个或多个工作表。

3. 答：功能区是位于标题栏下方的一系列选项卡的集合（如开始、插入、页面布局、公式等），为用户快速执行命令完成操作提供了方便。每个功能区选项卡都包含各自相关的命令，如"插入"选项卡中就包含插入工作表，更改工作表中文本格式等命令。在某些选项卡中，有些命令包含下拉按钮，可以单击下拉按钮，在弹出的菜单中进一步选择相关命令；有些命令执行后还将显示对话框、任务窗格或者更多的选项卡。

4. 答：直接创建工作簿可以根据自己的要求来设置布局。而模板是将已经设计好的含有数据、公式和其他选项的工作簿提前保存在软件中，这样可以为用户节省很多时间。

5. 答：第一次保存，总会打开"另存为"对话框，从中设置保存位置和文件名后进行保存。一旦该文件被保存过，就可以使用"保存"命令将所做的更改保存并替换之前保存的文件。如果想重新保存修改后的工作簿而不覆盖之前已保存的工作簿，可以选择"另存为"命令，在打开的对话框重新设置保存位置和文件名。

6. 答：按【Delete】键可以清除一个或几个单元格中的内容。注意，【Delete】键只清除单元格中的内容，而不会将其他单元格移动到当前位置，因此使用这种方法不会改变当前工作表的布局。

7. 答：如果要使用条件分析更改工作表中的内容，或者在原工作表的基础上输入新的数据，并且希望保存原有的内容，用户可以通过复制工作表来完成。

8. 答：公式是一个简单的计算工具，可以计算一个或几个单元格中的数值（或者单元格中的其他数据）。例如，求和、平均值、计数、最大值和最小值等。

在 Excel 2013 中一共有 13 类函数公式，分别是数据库函数、日期与时间函数、工程函数、财务函数、信息函数、逻辑函数、查找与引用函数、数学和三角函数、统计函数、文本函数、多维数据集函数、兼容性函数和 Web 函数。

9. 答：输入到 Excel 中的大部分公式或者函数都属于相对引用。如果将公式复制到单元格的相对位置上，Excel 将会自动调整其引用单元格的位置然后计算。例如，要将一列中的三行单元格分别相加，则可以复制已有的求和公式至不同列的指定单元格中，该公式会重新依据所在列而选择相应的单元格，这种就称为单元格的相对引用。绝对引用单元格是指所引用的单元格地址在工作表中一直保持不变。

10. 答：某些情况下需要同时查看所有单元格中的公式，特别是在检查工作表计算准确性的时候，该功能就显得更加重要。

11. 答：通过"设置单元格格式"对话框的"图案"选项卡可以为单元格或者单元格区域设置背景颜色和图案。颜色和图案能有效地吸引读者的注意力，也可以通过平衡效果分散读者的注意力。

12. 答：文档的主题是指用户可以在文档中选择和应用提前设置好的一系列颜色、字体和特别效果的组合。在"页面布局"选项卡的"主题"组中单击"主题"按钮，在弹出的下拉列表中可以选择相关的主题。

13. 答：主题功能将帮助用户建立统一的文档风格，它可以同时应用在信件、工作表以及演讲稿中。为文档创建和使用特定的主题，可以帮助用户在客户、供应商以及其他相关人士心中建立一种长期的别具一格的风格。

14. 答：通过设置背景图案可以给工作表更改外观，强调工作表中的数据。

15. 答：网格线是显示在单元格四周的边线。使用工作表时，网格线和标题可帮助用户找到单元格的正确位置。

16. 答：用户可以在普通视图、页面布局视图和分页预览视图间相互转换。用户也可以通过

"视图"选项卡更改视图选项，如放缩工作表、改变工作表的显示数量、排列方式等。

17. 答：例如，在使用 Excel 工作表做条件分析时，可能需要一边改变工作表上方的数值，一边查看工作表底部产生相应变化的总数。使用两个窗口同时查看同一张工作表会使工作变得更容易，窗口可以水平排列，也可以垂直排列。如果要同时查看屏幕上的所有工作表，可以选择平铺；如果需要只显示一个工作表，但是同时查看其他工作表，可以选择层叠。

18. 答：通过"拆分窗格"命令可以将工作表拆分成 2 个、4 个或者更小的活动窗口，这样用户在重排的窗口中查看 Excel 工作表不同部分的内容时，不再需要将滚动条移来移去。该功能就好比同时使用几个照相机，用户可以单独控制每个照相机的操作，获得独立的图像。这样用户可以查看每一部分的内容，无论该部分所处的位置远近，都不需要在窗口中移来移去。

19. 答：冻结窗格是指 Excel 允许用户锁定屏幕上的行和列，这样用户可以自由查看工作表中没有被冻结的那部分内容，并且同冻结部分相对照进行查看。

20. 答：通过显示比例功能可以更改工作表在窗口中的显示大小。用户可以使用"放大"或者"缩小"按钮，将目标对象放大或者缩小查看。若要使显示尺寸更精确可以使用"显示比例"按钮。

21. 答：打印之前，可以通过打印预览查看打印效果。一般来说，打印预览中的效果和最终打印的效果一致。通常情况下，有些错误是在普通视图中无法查看或者发现的，有了打印预览功能，便可以在打印预览视图中查看打印后的效果，从而发现问题。打印之前通过打印预览功能查看工作表，可以节省纸张，有益于环境，而且还可以降低打印成本，避免因为打印错误而造成浪费。

22. 答：不同视图可以为用户提供不同性质的帮助，如分页预览可以帮助用户了解分页的具体位置和数据在打印时显示的具体位置。

思考题 3.2

1. 答：工作表横向居中是指工作表中的内容按照横向居中显示，显示的内容与左边距和右边距对等。纵向居中是指工作表中的内容按照纵向居中显示，显示的内容与上边距和下边距对等。

2. 答：可以帮助用户识别报告的名称、页数、页码等。

3. 答："调整为合适大小"是指可以通过具体的百分比设置大小。"恰好容纳显示区域"则是按照显示区域的大小将其完全显示在指定的页面中。

4. 答：可以帮助读者更好地取数据，如分辨数据所在的行和列。

5. 答：如果需要将工作表中的数据以图形的形式显示，则需要使用图表。图表可以使数据的表现方式更具体、更生动。

6. 答：如果需要比较一段时间或者不同类别中的几组数据，可以使用横向或者纵向柱形图。

7. 答：饼图常用于显示每一个数值相对于总数的大小或百分比。例如，在撰写公司报告中，可能需要用饼图表示公司不同部门的相对重要性及其所占比例。

8. 答：实际应用中可能会使用分离型饼图或者复合型饼图，使用这些功能会将读者的注意力吸引到某一特定的扇区中。使用分离型饼图会表现出不同的效果，但是也有可能会分散读者的注意力。

9. 答：可以通过添加、删除或者修改图表元素的具体位置，如图例、标题或者图形，更改图表的布局。

10. 答：例如，图例、X 坐标轴、Y 坐标轴、颜色、填充、图表标题、背景、数据标签等。

11. 答：可以选择不同的图表类型或者布局更改图表的设计。

12. 答：Excel 在软件内部提供的能够执行各种计算的公式，称为函数。例如，求和、货款还款、PV、条件分析等。

13. 答：在"插入"选项卡的"绘图"组中单击"形状"按钮，从弹出的下拉列表中选择要创建的形状，鼠标指针变成十字形状。单击对象的左上角作为图形的起始点，然后拖动图形到适当大小即可。

14. 答：对选定的对象可以进行的操作，包括：复制形状，更改形状的颜色或线型，删除形状，调整或修改形状及设计形状。

15. 答：当复制一个剪贴画时，相当于将多个对象集中在 Office 剪贴板中，因此用户可以将其粘贴到工作表的不同位置，或不同的工作簿中。

16. 答：当需要显示一组相关的文本数据时，SmartArt 图形将非常理想。

17. 答：文本窗格方便用户在 SmartArt 图形中输入文本，这是因为文本窗格方便用户编辑不同级别的文字。

18. 答：用户可以应用的格式选项包括：更改颜色填充或线型，添加二维效果或三维格式，修改图形的样式，以及添加阴影效果。

19. 答：使用调整控点可以在不更改对象整体形状的基础上只更改对象的一部分的形状。

20. 答：用户只能纵向或者横向裁剪图片或剪贴画。如果要将物体裁剪为不同的形状，则需要使用精确的图形设计方面的软件。

思考题　3.3

1. 答：使用【Ctrl】键选择行或列中的要添加到图表中的数据。

2. 答：图例可以帮助用户识别绘图区中的不同项目。

3. 答：坐标轴和坐标轴标题的格式要在使用中分别设置，这是因为图表的这两个组成部分的字体、字号、填充类型及是否在图表中显示都可以不相同。

4. 答：如果工作表中增添了新的数据，或者将不属于原数据系列的另外一列添加到工作表中，则需要向工作表中添加数据系列；如果不再需要显示数据，或者意外地将数据汇总作为数据系列而没有作为数据，则需要删除相应的数据系列。

5. 答：使用快速样式可以格式化图表，因此可以节省用户选择某种颜色或设计主题的时间。

6. 答：可以帮助用户分析图表中的数据，预测未来趋势。

7. 答：选择趋势线的类型，更改趋势线预测的时间长度或者更改趋势线的颜色，增强图表的可读性。

8. 答：Excel 中含有错误检查功能，可以帮助用户有效地缩短用在审核公式上的时间，提高公式的准确性。如果用户使用了允许后台检查错误的功能，Excel 将在含有不恰当公式的单元格的左上角显示一个深绿色的小三角（错误指示器）。

9. 答：用户可以水平对齐或者垂直对齐单元格中的内容，还可以将数据在单元格的顶端、底端或者中间垂直对齐，也可以旋转不同的角度，设置围绕、缩进、合并单元格，等等。

10. 答：单击"格式刷"按钮，该格式只能应用于一个单元格；双击"格式刷"按钮，该格式可以应用于多个目标单元格。

11. 答：因为这样可以让工作表看起来更加具有专业性，并且可以用来强调具体的区域或者帮助用户更好地阅读和理解数据。

12. 答：数字格式最多可包含四个代码部分。这些代码部分按先后顺序定义正数、负数、零值和文本的格式。自定义数字格式中无须包含所有代码部分。如果仅为自定义数字格式指定了两个代码部分，则第一部分用于正数和零，第二部分用于负数。如果仅指定一个代码部分，则该部分将用于所有数字。数字格式通过使用代码指示每个数字的位置和类型。

13. 答：（在一定的限制范围内）使用条件格式设置不同的格式，取决于单元格中含有的数值。因此，该格式会依据数值的不同而自动发生相应的变化，不需要用户手动更改。

14. 答：使用条件格式规则管理器可创建新规则，修改当前规则，或者删除不再使用的规则。

15. 答：Excel 的数据库可以简单地描述为一个工作表区域，该区域的首行将用来显示字段的名称或标题，接下来的行用来显示具体数据。用户可以在同一行的不同列中输入字段名称，然后在每个记录中输入数据，利用此方法可以创建数据库。

16. 答：排序可以按照升序或者降序排列数据；而筛选则是将不需要的数据隐藏起来，只显示相关的数据。

17. 答：复制单元格：复制文本、数值或者公式及其格式，不创建序列。

自动填充功能：以序列方式创建一个简单的线性序列，并复制源单元格格式。一个序列是一组连续递增或递减的数值。

18. 答：Excel 可以查找出现的每一个数值、函数名称或者单元格引用。

19. 答：在新工作表中粘贴值而非公式，想包括原工作表中的格式，想在合并信息中添加来自几个工作表的数量，想转置行列数据，等等。

20. 答：使用数据有效性工具可以限制输入到工作表中的数据类型，或者检查数据类型是否符合标准，如日期、数字等。

21. 答：使用"数据工具"选项卡中的"删除重复项"按钮来防止数据行重复。

22. 答：下拉列表框是一种检查数据有效性的工具。通过下拉列表框选择输入的数据可以确保单元格中数据的有效性。用户不能选择其他任何值。该工具通常适用于文本数据，因为文本数据很难应用数学上的比较运算（例如，大于或等于）限制数据的有效性。下拉列表框中不能包含数字和日期。

23. 答：创建自己的模板可以节省创建新工作簿时所需要花费的时间. 可以使用微软提供的模板，作为起点，然后对公司标志和术语进行自定义。

第 4 章　演示文稿制作软件 PowerPoint 高级应用

思考题 4

1. 答：PowerPoint 是一个演示文稿管理软件，它提供各种工具和视图，使用户可以快速、方便地创建美观、超炫的动态演示文稿，在整合工作流程和工作方法时，更容易共享信息。

2. 答："幻灯片"选项卡用于显示幻灯片窗口中幻灯片的缩略图，使用户可以快速查看幻灯片的内容以及演示文稿中幻灯片的顺序。在"幻灯片"选项卡中可以快速移动幻灯片。

3. 答：它们是已安装的模板、已安装的主题、我的模板、根据现有内容新建和空白演示文稿。

4. 答：模板包括自定义的幻灯片母版、版式和主题的组合。用户可以将模板作为将来创建相同或者相似演示文稿的基础，模板中存储了设计信息，将其应用到演示文稿可使所有幻灯片中的内容格式保持一致。

　　5. 答：应用文档主题可以快速设置整个演示文稿的格式，并使其具有专业的、现代的外观。主题是统一设计的各元素，如颜色、字体和图形的集合，为演示文稿提供精美的外观。主题也是选择的格式的集合，包括主题颜色的集合、主题字体的集合和主题效果的集合。

　　6. 答：置于顶层使对象位于所有其他重叠对象的前面，上移一层仅使对象在重叠对象中向上移动一层。

　　7. 答：在创建了一组形状后，必须将其分组以便整组地调整其大小和位置。

　　8. 答：SmartArt 图形可以将信息可视化表示，并且可作为演示文稿中信息交流的有效形式。绘制高质量的插图可能是个难题；需要花大量的时间来绘制图形、调整其大小、将形状对齐、手动设置形状格式。手动绘制图表所花费的大量时间分散了观众对演示文稿内容的关注。使用 SmartArt 图形功能，可快速创建高质量的插图。

　　9. 答：在幻灯片母版视图中，使用下述方法之一：

- 在"幻灯片母版"选项卡的"编辑母版"组中，单击"插入幻灯片母版"按钮。
- 右击"幻灯片"选项卡中的幻灯片，在弹出的快捷菜单中选择"插入幻灯片母版"命令。
- 按【Ctrl + M】组合键。

　　10. 答：可使用下述方法之一：

- 在幻灯片母版视图下，在"幻灯片母版"选项卡的"背景"组中，选中"隐藏背景图形"复选框。
- 在普通视图下，在"设计"选项卡的"背景"组中，选中"隐藏背景图形"复选框。
- 在幻灯片母版视图下，在"幻灯片母版"选项卡的"背景"组中，单击"对话框启动器"按钮后，选中"隐藏背景图形"复选框。
- 在普通视图下，在"设计"选项卡的"背景"组中，单击"对话框启动器"按钮后，选中"隐藏背景图形"复选框。
- 在幻灯片母版视图或普通视图下，右击幻灯片后，在弹出的选择快捷菜单中的选择"设置背景格式"命令，然后选中"隐藏背景图形"复选框。

　　11. 答：可使用下述方法之一：

- 在幻灯片母版视图下，在"插入"选项卡的"文本"组中，单击"页眉和页脚"按钮。在"页眉和页脚"对话框中选中"幻灯片编号"复选框。
- 在普通视图下，在"插入"选项卡的"文本"组中，单击"页眉和页脚"按钮，在"页眉和页脚"对话框中选中"幻灯片编号"复选框。

　　12. 答：可使用下述方法之一：

- 在幻灯片母版视图下，在"插入"选项卡的"文本"组中，单击"页眉和页脚"按钮。
- 在普通视图下，在"插入"选项卡的"文本"组中，单击"页眉和页脚"按钮。
- 在幻灯片母版视图下，在"插入"选项卡的"文本"组中，单击"日期和时间"按钮。
- 在普通视图下，在"插入"选项卡的"文本"组中，单击"日期和时间"按钮。

　　13. 答：在"幻灯片母版"选项卡的"母版版式"组中，单击"插入占位符"按钮，选择一种占位符。

　　14. 答：用户可先选择占位符或对象，然后在"动画"选项卡的"动画"组中，单击"动画"

下拉按钮。

15. 答：它们是进入、退出、强调和动作路径。

16. 答：用户可先选择一个对象，在"自定义动画"任务窗格中单击"添加效果"→"强调"，然后选择一种效果。

17. 答：动作路径可使对象在播放幻灯片时运动。可对对象添加动作路径，使其沿着路径在幻灯片上运动。这不仅包括使对象简单地从幻灯片的一边运动到另一边，还包括使对象沿着复杂的曲线或路径运动。一旦将动作路径添加到对象上，移动该对象也会将其路径移动。

18. 答：选择一个对象，在"自定义动画"任务窗格中单击"添加效果"→"动作路径"→"其他动作路径"命令，然后选择任意多边形。

19. 答：在"自定义动画"任务窗格中，单击项目的下拉按钮后，选择"效果选项"命令，然后单击"声音"下拉按钮。

20. 答：最多可以打印 9 张。

21. 答：在"动画"选项卡的"切换到此幻灯片"组中，选择一种切换效果，然后单击"全部应用"按钮。

22. 答：在"插入"选项卡的"媒体剪辑"组中，选择"影片"→"文件中的影片"命令。

23. 答：在"幻灯片放映"选项卡的"开始幻灯片放映"组中，选择"自定义幻灯片放映"→"自定义放映"命令。在"自定义放映"对话框中单击"新建"按钮，在弹出的"定义自定义放映"对话框中创建。

24. 答：在"动画"选项卡的"切换到此幻灯片"组中，选中"单击鼠标时"复选框。

第 5 章　绘图工具 Visio

思考题 5

1. C　　2. C　　3. C　　4. A　　5. A　　6. A　　7. B

第 6 章　数据库管理软件 Access

思考题 6

1. C　　2. B　　3. C　　4. A　　5. B　　6. A　　7. C　　8. D　　9. C

参 考 文 献

[1] 周苏，周文芳，师秀清，等. 办公软件高级应用案例教程[M]. 2版. 北京：中国铁道出版社，2009.

[2] 周苏，王文，张丽娜，等. 新编计算机导论[M]. 2版. 北京：机械工业出版社，2015.

[3] 周苏，吴林华，王文，等. 项目管理与应用[M]. 北京：机械工业出版社，2015.

[4] 周苏，等. 现代软件工程[M]. 北京：机械工业出版社，2016.

[5] 周苏，柯海丰，王文，等. 数字媒体技术基础[M]. 北京：机械工业出版社，2015.

[6] 周苏，王文. 信息安全技术[M]. 2版. 北京：中国铁道出版社，2015.

[7] 周苏，王文，王硕苹. 多媒体技术与应用[M]. 北京：清华大学出版社，2013.

[8] 张丽娜，周苏，王文，等. 新编计算机导论[M]. 北京：中国铁道出版社，2012.

[9] 周苏，张欣、张丽娜，等. 数字艺术设计基础[M]. 北京：清华大学出版社，2012.

[10] 周苏，王文，王硕苹，等. 移动商务[M]. 北京：中国铁道出版社，2012.